KUSUDA Shoji
楠田昭二
著

競争環境下の水道事業

公営事業改革と消費者選択

唯学書房

はじめに

研究目的

　2008年度末に97.5％とほぼ100％に近いレベルの水道普及率に達したわが国の水道インフラ。この事実は、人々にとってみれば、蛇口を開ければ社会生活を営む上で最も基本的な水をいつでもどこでも入手できることを意味する。したがって、このような重要な水にかかわる供給サービスを担う公営水道事業体が、人々から称賛されることはあっても非難、批判を受けることなど夢にも思わないと一般には考えるだろう。

　ところが、わが国の水道事業を巡る昨今の実態は、このような理想的な姿からかなり乖離し始めている。第一は、2009年4月に施行された地方財政健全化法等に代表されるように、財政悪化が深刻な自治体へ早期再建を促す動きが出ている。そして地方公営企業としての水道事業体は、ダイナミックな構造変化の中でその経営上の経済性・効率性を強く要請され、その圧力も日ごとに高くなっている。2008年度決算ベースで資金不足額がある公営企業会計として、水道分野でも3団体が挙げられ、このうち2団体は、資金不足比率が経営健全化基準以上であるので、経営健全化計画を定める事態に至っている。

　第二は、地域のニーズに合った施設整備拡張や必要な水道サービス供給を行う公営水道事業体とは異なる担い手として地下水利用専用水道が大口需要家のニーズに合致した形で水道市場に現れたことである。これにより、地域の自然独占のもと、逓増料金体系で成り立ってきた公営水道事業体の料金収入基盤を揺るがしかねない動きが全国的に出てきている。

　そして、第三は、社会生活を営む上でいつでもどこでも基本的な水を入手できることで最大の受益者と考えていた人々自身が、飲料用を典型に水道離れを起こしている実態である。水源にかかわる環境悪化等に起因する健康不安に対する人々の回避行動として、水道供給サービスをそのまま受け入れるのではなく、わが国の3割もの人々が自らの家庭に浄水器を設置することで初めて利用している。同時に、このような回避行動とは異なる方向で、昨今

の健康ブームの影響もあり人々の健康増進に向けた期待行動として、水道水ではなくミネラル・ウォーターを購入するという動きも、この水道を巡る市場では、かなり常態化してきている。

　一方、消費者は、また同時に各々の地域に住む住民でもある。消費者サイドとして見れば、上述のように蛇口から供給される水を巡る大きな構造変化に対し関係者がどのように立ち向かうのかという点が主要な関心の範囲となる。しかし、もっと上流の水資源、さらにはその源としての森林まで範囲を拡げれば、水を利用するという利便性の追求だけでは、実は、人々が持つべき関心として一面的すぎることも事実である。昨今の地球温暖化の影響も懸念される中で、恵みの水が、適切な森林保全ができていない地域等では、資源としてではなく住民生活に危害を及ぼす水害の遠因となる可能性すらある。わが国の消費者・住民は、水に対し年間約2.9兆円支払って水道資源としての便益を得ているが、一方で、水害により年間約0.6兆円も損失している。この意味で、第四は、地域の住民として、水害に対し損失を最小化するリスク回避行動も重要な検討事項である。

　本研究の特徴と独自性を述べたい。

　第一に、昨今の経済構造改革路線の中で、公益事業セクターに対し民営化の嵐が吹き、情報通信、運輸交通、郵便、エネルギー等の主要なセクターで、民間参入が行われている。ただ、そのような動きの中にあって、マクロ的に見ると、上水道セクターは永らくこのような構造改革の動きから外れた存在であった。このような動きは、何もわが国だけがそうだというのではなく、英国のような例外を除けば、欧州諸国でも、同様に構造改革の動きから外れた位置付けとなっている。上水道セクターは、その固有の性格からセクター全体に一律の合理化、効率化、さらには民営化というアプローチにはそぐわないサービスであることも事実ではある。しかし、公営水道事業体が、自らの判断で需要家ニーズにより適合したサービス提供に努め、さらには経営上の効率化を図る努力自体は称賛されるべきである。また、民間企業が、政府支援等に頼ることなく、自らの判断、リスク覚悟で水道事業に挑む行為も評価されてしかるべきである。

例えば、岐阜県高山市の水道事業では、わが国で最初に水道分野で指定管理者制度を取り入れ、そして高山管設備グループは民間事業者として水道分野の第一号指定管理者となった。また、ウェルシィは、電気分野という異分野の民間事業者であったが、さいたま市での初めての地下水膜ろ過システム導入を契機に、地下水利用専用水道分野で全国の6〜7割というトップシェアを有するまでになった。さらには、電気料金制度を参考とした岡山市の水道事業では、水道分野に個別需給給水契約制度という需要家自己選択システムを全国に先駆けて導入している。

　変動期の水道事業の中にあって、最初に経験のない領域に動き出した、いわば第一号主体に注目し、これらの極めて興味深い事例を現場レベルで一つひとつ見ていくことで、わが国水道事業を取り巻く活きた現実の変化を把握した。そして実証的にそれらの活動の背景、効果、課題を整理し、先行研究で示された手法も活用しつつ、経済学的な検証を試み、これらをモデル事例として広く普及することが求められるとの視点に立っている。

　第二に、わが国の水道事業が、現時点では、競争環境下にあるという位置付けを明確にしている。わが国における本セクター発展過程以降、水道事業体は重要な水供給源としての地下水があるにもかかわらず、河川水を主要水源とする水道用水供給事業に大きく依存する供給体系を全国的に確立させた。因果関係として議論はあるが、水道事業体が地域的に供給独占していること、重要な水供給源としての地下水にほとんどの水道事業体が多くを依存しないこと、そして逓増型料金制度のもと水道大口需要家に水道料金を過負担させることの3点については、永らく全て調和的に成立する環境にあった。しかし、水供給源としての地下水を利用する民間事業者が、廉価に水を大口需要家に供給する動きをティッピング・ポイント（しきい値）として、これらの三つの調和は脆くも崩れようとしているとの認識に立っている。

　第三に、飲料水にかかわる消費者の水道離れの要因を非市場評価の理論に基づき実証分析を試みるものである。消費者物価指数に採用されるといったレベルで、市場に消費者が求める財・サービス（例えば、おいしいミネラル・ウォーターの供給や、環境リスクの軽減化に繋がる浄水サービス）に資金を使用し、統計上も把握していれば、外部からも消費者選好を理解できる。しか

し、交換されず、かつ市場を通すこともない消費者選好については、経済統計上の把握が困難である。このような非市場評価に関し、近年、金銭単位で評価する試みとして色々な手法の開発がなされていることを受け、飲料水に対する消費者選好を把握するため有効な非市場評価手法を検討している。特に、表明選好法の中で、近時、種々の新たな手法が開発されつつあるコンジョイント分析、具体的には、完全プロファイル評定型コンジョイント分析と選択型コンジョイント分析という二つの異なるコンジョイント分析を比較することで、飲料水にかかわる消費者選好を実証的に考察するものである。

第四に、供給側からではなく需要側から国際比較の分析を試みた。消費者、住民の視点で、日欧の世論調査等を活用した水道事業の組織形態比較分析や日米の水害保険制度比較分析等を行い、わが国の関係者が参考とすべき望ましい水道事業の組織形態や水害リスクに対する効率的なマネージメントのあり方への示唆を求めた。

問題意識、問題提起

本研究では、以下のような問題意識、問題提起を指摘したい。

まず、公営水道事業体の改革と課題として、水道事業に関するライフステージごとで分析するとともに、水資源の環境対策を取り上げ、次に、民間的経営としての指定管理者制度に焦点を当てた。さらに、昨今拡大しつつある地下水利用専用水道によるわが国水道市場への影響を検討し、その際の重要な対応策の一つである水道料金の需要家自己選択システムについて分析を試みるものである。具体的な問題意識、問題提起は次のようなものである。

第一に、水道セクターの誕生・成長・転換過程のライフステージごとに、地方財政、都市経営の視点から、水道事業者の位置付けを概括し、この上で、地方公営水道事業体と民間企業との競合、地方公営水道事業体への民間的経営手法の導入、地方公営水道事業体の民営化等について比較しつつ、その動向と論点・課題をまとめる。そして、わが国における地方財政改革の中で、昨今、地方の課税自主権拡充へと大きく舵切りされ、また、国全体として各種環境保全政策が浸透しつつあることを踏まえつつ、水資源の保全管理にかかわる事業を実施する上で必要な資金調達手段として都道府県レベルで

の森林環境税や水源環境税等の導入の動向と課題について検討する。神奈川県における導入成功事例である水源環境税と山梨県における導入断念事例であるミネラル・ウォーター税の事例を対比させながら、水資源の保全管理という政策上の使途との関係で、新たに導入された税が「水源環境税」として真に機能するか検討する。

　第二に、2003年に地方自治法改正により導入された指定管理者制度では、これまで公的機関が有する「公の施設」の管理業務の実施者の選択肢が大きく拡げられ、民間に開放し、制度上は、その業務範囲も、これらの施設管理業務にとどまらず利用許可や料金設定権限まで指定管理者に委任されることが可能になった。水道分野で2006年に全国で初めて岐阜県高山市において民間的経営手法の導入の一つとして指定管理者制度が導入されたことを事例として、水道という「公の施設」について本制度導入による施設管理上の経済性・効率性について分析し、併せて有効性・公共性という評価視点から考察する。すなわち、施設管理上の経済性・効率性についてフロー、ストック両面から考察するとともに、取引コスト理論とプリンシパル・エージェンシー理論を踏襲しつつ、人的資産、指定管理者へのモニタリング及び契約更新に関する分析を行う。併せて水道施設という「公の施設」利用による有効性・公共性という評価視点から引き出される本制度適用上の課題を検討する。さらに、わが国の水道サービス分野で本制度導入が十分に普及していない現状に鑑み、普及インセンティブを与える制度拡充に向けた設計を考察する。

　第三に、近年、水道事業体の給水エリア内においてコスト削減を主な理由として病院、大規模店舗、ホテルなどで専用水道に転換しようとする動きが全国的に広がりつつある。そこで、事業者側が原水調達リスク負担を負い、水道設備の設置・維持管理をリース契約で対応するという水道サービスの需要家にとってスイッチング・コストが低いと見られる新たなビジネス形態としての地下水利用専用水道を取り上げる。これら専用水道の国内水道マーケットへの広範な参入により、公営水道事業体の料金政策へ与えた影響実態を把握した上で、地下水源の性格、電力セクターとの対比による水源調達上の最適化問題を検討し、専用水道参入規制と今後の望ましい水道料金規制の

あり方を考察する。

　第四に、水道事業体の代わりに需要家が自ら設備能力の割り当てを行う分権的な負荷割当方式である自己選択料金体系が、いくつかの公営水道事業体で導入されていることに注目した。特に、わが国として初めて2005年から導入された岡山市での個別需給給水契約制度を事例とし、その制度導入評価を行うとともに、水道分野における自己選択料金体系導入の経済学上の意義付けと本料金体系の普及上の課題と可能性について検討する。さらに、企業として（市場規模確保等に向け）需要家にサーチさせるため、企業により供給する財の価格を下げる場合に、需要家側は財の価格が下がれば自ら時間を割いてでもその財の性質を調べ上げ、すなわち、事前情報の質が向上するといった事業者と消費者に間に存在する情報伝達機能に関する考え方を参考に、岡山市の大口需要家への訪問、面談結果を踏まえ、個別需給給水契約制度に対する評価と需要家行動分析を行う。

　次に、水道インフラ普及時代の消費者選択として、飲料水市場と非市場評価を検討し、消費者の回避・期待行動にかかわる消費者選好分析に焦点を当てる。そして表明選好法であるコンジョイント分析を利用して飲料水の消費者選択にかかわる実証分析を試みる。また、国際比較を分析することにより、消費者、住民の視点から見た水道事業の組織形態や水害リスクに対する効率的なマネージメントのあり方について分析を試みるものである。具体的な問題意識、問題提起は次のようなものである。

　第一に、水利用について、市場に現れる消費者の対応、飲料水の質変化に対応する消費者行動として消費者側での浄水器の使用、ミネラル・ウォーター消費の拡大動向を把握する。しかし、消費者物価指数に採用されるといったレベルで、市場に消費者が求める財・サービス（例えば、おいしいミネラル・ウォーターの供給や、環境リスクの軽減化に繋がる浄水サービス）が出ていれば、外部からも把握できるが、交換されず、かつ市場を通すこともない消費者選好については、経済統計上の把握が困難である。このような非市場評価に関し、近年、金銭単位で評価する試みとして色々な手法の開発がなされていることを受け、飲料水に対する消費者選好を把握するため有効な非

市場評価手法を検討する。

　第二に、最近の飲料水にかかわる消費者行動として、水道水の質低下への対応、あるいは健康ブームの影響もあり、多くの家庭で浄水器を設置する、あるいは飲料用としてミネラル・ウォーターを購入する等急激に変化している。飲料水にかかわる消費者によるこれらの行動について、具体的には、水道水の質低下に対する人々の回避行動と水の質向上に向けての人々の期待行動に分けて考察する。水道水の質に関するいくつかの変化に対する人々の自然科学的評価を前提に、回避費用アプローチで説明できる消費者選好と選択モデリング・アプローチで説明できる消費者選好について社会科学的分析を試み、わが国の飲料水市場全般における消費者選択パターンへの影響要因を分析する。

　第三に、水道事業体という供給側による広報・販売努力が消費者の飲料水購入に結び付くために、飲料水にかかわる消費者選好を的確に把握する必要がある。飲料水の消費者選好について、非市場評価手法である表明選好法の中で、近時、種々の新たな手法が開発されつつあるコンジョイント分析、具体的には、完全プロファイル評定型と選択型という二つの異なるコンジョイント分析を利用する。それはアンケート時の被験者に対する選択プロファイルについて付与のレベルや条件を変えることによる影響と、各々のモデルとしての有効性、さらには限界性を比較実証し、併せて消費者の認知処理能力との関連で情報処理時間との関係を考察する。これらを通じて、飲料水市場を対象としつつ、水道事業体によるボトル水にかかわる非市場評価上の課題を検証し、水道水需要の増加に向けた水道事業体のおいしさ PR 活動のあり方を考察する。

　第四に、水道事業のライフサイクルではいずれも『成人期・転換期』にあるという意味で共通する日欧の水道供給サービスに対し、世論調査を活用し、需要側からの横断的な評価を行い、水道供給サービスに関する地域を超えたユニバーサルな評価を試みる。すなわち、水道供給サービスは、消費者の生活に直結するものであり、世論調査等でも、この供給サービスについての多岐にわたる項目が幅広い観点から取り上げられ、一方、水道供給サービスそのものに関しては、この供給サービスの特性からもともと一律ではな

く、その質、量、価格等の面での差異もあり、さらに地域性も強い。そこで、具体的対象国として、わが国と欧州の中では主要国であるフランス、イタリア、英国、ドイツの4ヶ国を取り上げ、需要側からの視点で横断的な評価をする。次に、各国の水道供給サービスにかかわる最近の価格水準・変化や将来へ向けての投資資金需要も参考指標の一つとしつつ、日欧5ヶ国の水道事業体と消費者との情報共有システムや需要側からのフィードバック関係も分析し、水道事業体としての形態の差異と世論調査評価による地域的な差異との関係を重ね合わせ論考を試みる。

　最後に、水が有用な資源と位置付けられるには、水を取り巻く自然的、社会的環境が十分に整っていることが前提となる。わが国は、年間降雨量1,700mmで世界平均と比較してもその量は7割も多く、河川の縦断勾配が急で、頻発に災害を起こしている自然的環境にある。さらに、森林地帯は、裸地に比べて雨水を3倍も土壌にしみ込ませ、水源涵養林としての機能を果たす。しかし、わが国では累積債務、林業従事者の減少・高齢化等の問題があり、森林施業が立ち行かず、森林による重要な保水機能も脆弱化し、そして水害リスク・ポテンシャルが高まることに繋がっていく。そこで、水害発生を未然に防止すべき者（行政等）の存在を前提とし、安全性確保のためにハザード・コントロールとリスク・コントロールが主な手段として活用される中で、水害保険の普及とリスク情報の認知手段としての洪水ハザードマップ供給にかかわる消費者選択問題に焦点を当て、日米比較も踏まえながら検討を行う。住民・消費者に対し、地域の水害リスクに応じた保険負担システムという保険数理的な公平さを求める考え方に立つのか、あるいは地域の水害リスクの差異は考慮せずに社会的連帯という意識に基づき一律の保険負担とする考え方に立つべきかという異なる制度設計の考え方がある。このような水害保険と消費者選択問題に関し、住民・消費者としての水害リスク回避に向けた効率的、公平な対応について検討する。

　このような問題意識、問題提起のもと、本研究では、第1部「公営水道事業体の改革と課題」と第2部「水道インフラ普及時代の消費者選択」という二部構成でまとめた。

第1部では、公営水道事業体にかかわるセクターレベルや経営上の課題について、ライフステージごとのミクロ的あるいはマクロ的アプローチで比較を試みるとともに、水道事業体にとって最も重要な水資源の保全管理にかかわる事業の資金調達問題としての森林環境税や水源環境税の導入動向や課題を明らかにする。そして、水道事業体に対する経営改善が強く求められる中で、施設管理上の効率化等を目指す指定管理者制度導入に関する効果と課題を検証する。また、これまで自然独占の中で水道サービス供給を行う公営水道事業体とは異なる担い手としての地下水利用専用水道の出現が新たに市場に現れていること踏まえ、揺るぎつつある逓増料金体系のもとでの料金収入基盤を立て直す手段について考察する。そして、このような手段の中で需要家自己選択システムとしての個別需給給水契約制度に関する評価と課題を検証する。

　第2部では、人々にとって最も重要な水の用途である飲料水を対象に、全般的な市場動向と昨今の飲料水の質変化に対する消費者の動向をマクロ的に概観する。そして消費者選択のための非市場評価について、一般的にそれらの手法の適性や課題を明らかにし、飲料水にかかわる消費者の意思決定に影響を及ぼす要因について工学、心理学等からの知見も加味しながら、その消費者選好について実証分析を試みる。具体的には、飲料水にかかわる消費者の回避・期待行動という要素に分け、顕示選好法と表明選好法を利用する。特に、最近、水道需要復帰PRのために多くの公営水道事業体が利用している水道水のボトル頒布・販売に関し、表明選好法であるコンジョイント分析を活用して消費者選好を検証する。また、水にかかわる消費者さらには住民の視点からの国際比較を通して分析を試みる。水道事業体としての経営組織について、日欧の世論調査結果を分析することにより、水道水サービス等を受ける消費者側からの視点で国際比較を試みる。そして、昨今の地球温暖化の影響も懸念される中で、恵みの水資源が、適切な森林保全ができていない地域等によっては、むしろ水害を起こす遠因となる可能性も多くなっている。このような地域の住民でもある消費者による水害に対する回避行動について検討する。

目　次

はじめに　iii

第1部　公営水道事業体の改革と課題

第1章　ライフステージ分析と水資源の環境対策 …………………… 3
はじめに　3
第1節　『誕生期』と地方公営水道　4
第2節　水道ネットワーク拡充と『成長期』　8
第3節　『成人期・転換期』の到来　10
第4節　水資源の保全管理と環境税　20

第2章　民間的経営――指定管理者制度の導入 ………………… 41
はじめに　41
第1節　指定管理者制度と高山市の事例　43
第2節　制度導入の経済性・効率性分析　45
第3節　「公の施設」利用と有効性・公共性評価　57
第4節　制度拡充に向けた設計と普及可能性　59
第5節　結論　63

第3章　地下水利用専用水道による影響 ………………………… 65
はじめに　65
第1節　地下水利用専用水道参入の背景と現状　66
第2節　公営水道事業の逓増型料金体系への影響　68
第3節　地下水源の性格と水源調達最適化　72
第4節　専用水道参入規制と水道料金規制　84
第5節　結論　86

第4章 水道料金の需要家自己選択システム……………………………89
はじめに　89
第1節　公益事業での自己選択料金体系　90
第2節　個別需給給水契約制度と岡山市の事例　92
第3節　本制度導入の経営評価と需要家行動分析　95
第4節　日本水道協会報告書の論点との比較分析　106
第5節　結論　110

第2部　水道インフラ普及時代の消費者選択

第5章 飲料水市場と非市場評価の検討……………………………115
はじめに　115
第1節　水利用における消費者の対応　116
第2節　飲料水の質変化に対応する消費者行動　124
第3節　消費者選好にかかわる非市場評価理論　131
第4節　顕示選好法と表明選好法の検討　138
第5節　結論　142

第6章 飲料水にかかわる消費者選好分析……………………………145
はじめに　145
第1節　先行研究　146
第2節　分析方法とデータ　149
第3節　消費者の回避・期待行動と特化係数分析　154
第4節　消費者選好と序数・基数的効用分析の適用　161
第5節　結論　165

第7章 「おいしくなった水道水」PRで水道水需要の増加に繋がるか
　　　──コンジョイント分析による飲料水の消費者選択課題……………169
はじめに　169
第1節　先行研究　170
第2節　分析方法とデータ　172

第3節　アンケート回答とコンジョイント分析の結果　175
　第4節　重要度分析と支払意思額の推定　182
　第5節　結論　184

第8章　水道事業の経営組織比較　187
　はじめに　187
　第1節　先行研究　188
　第2節　世論調査の分析　192
　第3節　日欧5ヶ国の水道事業の形態比較　197
　第4節　満足度評価と支払負担・情報開示　204
　第5節　結論　212

第9章　住民による水害対応　213
　はじめに　213
　第1節　日本の治水整備、水害と保険制度　214
　第2節　日米の洪水・水害保険制度比較　216
　第3節　住民にとっての水害リスク軽減化分析　222
　第4節　結論　235

結論と今後の研究課題　239
　結　論　239
　今後の研究課題　246

あとがき　249
参考文献　251
初出一覧　265
索　引　267

第1部

公営水道事業体の改革と課題

第1章
ライフステージ分析と水資源の環境対策[1]

はじめに

　公営企業は、類似している民間企業と比較されて効率性等の議論をされることが多い。民間部門では企業会計をベースとする企業間比較を重要視するが、この背景としては投資家側が投資収益率という同一の基準で比較できるからである。この意味で、公営と民間という事業目的がそもそも異なる部門間の比較にそのままでは適用できない。また、例えば市営水道事業と市営地下鉄事業のように公営企業体間で比較され議論されることもあるが、これも各々の事業の対象地域の特性が異なることを考えれば単純な比較は難しい。つまり、公共性も、それぞれの地域によってその内容が異なる。したがって、公共部門の企業の効率性等を判断する場合には、期間の比較、すなわち、中長期的な視点から地方公営企業としてのライフステージに注目した比較をすることは可能であり、この視点は重要である。実際、企業行動に対し、「企業の一生の経済学」あるいは「公営企業の持続的成長」といった、いわばライフステージの視点からその活動を分析するアプローチが最近試み

---

[1] 本章は、前半のライフステージ分析については2008年「我が国における公営水道民営化の可能性」『関西学院大学産研論集』第35号、pp. 41-51を加筆修正、後半の水資源の環境対策については2005年「水資源の保全管理にかかわる経済政策」日本財政学会第62回大会発表内容及び拙稿［2004］『癒しと安心の考現学』碧天社を加筆修正したものである。

られている。このアプローチを利用してわが国水道セクターに関し、企業の誕生、成長、衰退、退出を促す要因は何か、それらを制約する要因は何かといった観点に立ち、ミクロ的あるいはマクロ的なアプローチで比較を試みる。

一方、公営水道事業体をこのように一般的な企業に準えて比較するとしても、その供給サービスの源である水資源を量的にも質的にも確保できていることが企業活動の前提となる。わが国における地方財政改革の中で、昨今、地方による課税自主権が拡充される方向へと大きく舵切りされている。また、国全体として各種環境保全政策が浸透しつつあることを踏まえつつ、水資源の保全管理にかかわる事業を実施する上で必要な資金調達手段として都道府県レベルでの森林環境税や水源環境税等の導入の動向と課題について検討する。

具体的には、本章の前半では、これまでの本分野における先行研究の成果も紹介しつつ、水道事業体としてのライフステージごとに、地方財政、都市経営の視点から、地方公営水道事業体と民間企業との競合、地方公営水道事業体への民間的経営手法の導入、地方公営水道事業体の民営化等について比較し、その動向と論点・課題をまとめる。

そして、後半では、森林と水との歴史的関係を振り返りながら、各地方自治体で導入されている森林環境税や水源環境税の中で、神奈川県における導入成功事例である水源環境税と山梨県における導入断念事例であるミネラル・ウォーター税を対比させる。この上で、水資源の保全管理という政策上の使途との関係でこれらの新たに導入された税が真の意味で「水源環境税」として機能しているのかについて検討する。

第1節 『誕生期』と地方公営水道

まず、1887年に横浜に近代水道が誕生してから約70年間は、水道の『誕生期』と位置付けることができる。『誕生期』末の1955年頃でも、わが国の全国の水道普及率は30％にとどまるものであった。

わが国の地方公営水道事業の『誕生期』というべき近代の成立過程に注目

した研究として、寺尾［1981］、泉［2004］、高寄［2003］等を挙げること
ができる。寺尾［1981］は、水道事業の基本的性格を踏まえた公営企業の
あり方を分析しており[2]、また、泉［2004］は、近代水道システムとその水
の供給源としての水源林管理の変遷を実証的・定量的に明らかにしつつ、そ
の背後にある水道行政や地元村と水源林との関係が森林管理に与えた影響を
分析している[3]。一方、高寄［2003］は、水道事業創設を建設資金調達、外
部借入資金返済、水道建設の費用対効果、自治体による経営戦略について歴
史的事実をして地方財政、都市経営の視点から分析・実証している[4]。

『誕生期』というライフステージでは、一般には起業家にかかわる人的資
本や資金調達、さらには開業率の地域別格差等が研究上の対象として取り上
げられている。これらの先行研究を踏まえ、水道事業者としての『誕生期』
に公営、民営という事業形態の発展の経過比較や地方公営水道という経営形
態が結果的に最適となった歴史的事実を経済学的視点から考察してみたい。
高寄［2003］は、当時の政府の水道セクターに対する考えとして、まず、

---

2 寺尾［1981］によれば、1890年に制定された水道条例ではコレラ等の伝染病の防
疫と防火という行政上の目的が明確であったので水道事業の市町村営主義が取られた
ものの、水道は全国で9市と二つの小規模な町にしか導入されておらず、1903年時
点でも全国総人口に対する水道普及率は3.15％にすぎなかったという。公営原則を全
うするには地方自治体にとって財政的裏付けが必要となり、国、府県からの補助も出
されたものの資金絶対量は不足していたという。

3 泉［2004］によれば、1874年の東京府の近代水道事業（多摩川）の設計上の水源
が当時は現在と異なり山梨県、神奈川県に属していた。しかし、上水を介した都市衛
生問題（コレラ等の伝染病問題）、三多摩地方の木材生産活動との調整問題等を踏まえ、
数度にわたる東京府の申請により水道条例制定の2年後の1892年にこれらの地域が
東京府へ移管された。1911年の水道条例改正から1914年頃には第一次世界大戦の影
響により東京は未曾有の活況を呈して、水道の量的供給不足が生じ、拡張計画が実施
されたという。

4 高寄［2003］によれば、『誕生期』においては、地方公営水道の拠り所となる市町
村制度が1888年に公布されたばかりで、莫大な設備投資のための資金調達源として
の公債（水道建設債）市場も未成熟、かつ公債の信用力も貧弱で、高金利を余儀なく
される等文字通り金融機関の餌食になった。したがって、初期の明治時代には、資金
調達の可能な経営形態として多くの民営が存在しつつも、水道事業は収益性が低い事
業と想定、経営破綻を繰り返しながら、公営水道が主流となったと指摘している。

私営公益事業をスタートさせ、その後に経営実態を見て、民営か公営かを選択すればよいとの意向があったと指摘している。水道セクターは相対的には収益性が低いセクターと見なされ、他のガス、電力、鉄道といった高い収益性が見込まれるセクターへ多くの民間参入がなされた競争的な市場と比較し、緩慢なスピードで拡大した市場であり、それは結果的に水道普及率の向上に時間を要することを意味したと考えられる。しかし、高寄［2003］も言及しているように、特定の所得階層に対する個人専用栓、事業用の給水サービスに限定すれば、水道事業も必ずしも収益性がないものではなく、要するに公共性には欠けるが、限定的供給事業は企業方式で十分に収支均衡が可能ではあったので、いくつかの民営の水道事業者が参入した。

また、『誕生期』においては、このような近代的な施設を前提とした水道システムの普及率も低いので、飲料水等の需要家としての市民の多くは、近代水道のネットワークの恩恵を被ることなく、旧来からの井戸水等に依存することになる。この場合、井戸水等に直接アクセスできない需要家に対し、良水と認められた井戸水や一部河川水を原水として供給サービスする「水屋」[5]が隙間産業として大いに繁盛することになる。近代水道事業の代替ビジネスである「水屋」は、特に、度々発生する伝染病としてのコレラの流行時に政府として十分な伝染病対策が取れない中、井戸水の安全性が揺らぐと、これらの「水屋」による供給価格高騰に繋がり、大きな社会問題を引き起こしつつもそれなりの存在感を示していたという。

このように水道事業の『誕生期』というライフステージでは、資金調達力を有する多くの民間事業者がこの市場に参入することはなく、いくつかの民間事業者の参入と資金力も必要のない零細事業者としての「水屋」が隙間を縫って限定的かつ効率の悪い水供給事業を行う程度であり、したがって最適事業形態として、結果において地方公営水道が担うことになった[6]。そして、

5　高寄［2003］によれば、水屋は1888年の大阪4区2郡の人口52万人に対し、1人1日当たり4合5勺（= 8.1 ℓ）相当の水を供給していたと報告している。1887年に給水開始した英国人技師 H. S. パーマーによるわが国最初の近代水道と位置付けられる横浜の水道での設計給水量は、1人1日当たり 90.9 ℓ と言われている。

水資源確保という近代水道システムにとって極めて重要な水源林管理といった中長期的な視点に立った事業展開も、地方公営水道以外にはこれを担う民間事業者はなかったのである[7]。

　この誕生期には、わが国では水道ネットワークにかかわる社会的資本整備に公的な補助金を使用しているが、ネットワークの普及率が低い段階においては、このような補助金事業から直接的に裨益しない住民なり企業（例えば明治期であれば近代水道事業の代替ビジネスである「水屋」しか利用できない層）に対する説明責任を果たすことは必要となる。同時に、処理場の薬剤費用や日々の水道ネットワーク維持にかかわる操業費用等の維持管理費用までは需要家の水道使用料で賄うとしても水道債のような建設資本費償還分なり、将来の補修費の積み上げ分まで水道使用料に含めるべきか、あるいは地方自治体からの補助金投入で賄うべきかについては、水道ネットワークが敷設されている地域の地方財政、都市経営の視点で考えることが重要となる。高寄[2003]によれば、明治期のわが国の水道事業では、建設水道債の元利償還を、結局は料金値上げで対応したといえるが、建設費の国庫補助金はそれなりの負担軽減に寄与し、創業当初は市税の補填もあり、初期の経営難を救済したという。当該地域の持続的発展を前提とすれば、これら補助金の金額レベルについては、議論の余地はあるものの、地方財政政策上も都市経営上も地方自治体からの補助金投入自体は正当化できると考えられる。

　一方、『誕生期』においては、1888年の市町村制度公布から1953年の昭和の大合併まで市町村の単位がほぼ固定され、地方公営水道という経営形態を取っている水道事業体も基本的には市町村単位での事業範囲に制約された。しかしながら、水道事業の『誕生期』から拡大する過程においては、水の量的・質的確保が次第に重要なファクターとなり、事業範囲が、より上流部門へ、そして、より下流部門へ、また地域的にも拡大することになる。特

6　高寄[2003]は、このような理由は消極的な理由であり、もっと積極的な側面としてコレラ等の伝染病の防疫と防火という行政上の明確な目的を挙げている。

7　わが国における水道事業の『誕生期』でのこれらの諸課題は、時代的には過去のことではあるが、今なお水道システムの整備発展に着手している多くの途上国に通じる現代的な課題でもある。

に、上水の水源林の確保という水道事業の最適事業形態化に向け、神奈川県下三多摩が1893年に東京府に編入（水道事業は1889年には東京市に移管）されたことは、水道事業の誕生から拡大という動きに応ずるために、むしろ府県なり、市町村という地方自治の単位自体が変わった象徴的な事例と考えるべきであろう。

第2節　水道ネットワーク拡充と『成長期』

　次のステージとして、わが国の経済成長に伴い、水道が生活に不可欠なインフラストラクチャーとして位置付けられ、1957年には「水道法」が制定され、豊富、低廉、清浄という目標の下、1975年頃までに約30年にわたる右肩上がりの『成長期』を迎える。この時期には、全国の水道普及率も87％まで高まる。

　「水道法」制定とほぼ同時に、水道サービスの最適形態としての地方公営水道に関する法的な根拠となる地方公営企業法が1952年に施行される。地方公営企業法の制定前の地方公営企業体は、各々の事業法以外に地方自治法、地方財政法等が適用され、他の一般行政事務と同様の規制を受けた。このように企業の経済性を発揮できないことを背景として地方公営企業法が提案されたのであった。その後、町村数を約3分の1に減少することを目途とする町村合併促進基本計画が策定され、その達成のため1956年に新市町村建設促進法が施行され、全国的に市町村合併（いわゆる昭和の大合併：9,868から3,472に統合）が推進された。『成長期』の重要な視点としては、基本的には地方公営企業法に基づき市町村ごとに独立採算形態を取ったこと、そして、これが水道財政の危機的な状況に繋がり、地域間格差の拡大も生じたことである[8]。

　『成長期』というライフステージでは、一般には企業成長や企業行動、加齢効果等について、例えば、企業規模と企業成長の関係において「比例効果の法則」が成立するか否か[9]といった分析や企業経営の継続（企業の加齢）とともに拡張していくネットワークが企業のパフォーマンスに与える分析等が研究上の対象として取り上げられている。水道事業体としての『成長期』

においては、公的独占を通じた地方公営水道の基盤が整った上での企業の成長が見受けられ、民営化等のテーマは直接的にかかわらない。しかし、これらの先行研究を踏まえ、むしろ地方公営企業法に基づく独立採算制による企業財務上の脆弱性や、水道事業の広域化推進上の課題等がこのライフステージにおいては重要な事項となる。これらについての歴史的事実を考察してみたい。

　例えば、地方公営企業法で「効率性」の概念は取り入れられているが、その定義を economy ではなく efficiency を意味するとしよう。そうすると、水道事業でいえば、最も多額の資金を必要とするダム建設については、水道水の供給単価を最小にする方法として、最低の貯水量を維持できる最小限のダムを建設すればよいことになる。しかし降雨量が少ないと、すぐに取水制限が行われ、これではまさに地方公営企業法の本来的な目的（住民福祉）にそぐわなくなる。このことは本来「パブリック・セクターの業務測定」として経済性、有効性、効率性という三つの概念に立てば、何をインプットとし、何をアウトプットとするのかが自ずと明確にされるはずである。しかし、現実には、地方公営企業法に基づく独立採算制が抱える課題として、当時のアカデミックな議論そのものが行政の守備範囲を矮小化させ、受益と負担論をベースとした行政上の見直し、切り捨てに利用されたようである。地方公営企業によるサービスがあたかも私的財と位置付けられ、受益に対応し

8　『成長期』やその企業会計に注目した研究として、寺尾［1981］、瓦田［2005］がある。寺尾［1981］は、経営の効率化を図るため、水道事業の広域化が進められたが、水資源の開発が「遠くの高い水」になった場合には、住民の負担は増大する傾向にあり、広域化によって単純に安くなるわけではない実態について明らかにした。また、瓦田［2005］は、私企業と類似した組織形態ならびに活動内容を有する地方公営企業について公益を追求する組織としてふさわしい会計の諸原則のあり方について検討している。

9　橘木・安田［2006］によれば、1960年代から70年代にかけての企業規模と企業成長率の研究は「比例効果の法則（Law of Proportionate Effect）」の成否を検証するという形で行われたという。米国、英国、ドイツ、北欧等の先進国、さらには南アフリカ、ナイジェリア、ラテンアメリカ諸国等でも行われたが、いずれにおいても企業規模が大きくなるにつれて成長率が低くなるということが認められている。

た負担や独立採算制が一層強調された。つまり公共性の概念を縮小し、財政支出を抑制する方向の議論を誘発したのであった。

また、水道事業の広域化推進上の課題に関し、1970年代に入ると、全国の水道事業体は深刻な経営危機に見舞われ、また、水供給の量的確保の観点から、当面は水道用水供給事業による大規模な施設整備を図り、経営主体として市町村の範囲を超えた。このような大都市圏の水不足対策として水資源確保を目的とした、いわば自然発生的にできたものと、地方における財政力の弱い市町村が水道普及を目的に共同設置した企業団営端末給水事業の二つの類型が見られたが、これに加え、水道用水供給事業と端末給水事業の統合型という3番目の類型が増加した。これらの水道事業の広域化は自己水の放棄、経営主体としての地方自治体の空洞化に繋がることになる。

このように『成長期』というライフステージでは、企業活動の発展スピードが加速化され、特に水道ネットワークの拡充と水供給にかかわる量的なニーズへの対応が優先されることになるが、これらが公営水道としての企業財務上の脆弱性に繋がっていった。

第3節 『成人期・転換期』の到来

そして、2008年度末で水道普及率97.5％とほぼ100％に近いレベルに達した現在であるが、1990年に入ってからのバブル崩壊、少子高齢化の進展から全国的に水需要が横ばいあるいは減少という時代に入り、わが国の地方公営水道を取り巻く経営環境は極めて厳しい時期を迎える。地方自治体全般にわたる財政の悪化回避に向け、水道事業のような事業的性格を有する地方公営企業体の運営は合理化、アウトソーシング、民営化といった経営改善によって、ますます経済性、効率性の改善が強く求められる『成人期・転換期』のステージを迎える。

総務省は、2003年に「水道事業における新たな経営手法に関する調査研究会」報告書を発表し、引き続き、水道事業にとどまらず地方公営企業等を対象として、指定管理者制度の導入、2004年には地方独立行政法人制度の施行、2006年には地方公営企業の経営の総点検の要請、さらには市場化テス

ト、民間譲渡といった政策メニューを次々と提示した。こうして地方公営水道はこれらの一連の動きに呼応して各種の合理化、アウトソーシング、民営化といった経営改善を強く求められることになった。

このようなわが国の地方公営水道事業の『成人期・転換期』に注目した研究として、中山［2003］、杉田［2005］、中小規模上下水道研究会［2005］、太田［2006］等を挙げることができる。中山［2003］は、わが国の上水道事業について、非効率性を考慮しながら生産・費用構造についての分析を行っている[10]。杉田［2005］は、PFI導入にかかわる課題等を分析し[11]、中小規模上下水道研究会［2005］は、上下水道事業運営とアウトソーシングを通じた民間活力活用について分析し[12]、また、太田［2006］は、水道事業を巡る新たなパラダイム構築に向けた課題について分析、提言している[13]。

『成人期・転換期』というライフステージでは、一般には企業の存続と倒

---

10 中山［2003］によれば、上水道事業では①技術非効率性、配分非効率性が発生しており、②技術非効率性の格差要因として価格の高い事業者と他会計からの補助金や繰入金が高い事業者で非効率性が高く、また、施設利用率は技術非効率性の格差を説明せず、市町村の違いも非効率性の格差を説明しないという。

11 杉田［2005］によれば、指定管理者制度は、従来からの管理委託制度に代わるもので、法規制ではなく契約行為により公共性や公益性を担保することで、民間企業やNPOなどに業務を委託できるようになった。これは大いなる規制緩和であるが、個別に業法がある場合にはそれが優先され、指定管理者制度は適用されないといった問題があると指摘している。

12 中小規模上下水道研究会［2005］では、①一旦、民間委託の流れができれば、それだけでは止まらない。業務を委託した事業体の技術力は間違いなく低下する。②その結果、委託は施設管理から事業運営へと拡大し、やがて「水道事業の民間化」へと進むだろう。その是非は住民が決めることである。長い歴史の過程で考えると「第三者委託」というのは、その1プロセスにすぎないという見方もある。③したがって、いつまでも市町村の枠組みで水道経営を考えても展望が見えないと指摘する。

13 太田［2006］によれば、これまでの拡張投資は水道事業の成長をハード面で支えてきたが、そこにおける資金循環メカニズムは、普及率の拡大による給水人口と給水量の増大を前提に、投資資金を企業債で賄いながら、元利償還を料金収入の自然増によりファイナンスしていた。今後は、投資資金の事後回収から事前回収へ移行させ、具体的には料金算定方式を資金ベースから損益ベースへ転換させること等により水道経営のマネジメント能力を飛躍的に高める必要性を主張している。

産、小規模企業の退出，企業の事業承継等が研究上の対象として取り上げられている。これらの先行研究を踏まえ、水道事業者としての『成人期・転換期』を迎えるに際し、地方公営水道が民間的経営手法をどこまで導入できるのか、そして民営化まで至るプロセスに進む際にはどのような課題なり、条件が必要になるのか、さらには平成の大合併のような市町村の合併による地方自治体自体の大きな変革の中で、小規模な地方公営水道事業体や簡易水道事業体の統合がどこまで進むのかといった諸点について考察してみたい。

　まず、地方公営水道事業体に民間的な経営手法の導入や民営化を検討するとしても、その前提として地方公営水道が相対的に非効率であることを確認することが必要となる。1990年代の関西地域の水道事業体を対象とした中山［2003］の分析では、技術非効率性（生産要素を投入した場合に技術的に最大の産出量を生産できない）、配分非効率性（生産については技術効率的であるが、費用を最小化するような生産要素の比率を選んでいない）の発生が全体として実証され、さらに水道サービスの普及率が100％近くになっている現状で高所得者層から低所得者層に対する内部補助自体は所得再配分効果が期待できるが、これがゆえに水道料金水準を高く設定している事業体や他会計からの補助金や繰入金の比率が高い事業体では技術非効率性が悪くなっていると指摘している。この水道料金水準にも関連するが、水道サービス提供維持のための水道事業にかかわる資本維持と世代間負担の衡平性に繋がる[14]問題として、現行の地方公営企業会計上、資産の計算に際し、時価主義ではなく原価主義が採用されている課題も大きい。この資産計算に基づいて料金の設定ベースが決められている。このように地方公営水道ではその効率性や資産会計上の課題が存在しているのである。

　さて、2006年に総務省委託事業として日本水道協会が「水道事業におけ

14　また、瓦田［2005］によると、地方公営企業の料金政策は、単に1事業体の経済的要因によってのみ決定されるものではなく、他の諸要因を考慮して決定される成功事例としてシカゴの地下鉄・バス事業を挙げている。すなわち、シカゴでは売上税による収入の一定率を地下鉄及びバス事業に配分することにより、料金単価を低く設定しているが、経済的要因以外の政策、つまり低所得者の交通手段確保、さらに市民の公共輸送機関利用による交通渋滞の解消という要因を考慮しているという。

る民間的経営手法の導入に関する調査研究報告書」を取りまとめている。水谷［2007］の研究も参考に、まずは水道事業における民間的経営手法の適用を事業運営面で類型化とその動向を見てみたい。

1．従来型業務委託

メーター検針業務等の定型業務、計装設備の点検・保守等の機械的・電気的業務で受託可能な民間事業者が複数存在するために、合理的な価格設定が可能な業務を民間事業者等に委託するものと定義される。

総務省が実施した外部委託調査結果によると、水道分野では外部委託（一部委託を含む）の適用例が多く、委託比率の低い「浄水場運転管理」でも573事業で行われ、市町村等の約4割が外部に委託している。

2．PFI

PFI（Private Finance Initiative）法として1999年に導入されたもので、公が公的サービス提供のための資金調達を行わなくてもよいという特徴を有する。しかし、わが国においては水道関係補助金や資金調達の条件が有利とされる地方債制度があるため、資金を民間により調達することにこだわらず、PFIを、PPP（Public Private Partnership——官民連携）の一部として活用することも考えられる。浄水施設全体、あるいは浄水施設内の発電施設、排水施設等一定程度の規模（スケールメリット）があり、施設整備と維持管理運営が一つの事業として完結している事業が適している。

水道事業では、2010年4月時点では8件の導入事例がある。民間事業者が施設を整備した後、管理運営を行い、契約期間終了後に民間事業者が施設を保有あるいは撤去するBOO（Build Operate Own）として東京都の事例があり、また、民間事業者が施設を整備した後、施設の所有権を水道事業体に譲渡し、管理運営は民間事業者が行うBTO（Build Transfer Operate）として神奈川県、埼玉県、千葉県、愛知県等の事例がある。DBO（Design Build Operation）方式は2005年に導入された松山市公営企業局による膜ろ過施設1件に永らくとどまっていたが、2009年になって大牟田市企業局・荒尾市水道局による共同浄水場に採用され、徐々に活用されている。

表1. 水道事業における第三者委託事業及びPFI事業の導入割合

	第三者委託事業		PFI事業		総数
	導入事業数	割合	導入事業数	割合	
上水道事業	39	2.6%	4	0.3%	1,519
水道用水供給事業	12	11.9%	4	4.0%	101
簡易水道事業	94	1.3%	0	0.0%	7,152

(出典) 厚生労働省水道課「第三者委託実施状況」「PFIの導入状況」(2010年4月現在)による。ただし、上水道事業等の総数は厚生労働省水道課統計によったが、2009年3月現在の数値。

3. 第三者委託制度

2002年の水道法24条の一部改正に伴って導入されたのが第三者委託制度である。民間企業であれば「アウトソーシング」、下水道であれば「包括的外部委託」に該当する。浄水場を中心とした取水施設、ポンプ場、配水池等を含めて一体として管理する業務等を委託している。従来型業務委託と比較して、例えば、浄水場を主として取水施設等の他の施設も一体とした本質的な業務をより包括的に委託でき、また、複数年契約も可能で、さらに技術的な管理業務に限定した委託となっていることが特徴として挙げられる。第三者委託制度により、技術力の強化、コスト削減効果とともに新たな広域化への対応も期待できるとしている。

第三者委託の導入は、水道用水供給事業で増加し始めたが、簡易水道事業や上水道事業での事例は、まだ1～2%程度と導入比率は小さい。

4. 指定管理者制度

2003年から施行された改正地方自治法により導入された制度で、「公の施設」の管理を自治体以外の者に行わせる場合、民間も代行することができ、施設管理委託にとどまらず利用許可や料金設定権限まで委任ができる。行政サービスの観点から「公の施設」についてその設置目的に照らした効果が生まれているかという評価を行い、その上で「公の施設」が住民ニーズの変化、多様化に応えるものとなっていたのか、また、当該「公の施設」を活用した行政サービスを担える主体が行政以外に成長しているかといった視点から導入の適否が検討される。「公の施設」を活用した最良のサービス提供者を探すための制度であるが、民営化を義務付けるものではない。

水道事業では 2006 年に岐阜県高山市において初めて指定管理者制度が導入された。その後、上水道では 2008 年時点で山形県天童市等 2 件、工業用水では 2007 年開始の秋田工業用水道の 1 件、さらに、簡易水道では、高山市に次いで 2010 年開始の沼田市の 13 簡易水道が各々の地域組合 13 件として指定管理者制度を導入している。

5. 地方独立行政法人

地方公共団体が直接事業を行う場合に準じた公共性を確保できる地方独立行政法人法が 2004 年に施行された。地方独立行政法人の長により広範な権限行使を認めることで、より自立的な事業運営を行わせ、経営責任の明確化を図る一方、中期目標期間における目標・計画に基づく経営により透明性を高め、単年度予算主義とは異なるルールの下で機動性・弾力性のある予算執行が可能になる等、事務・事業の効率性や質の向上を図ることができるものである。

水道事業について 2009 年 4 月時点では 4 件の導入検討がされている。地方独立行政法人の導入検討に際し職員を非公務員型とすることが前提となっていることから、労務上の問題を挙げる事業体が多い。

以上のような形で、水道事業体の事業運営面にかかわる民間的経営手法の適用の類型化がなされるが、現在進行中の第三者委託制度の多くは、公営水道企業体の技術基盤の脆弱性を補うものにとどまっており、経営基盤については対象としないか、副次的なものにとどまっている。この点で、「公の施設」の管理を自治体以外の者に行わせる指定管理者制度は、民間も代行することができ、施設管理委託にとどまらず利用許可や料金設定まで委任ができる可能性があることは注目に値する。すなわち、料金設定という経営基盤に直接関係する行為まで民間に委任でき、事業運営面での自由度付与に伴い、その経済性・効率性の改善効果も期待できる。例えば、従来の使用料制度では料金の納付先が地方自治体ということで、事業者としては単に料金徴収代行を行っていた立場であったのに対し、2003 年 7 月の総務省自治行政局長から各当道府県知事宛て通知でも触れられているように、指定管理者制度の

利用料金制度では納付先が指定管理者となり、指定管理者として努力すれば収入が増えるインセンティブを付与するものとなった。しかし、指定管理者制度に基づく利用料金制度は、あくまでも大規模回収経費は自治体負担であり管理者負担となるのは通常の維持管理経費までにとどまる。

最後のテーマとして、以上のような水道事業における民間的経営手法の導入の次に位置付けられる民営化そのものに直接的に焦点を当てた研究としては、加藤［2005］、松田［2007］、石井［2007］がある。水道事業における民営化のメリット・デメリットの客観的な検証には次のような論点が挙げられよう。

まずは、水道事業を行っている地方自治体にとって、民営化導入により財政効果が期待できるのかどうかが重要になる。この際、特にストック・ベースでは公営水道事業体の企業債残高をどのように処理するか、また、水道施設資産への既投入の補助金の返還をどのように扱うのか、また、フロー・ベースでも水道事業体に対し今後とも地方自治体等による補助支援を継続するのか否か等官から民への経営形態の移行に伴う問題点を明らかにすることが必要となる。

次に、民営化導入により競争導入効果があるのかという点が挙げられる。事業全体を PPP（Public Private Partnership――官民連携）とするためには、行政手続き面で供給規定（水道料金等を記載）の取得許可が必要となり、供給規定変更の度に大臣認可を求めることになる。同様に包括的な O&M 契約やアフェルマージュ[15]に近い形態での民間参入を行うとしても国から事業許可・供給規定認可の取得が必要となり、これらは事実上大きな参入障壁であり、事業コスト負担増にも繋がる。さらに現時点でわが国では（ごく一部の別荘地等を除けば）民間の水道事業者[16]は事実上存在せず、そもそも水道サービスを担える主体が行政以外に成長しているかという観点から検討する

---

15 フランスの水道事業で行われている主流の契約形態。施設の所有権は公共側にある。民間事業者は施設等の運転維持管理、設備の更新に関する裁量と責任を持つ。契約期間中に施設更新が必要になった場合には、民間は資金調達も含めた施設の更新責任負い、民間事業者が事業契約を締結する以前の施設の瑕疵についても原則責任を負う。契約期間は 10 年から 15 年程度。

表2. 水道事業へのPPP活用の類型

	資産の所有	運営と維持管理	水道法上の供給規定	需要リスク
現状	公共	公共	届出	公共
公共間連携	公共	公共	届出	公共
官民連携	公共	民間	認可	公共
完全民営	民間	民間	認可	民間

(出典) 加藤［2005］を参考に著者作成。

必要があろう。

　さらに、わが国の水道事業への参入を図って準備活動していた大手商社もあったが、国内水道市場拡大のペースが遅く、海外市場に注力した方が効率的と判断、国内水道事業参入機会を狙う動きをやめたと伝えられている。わが国の水道事業については民間委託事業なりPFI事業による市場拡大が期待されたものの、これら商社は1件も業務獲得できず、2～3年で黒字化が求められる商社の投資尺度には合わないと考えられる。これに対し公的機関同士の連携の場合には（当該エリアの）市町村レベルの同意で済むことから民間事業者が参入する場合と比べ参入コストは低い。しかし、公的機関と民間企業との間での資金調達にかかわる条件や課税面の扱い等公民間の公正な競争導入を期待するには様々な課題が残ることになる。さらに、将来的には欧州企業等と同様に民営化導入による国際進出効果が出るのかという点についてもフォローする必要がある。

　一方、平成の大合併のような市町村合併による地方自治体自体の大きな変革の中で、市町村数は2002年度末に3,212であったのが2009年度末に1,727まで減少している。これに応じて小規模な地方公営水道や簡易水道の統合が

16　上水道では10事業体で、ほとんどリゾート開発に伴い限定した地域で事業展開されているにとどまっている。明治時代には、寺尾［1981］によれば、1911年の水道条例改正により当該市町村においてその資力に堪えざる時に限って民営が許された。例えば玉川水道株式会社（前身は1921年許可を受けた社団法人荏原水道組合）、矢口水道株式会社、日本水道株式会社が設立され稼働したという。しかし、結局はこれらの民間水道も1935年の玉川水道株式会社買収を手始めにいずれも東京市により買収されている。

表3. 地方公営企業（上水道事業、簡易水道事業）の事業者数の推移

	2003年度			2005年度			2007年度			2008年度		
	法適用企業	法非適用企業	合計	法適用企業	法非適用企業	合計	法適用企業	法非適用企業	合計	法適用企業	法非適用企業	合計
上水道事業	1,955	—	1,955	1,425	—	1,425	1,404	—	1,404	1,395	—	1,395
簡易水道事業	32	1,555	1,587	24	885	909	24	848	872	24	824	848
合計	1,987	1,555	3,542	1,449	885	2,334	1,428	848	2,276	1,419	824	2,243

(出典) 総務省編 [2004-2010] より作成。

進んだことも統計上も確認できる（表3参照）。しかし、寺尾［1981］が指摘したように、かつての水道事業の広域化推進では、水資源の開発が「遠くの高い水」になった場合には、住民の負担は増大する傾向にあり、広域化によって単純に安くなるわけではない実態もあった。したがって、今回のような市町村合併の機会を捉え、地方公営水道や簡易水道の統合の検討に際し、物理的な施設統合のベースとなる水道需要の適切な見通しや施設維持・管理上の経済合理性を発揮させるにとどまらず、経営統合面で公営水道事業体の経営基盤の強化に繋がる統合に持っていくことが重要である。

また、足元では財政悪化が深刻な自治体に早期再建を促す地方財政健全化法が2009年から施行された。自治体の財政の健全性を実質赤字比率、連結実質赤字比率、実質公債費比率、将来負担比率の四つの指標で判定し、悪化の度合いに応じて早期是正措置を発動することを柱としている。地方財政に対する国の監視が強まり、財政難の自治体は行政運営の抜本的見直しを迫られることになる。新制度では普通会計の実質赤字比率に加えて水道等の地方公営企業等まで含めた赤字の比率（連結実質赤字比率）等について単年度フローだけでなくストック面にも配慮した財政状況を導入、指標ごとに基準を設け、満たせなければ財政再建が必要な自治体と認定され、「財政健全化団体」、「財政再生団体」という段階を経て国の関与が強化される。

前述のように、今求められている地方公営企業としての水道事業の変革はライフステージごとの視点も踏まえつつ、公平性、有効性、経済性、安定性という四つの指標で考えることが重要である。企業の一生の経済学的アプローチから言えば、ライフステージの最後では企業の倒産、事業承継等と

いったテーマが研究対象となる。しかし、水道は社会的基盤として必要なものである以上、例え企業として倒産したとしても、残された人材、技術・ノウハウ、販売先との結び付きといった経営資源は残るし、また、承継されねばならない。

そして、平成の市町村合併による地方自治体自体の大きな変革の中で水道事業も変革を余儀なくされ、最適経営形態としての地方公営水道についても、今後は指定管理者制度を初めとして、積極的に民間的経営手法を導入することが求められよう。水道事業の経営基盤をより強化しなければ、本体の地方自治体自体までが経営の自由度を失ってしまう。わが国において、今後は全国的に水需要がせいぜい横ばいか減少すると見込まれ、また、地下水利用の専用水道進出の影響もあり、日本水道協会をベースに対抗上の逓増型料金体系の見直しに着手する等、水道料金減収の回避に向け、水道マーケット自体の変容に対応することが迫られている。

なお、加藤［2005］は、むしろ欧州では新設道路や美術館・博物館より水道事業の方が需要リスクの観点から相対的には安定しているので民間企業も参入しやすいと見ている。したがって、例えば、指定管理者制度上、その利用料金制度と逓増型料金体系の変更というレベルまで指定管理者側に契約設計上の自由度を与えることを想定した場合に、水道ネットワークという「公の施設」の管理上の経済性・効率性の向上にどこまで繋がりうるのかケース・バイ・ケースで慎重に検討する必要があろう。このように「公の施設」の管理上の財政悪化を極力回避するための経済性・効率性の向上が重要であることは論を俟たないが、地方自治体として水道ネットワークという「公の施設」を利用することによる有効性・公共性の追及も同時に重要な視点であることを忘れてはならない。

国際的視点に立てば、ISO/TC224 で審議されていた上下水道サービスの標準化規格の動きもある。ISO は民間規格で適用は任意だが、水道事業の内容についても、国際的規格である ISO の業務指標で表されるのが一般的となり、任意適用とはいえ実効性を持ち、その結果、事業の説明や契約に必然的に使われ情報公開されるようになる。消費者側にとっては、水道事業にかかわる業務指標が数字で表され、事業の透明性、効率化がより一層進むにし

たがい、事業内容の善し悪しを簡単に判断でき、都市間の比較が容易になろう。将来的には、第三者業務委託の選定にこの規格を用いてプロポーザル提案するよう義務付けたり、業者もこの規格を使った提案をすることも想定されよう。

第4節　水資源の保全管理と環境税

　2000年以降、「法定外目的税」が地方税法上も導入可能となり、地方の課税自主権を活用した地方独自税の「森林環境税」が次々と導入されている。諸富［2000］は、一般に、環境税の起源を見れば、環境保全のための財源を調達するための目的税として導入された経緯があり、環境税は、自然資本を含めた社会的共通資本を維持管理するための政策手段であり、同時にそのための財源調達手段でもあるという点で、二重の性格を持った租税であると位置付けている。

　2003年になって森林環境税が高知県で初めて導入され、現在では過半の都道府県で導入されている。徴税方法も県民税均等割超過税と水道税の2方式が検討された結果、水と直接的な関係性より、森林環境維持のため県民による幅広い公平な負担を重視し、法定外目的税と同じ効果と言われる県民税均等割超過税が採用されている。

　ところが、2007年から5年間という期間で実施されることになった神奈川県の水源環境税は、二つの点でそれまでの税とは異なる特徴を有するものとして導入された。すなわち、第一に、各地方自治体で導入済みの「森林環境税」が数億円規模の税収であるのに対し、年間38億円という規模でも一桁大きい。第二に、森林・林業県としてではなく、都市部の水源環境保全という色彩が濃い特徴を持つという点である。特に本水源環境税導入過程で議論のあった大口需要家としての横浜市等と神奈川県との間に存在する垂直的租税外部性を確認しつつ、今回の税導入反対の立場を取り続けた横浜市水道事業体等の背景も本節で考察する。

　一方、山梨県では2002年から森林環境保全のためのミネラル・ウォーター税を検討し、採水業者を対象として彼らの生産するミネラル・ウォー

ターに 0.5 円／ℓ を課税し、約 2 億円の税収とする構想の是非を議論した。2005 年には「ミネラル・ウォーターに関する税」検討会を山梨県として設置し、引き続き検討を深めた。しかし、2006 年 6 月に着任 4 ヶ月の横内山梨県知事は、「納税者を少数に限定するのは公平でない」との理由で本税導入を断念、同年 7 月の検討会報告書で導入見送り結論をまとめ、公表している。

　昨今の地方財政改革の中で、地方の課税自主権拡充へと大きく舵切りされ、また、国全体として各種環境保全政策が浸透しつつあることを踏まえ、各地方自治体で森林環境税が次々と導入されている事実は、明らかに税制環境の変化を裏付けるものである。これまで、森林の整備にかかわる応益負担システムに注目すると、1985 〜 1986 年に当時の農林水産省、建設省という国のイニシアティブによる「水源税創設運動」が起こされたことが有名であるが、結局、導入できなかった歴史的経緯もある。しかし、これらの新たに導入された税が、水資源の保全管理という政策上の使途との関係で真の意味で「水源環境税」として機能しているのかを本節で検討する。

1. 森林と水との歴史的関係

　森林整備推進協議会編［1987］によれば、水源林整備のための費用負担として、上流水源の森林整備のために受益者が協力した事例は、農業分野では、藩政時代から多くの記録が残されている。そして明治末期頃から、その区域及び協力組織が拡大され、上流の森林整備のために、下流の市町村、電力会社、水道事業者、耕地組合等の利水者による協力等の貴重な事例が記録されている。戦後の昭和年間では水道用水が主体となっている。特に、明治年間に横浜市が水道用水の水源林確保のために山梨県の道志村に確保したのは、貴重な先駆的事例であろう。高度成長期の急激な水需要に対応して、淀川水系、木曽 3 川の造林公社が設立されるとともに、50 年代に入って福岡、広島及び長野県等において基金制度も創設された。しかし、過疎化の進行等山林及び林業を取り巻く厳しい諸情勢と各種山村地域対策等のため、費用負担制度化の推進は逆に難しさを増した。

　およそ森林経営が困難となれば、森林施業の放棄、森林の売却、他用途へ

の転用等、森林整備上好ましくない事態になる。森林の公益的機能を高度に発揮する森林の維持管理に要する費用を下流側が流域共同体として負担する制度の普及が求められ、このことがますます重要視される。

　国際連合食糧農業機関（FAO）により制定された国際森林年であった1985年に、わが国の林政審議会が21世紀に向けた森林・林業及び木材産業の施策の方向を示す中間報告を出した。この中で、森林の整備に国民の参加を求める動きを森林の整備や林業の振興に具体的に結び付けていくために、分収林制度の積極的な活用、下流域の負担による森林整備のための基金の設立等を推進すべきであるとし、さらに、森林整備のための国民の参加及び費用負担の方策として、水を課税対象とする水源税の創設についても検討を行うべきであると提言した。この動きの背景としては、国の各省で一般財源に依存しない自主財源確保の路線上にあって、当時の建設省が流水占用料等の制度改正、農林水産省は水源税という目的税創設という思惑があった。しかしながら、水道行政を担当する厚生省（当時）、水力発電や工業用水を担当する通産省（当時）、さらには経済団体連合会等により、森林からの受益が不明確な者に森林整備のための目的税を貸すべきではないと反対、結局、これらの構想は日の目を見ることはなかった。

　その後も国産材価格の低迷等森林経営を巡る経済環境は悪化の一途をたどり、1997年の林政審議会答申「林政の基本方向と国有林野事業の抜本的改革」を受けて、森林組合合併助成改正法が制定され、翌1998年に国有林野事業改革特別措置法を制定するとともに森林法改正（市町村森林整備計画制度の拡充等）と繋がっていった。特に、国有林野事業改革特別措置法では、木材価格の低迷等により多額の累積債務を計上していた国有林野事業特別会計の累積債務約3.8兆円のうち約2.8兆円を一般会計に承継させ、約1兆円については、将来の木材伐採量の増加により見込まれる木材販売収入の増加等により50年間で返済するという形を取らざるをえなかった。

　同時に地方公共団体の森林施業の実施主体である森林整備法人問題も全国レベルで深刻な累積債務問題となっている。林野庁はこれらの問題に呼応して「21世紀の森林整備の推進方策のあり方に関する懇談会」を設置、今後の森林整備政策のあり方を検討するとともに、併せて、私有林における森林

整備手法の一つである公社造林に対する施策のあり方について 2005 年に中間的な取りまとめを行った。これによれば、既往の公社造林の成果について都道府県民の理解を深めるなどにより、都道府県民共有の財産であるという意識の醸成を図っていくこと等を挙げている。そして、公社造林の債務については、都道府県において、地域ニーズに応じて推進され、恩恵をもたらしてきた森林整備に関する政策に伴う債務であって、また、その程度には、地域事情に起因する要素も高いとし、各都道府県レベルでの債務対応、つまり、債務処理が求められている。

2. 神奈川県による水源環境税の導入事例

2-1 水源環境保全・再生施策と議会提案経緯

神奈川県による水源環境税は、高知県、岡山県、愛媛県のような森林・林業県としてではなく、むしろ、水を大量に消費する横浜市、川崎市といった都市部を抱える水消費県としてその導入の是非を問うという問題設定となっている。実際、1995 年秋からの異常渇水に端を発し、神奈川県では 1997 年度から「かながわ水源の森林づくり事業」が開始される等の先行的な動きからも、水源環境税導入の基本的な性格は、県民に対する「水」という「受益」と「税」という「負担」の関係が強いと位置付けられる。

神奈川県は、2000 年に地方税制等研究会生活環境税制専門部会を設置、2002 年に「生活環境税制のあり方に関する検討結果報告書―水源環境の保全・再生に関する施策とその費用負担について」という報告書をまとめた。そして、2004 年に神奈川県は「かながわにおける水源環境保全・再生の将来展望と施策の基本方向（水源環境保全・再生基本計画（仮称））」（案）として県議会に報告し、この際には総額 104 億円の新税であった（表 4）。この際、県議会議員より使途等につき種々の意見が出されたことを受け、2005 年に同最終案として取りまとめている。2005 年 2 月に出された議会提案では、県側は総額 78 億円の新税に関する条例案として正式に審議に臨んだ（表 5）。

しかし、翌月の 3 月に松沢神奈川県知事は新税の使途を協議することを前提に一旦条例案を撤回している。2005 年 6 月議会で再び総額 41 億円の新税に関する条例案として臨んだが、議会 3 会派が判断を示さず、継続審査と

表4. 2004年に神奈川県より県議会に報告された水源環境税の素案

(単位:億円/年)

	当初5年間平均			20年間平均		
	全体事業費	既存財源	新規財源	全体事業費	既存財源	新規財源
森林の保全・再生	117	74	43	121	71	50
河川の保全・再生	35	28	7	35	28	7
地下水の保全・再生	44	33	11	43	33	10
水源環境への負荷軽減	342	321	21	346	327	19
水環境保全・再生を考える活動の促進等	31	8	23	29	8	21
合 計	569	465	104	574	468	106

(出典)神奈川県資料。

表5. 2005年に神奈川県より県議会に提案された水源環境税の正式案

(単位:億円/年)

	当初5年間平均			20年間平均
	全体事業費	既存財源	新規財源	全体事業費
森林の保全・再生	112	74	38	122
河川の保全・再生	35	28	7	35
地下水の保全・再生	28	17	11	27
水源環境への負荷軽減	344	332	12	357
水環境保全・再生を考える活動の促進等	19	8	11	18
合 計	538	460	78	559

(出典)神奈川県資料。

　なった。そして3度目の2005年9月議会で、再度協議し、結局、議会側の提案を踏まえ、実施時期の1年延期(2006年4月から2007年4月へ、実施期間を2007年度からの5年間)、総額38億円の新税(3億円の減額変更となった)という形で議会承認が得られた。

　議会に提出された新税に関する条例案では、神奈川県は森林の保全・再生、河川の保全・再生、地下水の保全・再生、水源環境への負担軽減、水源環境保全・再生を支える活動の促進等の五つの事業を柱とし、今後20年間の水源環境保全・再生の取り組みである「施策大綱」の基本方針を示している。その中でも、水の量的・質的な保全を抜本的に推進するために「水源保全地域」における水源環境の保全に重点的に取り組む必要があるとしてい

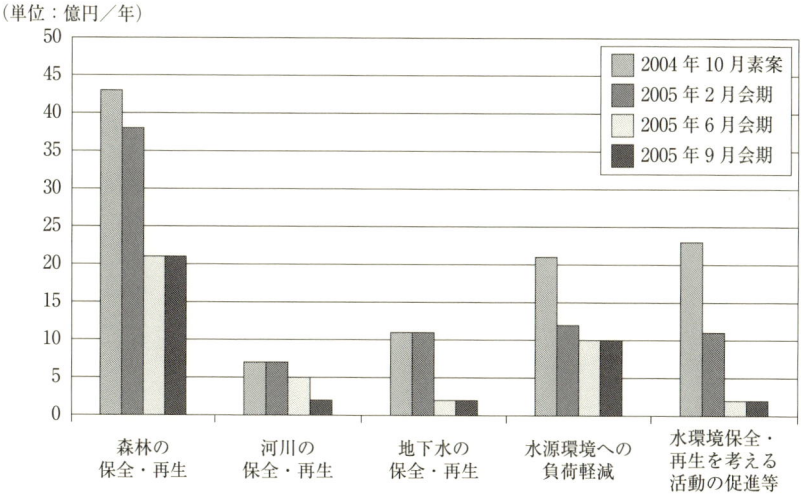

図1. かながわ水源環境保全・再生実行5ヶ年計画上の5事業の事業規模変遷
(単位：億円／年)

凡例：
- 2004年10月素案
- 2005年2月会期
- 2005年6月会期
- 2005年9月会期

横軸：森林の保全・再生／河川の保全・再生／地下水の保全・再生／水源環境への負荷軽減／水環境保全・再生を考える活動の促進等

(出典) 神奈川県資料より著者作成。

る。

　今後、5年間に取り組む事業の実施計画を「水源環境保全・再生かながわ県民会議」の関与の下で、市町村と連携して策定し、今回の承認事業活動に必要な費用として個人県民税に1人当たり年平均950円上乗せする参加型新税となった。この新税の制度設計上は、個人県民税の均等割だけでなく所得割にも課税、水使用量に近似する税体系を採ることになったが、2007年の国の税制改正で税率のフラット化が導入されてしまい、5年間の事業当初から制度設計とは異なる形で課税されることになってしまった。

2-2 「かながわ水源の森林づくり事業」の位置付け

　神奈川県議会で最終的に承認された水源環境保全・再生基本計画の5本柱の施策の中で、森林の保全・再生事業は新規財源全体の56％、21.5億円を充当する最大の事業と位置付けられた。本事業は、①水源の森林づくり事業の推進（16.8億円）、②丹沢大山の保全・再生対策（1.6億円）、③渓畔林整備事業（0.4億円）、④間伐材の搬出促進（0.8億円）、⑤地域水源林整備の支援（1.9億円）の5項目で構成されている。

この森林の保全・再生事業についても当初案から大幅な変更となったが、削減率が最も低く、神奈川県として明らかに重要視している施策である。上記事業にかかわる県議会での論点として、議会側から、①県が水源環境保全にかかわる既存事業として取り上げた事業は、「かながわ水源の森林づくり事業」等2〜3事業を除けば、関連性が薄く、②本事業の対象エリアを4ダム集水地域（4.4万ha）に限るべきであり、③「かながわ水源の森林づくり事業」と新規事業との関係を明確化すべきであり、④2004年に「かながわ水源の森林づくり事業」を見直し、事業量を縮小した方針を転換するのか、⑤「かながわ水源の森林づくり事業」の中長期事業量の見通しを明確にし、人工林の一斉伐採の抑止をすべきといった指摘をしている。

　ここで焦点となっている「かながわ水源の森林づくり事業」は、水源地域の森林保全と整備を行うものとして1997年度から着手され、城山ダム・宮ヶ瀬ダム・三保ダムの上流を中心とし、県の森林の65％に相当する約6.2万haを確保・整備対象エリアとしている。そのうちの私有林、約4.1万haの概ね70％、2.9万haについて、公的に管理・支援するものである。これまでの事業実績として、まず水源分収林、水源協定林及び買入れによる整備対象森林の確保、水源林の確保・整備を円滑に行うための事前調査等を主な内容とする「水源林確保事業」では2005年度までに累計7,309haを確保することとしており、2005年度事業予算として12.5億円を計上した。さらに水源分収林、水源協定林等で確保した森林の整備、協力協約を締結した森林の整備に対する助成を主な内容とする「水源林整備事業」では累計6,398haを整備することとしており、2005年度予算として5.0億円を計上した。この他の事業も含め事業費予算総額は19.6億円となっており、この主要財源として、県一般財源繰り入れにより13億円と、水道事業会計財源5億円の負担金（＝水道利用者にとって20円／家庭・月相当の負担額）から充当した。しかし、独自の水源を持ち負担金を出している横浜市や川崎市などは神奈川県が実施する本事業の水源林管理の担い手としては参加していない。

　「かながわ水源の森林づくり事業」にかかわる今後の施策実施上の位置付けについては、2005年2月の議会当初提案で「かながわ水源の森林づくり事業」を水源林の年間確保量で従前の53％アップ、年間整備量で従前の

213％アップと大幅な拡充を図ることとし、これらにかかわる事業費全てを今回の新規財源から充当する提案であった。しかし、最終的な実行5ヶ年計画では既存事業量分は既存の財源スキームで対応し、拡充部分のみに対し新規財源より年平均16.8億円（全体の44％に相当）を充当することで決着している。したがって、今後の「かながわ水源の森林づくり事業」については、既存部分に対し水道利用者は引き続き5億円を水道事業会計経由で負担し続け、拡充部分に対しのみ新税全体の44％を充当する。

この「かながわ水源の森林づくり事業」拡充の背景として、実は森林整備法人、かながわ森林づくり公社の問題[17]が挙げられる。同公社は、国による拡大造林政策の一環として、神奈川県内における森林の整備の促進、森林づくりにかかわる県民運動の推進、森林整備担い手の育成等の事業活動を実施している。2005年3月末の公社経営面積は3,345ha（うち公有林44％、私有林56％）で、対象の事業の93％が水源エリアにある。同公社に対し神奈川県は出資し、農林漁業金融公庫等からの借入金に対し神奈川県が損失補償することを前提とし、地権者の地上権を設定した上で、山を借りてスギやヒノキなどを人工林[18]の分収造林として育ててきた。しかし、国産材価格の低迷から、負債額は250億円（2004年度決算）にも達し、既に「かながわ水源の森林づくり事業」が開始された1997年より新規造林は中止している。本事業では、所有者による手入れができている森林を対象とし、分収契約終了後は基本的には経済林として伐採するものであり、一方の「かながわ水源の森林づくり事業」は、手入れ不足の森林を対象とし、基本的には環境林として巨木林、複層林は伐採しないものであり、両事業の性格は異なるもので

17 　同公社は、神奈川県から毎年約3.5億円の分収林事業費補助を得るとともに、県が実施している水源の森林づくり事業について測量、調査を受託（2005年度予算で4.1億円）しており、同公社運営にかかわる県費依存は大きい。

18 　根立［1993］は、わが国の人口林資源維持を中心とする林業政策によって、森林構成が異常気象による被害を受けやすい針葉樹林に単純林化したことを指摘している。さらに昨今の人工造林面積の減少のため、森林構造の壮齢林化が促進され、「要間伐林分」で気象災のうち特に風雪害に弱く、幹折れ根倒れの被害が続出し、森林保険は度々膨大な森林損害の補塡を強いられたとしている。

はある。

2-3　神奈川県議会での水源環境税にかかわる議論

　神奈川県議会では予定事業としての「かながわ水源の森林づくり事業」等に関する多くの議論がなされた。そして歳入に関し、超過課税による資金収入を基金、特別会計制度で運用することはよいが、既存財源による事業も含めて、進捗状況を県民に知らせること、5年後の新税見直しが増税に繋がると懸念され、歯止めをどのように考えているのかとの指摘が出された。また、水道料金、下水道料金　水道事業経営は、非常に厳しい状況にあり、仮に、水道料金の値上げを行うことであれば、これも県民負担の増加に繋がること、さらには今回の事業では、神奈川県の人口の55.8%を占める横浜市、川崎市に直接関係のある事業は一切なくなってしまっており、横浜市、川崎市の県民に対し、いかなる説明を行うのかとの指摘が出された。これに対し、神奈川県側は、①横浜市、川崎市等への情報提供は行っており、今回の事業は水源の保全再生に直接に関係するものに絞ったので、横浜市、川崎市に直接還元できるものとしては良質な水を提供でき、②水道事業は大変に厳しい経営状況が続いており、水道料金収入が伸び悩む中、経費節減などの経営努力を続けきたが、2004年度決算を見ても、4年連続の赤字となっており、③県民会議が存在する上、超過課税を延長するためには議会承認の手続きを取り、さらに、④宮が瀬ダムでは建設費の15%、580億円もの県、横浜市、川崎市、横須賀市の一般会計が使用されており、既に県民の受益者負担がなされていることを説明している。また、議会側より、水道料金における個人、法人の負担割合に応じた法人負担等法人企業への課税を検討すべきではないかとの指摘に対し、宮が瀬ダムでは水道事業者が基本的に負担しており、これは1988年度の制度に基づいたもので、法人負担については、既に多くの税負担を行っていることから、新たな負担を求めず、一方で民間企業には任意の寄付制度を用意していると県側は答弁している[19]。

2-4　横浜市水道事業者の対応にかかわる論点

　神奈川県の水道事業の太宗を占める横浜市の水道システムは、120年余

りの歴史を有するが、その導入初期より遠距離の水源としての道志水源涵養林を維持する等独自の良好な「水質」を確保している[20]。横浜市の水道水源は現在、道志川（8.8％）、相模湖（20.1％）、馬入川（14.6％）、企業団酒匂川[21]（30.9％）、企業団相模川（25.5％）の5系統で、保有水量は196万 m^3／日、神奈川県全体の41％を占める。

横浜市の給水人口は2009年時点で約367万人、供給水量は約119万 m^3／日である。水需要は、節水機器の普及やライフスタイルの変化などにより、1ヶ月10 m^{3}以下の少量使用者が全体の3分の1を占めるなど、水需要構造が大きく変わってきており、また、1998年から1日平均給水量も減少傾向を続けており、長期的には2020年代半ばに、横浜市の人口も減少傾向になると想定されている。

横浜の近代水道システムと水源林の歴史的対応については、泉［2004］が横浜市道志水源涵養林の形成過程として詳しく分析している。横浜自体の都市拡大に伴う水道需要の増加に対応して、量的・質的にも道志水源の重要性が高まり、一方で、道志村の水源地域開発計画と横浜市との間の調整が必要になってくる。横浜市側は費用便益を考えながらも、道志村に存在する水源林を確保すべく、保安林への編入、横浜市による造林補助金の交付、分収造林設定の検討、水源林の買収とステップを踏みつつ、横浜市による水源林の直接管理化に進んでいった[22]。

19　法人企業への課税を県側が躊躇する関連動向の一例として、いすゞ自動車（本社・東京都品川区）により、神奈川県が2001年8月、外形標準課税導入までのつなぎ的措置として導入した県独自の「臨時特例企業税」が現在も存続しているのは違法などとして、2005年10月に県と松沢成文知事を相手取り、納税額約19億円の返還と、同税の無効確認を求めた行政訴訟を挙げることができる。

20　かつて横浜は、大部分が砂州と埋立地からなっており、浅井戸から汲み上げられる水は塩辛かったり臭気を帯びていたりして良質な飲料水に事欠いていたという状況があった。英国人技師 H. S. パーマーにより日本で初めての近代水道施設が導入、1885～1887年に約43km離れた水源から水が供給された。

21　企業団とは、県、横浜市、川崎市、横須賀市が共同で設立した団体で、正式には「神奈川県内広域水道企業団」という。企業団は、酒匂川及び相模川の水をそれぞれの水道局に送っている。

1887年よりスタートした横浜市の水道は、1901年から1980年までの間、延べ8回に及ぶ拡張工事により安定給水へ対応してきている。1980年以降、120年余の今年までこのような大規模な拡張は実施していない。独自水源である道志川（供給水量の約9％）の他、他の水道事業体と共同の水源である相模湖などの五つの水源があり、これらの水源は、全国的に見ても良好な水質を保っている。水源から導水路を通って運ばれてきた水は、横浜市内にある川井、鶴ヶ峰、西谷、小雀の四つの浄水場で処理されている。

　さて、神奈川県による水源環境税構想に対する横浜市の対応振りを見てみる。この水源環境税構想が出た初期段階から、横浜市水道事業体及び横浜市議会議長は水源環境税への意見表明を松沢神奈川県知事に対して出している。2003年7月に横浜市水道事業者より出された意見では、①水源環境税により行われる事業は、私有林の公的支援など森林の保全・整備が主体であり、②不特定多数の県民全体に受益が及ぶ施策にかかる費用について水道利用者のみの負担は公平性に欠け、③水道事業体は既に水源保全にかかる費用を負担し、④特別徴収義務は実質的に水道料金の値上げとなる等の点を指摘し、2003年12月には横浜市議会議長より同様な意見が出されている。そして、これらの意見表明は横浜市だけではなく川崎市、横須賀市も連名で意見表明している。

　横浜市の水源涵養林は、山梨県道志村に位置し、その面積は2,873haにも達し[23]、道志村総面積の36％に相当する。横浜市は概ね1億円弱／年の費用を継続的に支出、道志水源涵養林の保全、道志村生活排水処理事業への助成（40％）を行っている。さらに1997年には公益信託基金10億円を拠出、自然環境保全活動等への助成も行っている。また、道志村には横浜私有林の他に約3,700haの手入れ不足の民有林があることから、2006年度より民間ボランティアと協同整備を実施している。

22　なお、泉［2004］は、横浜市による水源林形成の意図が水道水源の保護にある以上、道志村の経済活動活性化と横浜市による水源林経営とは相容れがたい一面を持っていたと結論付けている。

23　天然林（針広混交林）1,544haとヒノキ、スギを主とした針葉人工林1,032ha。

また、横浜市としては道志村以外にも水道水の量を確保し水質を守るため、ダムの維持管理をはじめ、ダム湖の湖底にたまった土砂などの除去、水源地域の下水道整備助成など、様々な事業を行っている。特に、相模湖ダムの湖底堆砂の除去問題では、1947年に築造された相模湖へ河川から流入する土砂が堆積していることから、神奈川県と横浜市を始めとした関係利水者が協力して土砂浚渫、貯砂ダム設置事業を実施している。1995〜2026年で総事業費約630億円、このうち横浜市は約34％を負担、2005年度予算で8.2億円を計上していた。以上のように年間約17億円と多額の事業費用を充てており、これは1m^{3}当たりに換算すると6円程度を水道利用者は負担しているレベルと横浜市の水道事業体はいう。

　次に、論点と対応にかかわる課題として、道志水源林の保全については横浜市として森林買収という最終手段まで駆使し、徹底しているが、一方で、道志水源は横浜市水源の約9％にすぎず、残りの大半の水源についての水源林の保全対策を横浜市としてどこまで行いうるのかが論点となる。

　横浜市は、「かながわ水源の森林づくり事業」に負担金では応じているが、川崎市等とともに水源林管理の担い手としては不参加であり、これは持続的な水源環境保全に直接的にかかわる水道事業者が事業参加せず、一般的な森林整備事業として実施されているという意味で大きな課題である。当時の横浜市水道事業管理者であった金近忠彦は、神奈川県による水源環境税に関連し「水源の水質の問題は大きな問題である。……しかし、今回の水源環境税は水源地域の山林の間伐、枝打ち、下草育成など森林整備を目的としたものである。水道水源の確保であるとは考えられない。したがって、水道利用者のみに応益的な観点で森林整備のための税負担を課そうとする水源環境税について利用者の理解を得ることはできないと思う」[24]と主張していた。

　さらに、この水源環境保全・再生事業そのものが横浜市の水道事業体として負担し実施していく経済的インセンティブが得られにくい状況となっていることこそが大きな課題である。この背景としての第一は、自治体水道事業の業務指標比較で明らかだが、日本水道協会が策定した業務指標にしたがっ

24　金近［2003］を参照。

て作成、公表した 2003 年度時点の実績比較でも、東京都、名古屋市、横浜市の 3 都市で比較した結果、横浜市の給水原価が最も高いことが挙げられる。

横浜市では 2001 年に水道料金を平均 12.1％も値上げし、神奈川県、川崎市、横須賀市、横浜市の水道料金比較（20m^3、口径 13 ～ 20mm）でも最も高いレベルとなっている。この料金値上げ効果としては、2004 年度決算では、ピーク時に 116 億円あった繰越欠損金を一掃、企業債残高も 2,159 億円（利用者 1 人当たり残高 6.2 万円）から 2,078 億円（同残高 5.8 万円）に減少する等財務状況は徐々に改善はしている。しかし、横浜市では老朽配管対策、地震等災害対策等のための費用、企業団受水費の高騰等への対応への費用支出のプライオリティが高く、神奈川県提案の水源環境保全・再生事業に向けた追加的な支出には対応できない状況にあった。特に、前述のように 1998 年から 1 日平均給水量が継続的に減少している中で、需要家へ水道料金として価格転嫁できないことは明らかであった。

2-5　小括

森林の水源環境保全という公益的機能に対する受益者負担原則に基づく政策は、経済学的には「森林が外部経済をもたらし」、その森林保全活動に対し補助金を与えて奨励することが正当化される（ピグー補助金）。しかし、水道需要の減少、赤字財政に苦しむ横浜市、川崎市等の水道事業者からの強い抵抗もあり、神奈川県の水源環境税については水道税の一部ではなく、1 人当たり年平均 950 円という県民税均等割超過税として上乗せされた。「水」という「受益」と「税」という「負担」の応益負担関係が薄まる結果になった。

神奈川県による水源環境税（県民税均等割超過税）と例えば横浜市による課税（水道料金負担という形での水道税）との間では、相互の税収に影響を及ぼす垂直的租税外部性があると考えられ、一般的にはこれらの異なる課税主体により選択される税率は、全体として効率的な水準より高く設定される傾向にあることが知られる。現時点で高水準の水道料金負担を担う横浜市民の立場に立てば、水道サービスの向上のための今回の施策の限界費用は極めて

高く、横浜市側でこれ以上の税率アップが当分不可能な状況のもと、神奈川県から、素案時点では最終税額の2.7倍もの新規税が提案されたことは、水準を高めに設定しがちという一般的な傾向を裏付ける証左となる。

一方、神奈川県による水源環境保全・再生基本計画の主要施策である「森林の保全・再生事業」では、水源林として技術・制度・社会的に流域全体で支えつつ、人工林での間伐と無立木地を生じない複層林作業の大幅導入、分収造林より造林補助金や買収を多くする等の施業を行うことになるが、都市型サービス産業としての水道システム維持管理のため、今後とも当事者意識を有する横浜市を始めとした水道事業体の巻き込みがさらに求められよう。

3. 山梨県によるミネラル・ウォーター税の導入断念事例

山梨県でも2002年から「山梨県地方税制研究会」を立ち上げ、環境首都・山梨にふさわしい四つの環境目的税を検討した。この結果、特にミネラル・ウォーターに関する税について詳細な検討を行い、ミネラル・ウォーター0.5円／ℓを採水業者に対し課税し、約2億円の税収とする構想の是非が議論されることになった。そして2005年には「ミネラル・ウォーターに関する税」検討会を設置し、水資源管理のための事業者税という受益者負担による制度設計について引き続き検討を深めたが、2006年6月に着任4ヶ月の横内山梨県知事は「納税者を少数に限定するのは公平でない」との理由で本税導入を断念、同年7月の検討会報告書で結局導入見送りという結論をまとめ公表している。この新税導入を断念せざるをえなかった背景なり課題について検討してみる。

3-1 わが国ミネラル・ウォーター生産・輸入の現況と山梨県での生産動向

わが国において、ミネラル・ウォーターの消費は最近では特別な年を除いて常に2桁以上の成長を維持している。この10年間の間に生産・輸入量ベースで2.3倍以上、金額ベースで2.2倍以上に達しており、2009年のミネラル・ウォーター市場は約2,016億円、数量で、国産品が約209万kℓ、輸入品が約42万kℓとなっている。

このようなわが国のミネラル・ウォーター生産を全国都道府県別に見てい

図2. 国産ミネラル・ウォーター都道府県別生産比率（2009年）

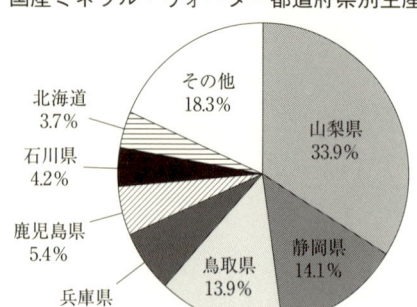

- 山梨県 33.9%
- 静岡県 14.1%
- 鳥取県 13.9%
- 兵庫県 6.5%
- 鹿児島県 5.4%
- 石川県 4.2%
- 北海道 3.7%
- その他 18.3%

（出典）日本ミネラル・ウォーター協会統計。

図3. 山梨県におけるミネラル・ウォーター生産の推移

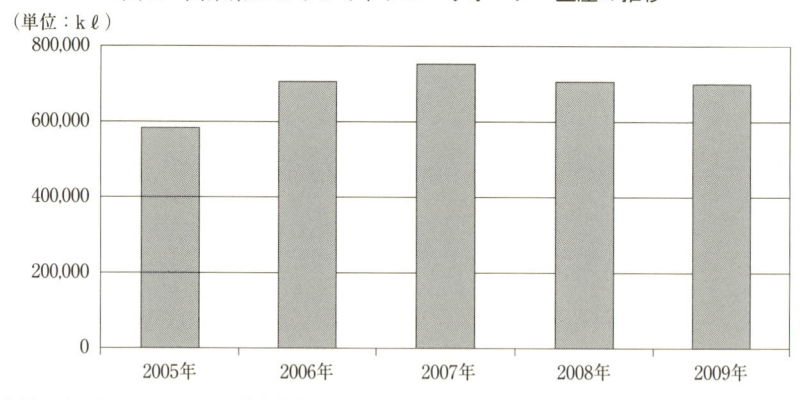

（単位：kℓ）

2005年	約580,000
2006年	約700,000
2007年	約750,000
2008年	約700,000
2009年	約690,000

（出典）日本ミネラル・ウォーター協会統計。

くと、山梨県は群を抜いており、2009年には33.9％も占めている。山梨県での生産量も毎年増加しており、6年前の生産量と比較して約34％増加を記録している。名水百選に選ばれた尾白川や湧水の点在で知られる山梨県の白州町（2004年から北斗市）に、1996年にサントリーが、1999年に日本コカコーラが主力の「サントリー天然水」、「森の水だより」を生産開始したことで現在の地歩を築き上げている。

3-2 課税側（山梨県）によるミネラル・ウォーター税導入の説明

地方自治体による法定外税の導入研究の観点から山梨県では2000年に「山梨県地方税制研究会」を設置、2002年に中間報告を取りまとめ、最終的には2005年に「ミネラル・ウォーターに関する税」として取りまとめ公表した。主要な点として、山梨県におけるミネラル・ウォーターの生産量が全国一であり、県土の78％が森林に占められた森林県として、これまで森林整備事業に力を入れ、水源の涵養に努めてきていることを背景に、ミネラル・ウォーターが、

① 基本的に採取した水そのものを製品とするものであり、
② 山梨県の豊かな森林によって育まれた水が良質であること、
③ 富士山や南アルプスなどの自然環境に恵まれた「山紫水明の地」やまなし産であることなどが消費者に高く評価されているものと考えられ、
④ 県内のミネラル・ウォーター産業は、県が水源涵養にかかわる事業を行うことについて、一般の県民や他の産業に比べ、直接的かつ多大な利益を受けているものと考えられ、水源の涵養にかかわる事業については今後一層推進することが求められている

ことから、その安定した財源を確保するため、ミネラル・ウォーター産業に課税することが望ましいとの考えを打ち出した。そして山梨県は、具体的にはミネラル・ウォーター販売、またはミネラル・ウォーターの原料供給を目的として県内で地下水を採取する事業者に対し、標準税率1ℓ当たり0.5〜1円の範囲の税率で設定、この税収（年間2〜4億円）は、水源涵養にかかわる事業、その中でも主に水源涵養に最も資する森林整備事業に充当するとの考えを示した。

3-3 業界側（日本ミネラル・ウォーター協会等）の反論

上記、山梨県による課税案に対し、2003年に日本ミネラル・ウォーター協会等業界3団体は県とのやり取りを踏まえ、連名で「ミネラル・ウォーター税についての意見」を取りまとめ課税案に以下のような論点で反論している。

① 新税の導入を検討する前に、まず、「水源涵養機能の維持とその機能発

揮」という環境問題のためにいかなる政策が必要か明確にし、かつ、財源確保に関して税制に限らない幅広い手法について慎重に検討を行うべきとしている。水源涵養機能の維持とその機能発揮のための事業、特に森林整備事業はミネラル・ウォーター採水事業者に限らず広範な受益者を有している点を強調し、

② また、ミネラル・ウォーターのみへの課税は、租税の大原則である公平性・中立性を欠くものであり、水源には、地下水に限らず、ダムや河川、湖沼等も含まれ、これに加え、地下水自体もミネラル・ウォーター生産だけに用いられているわけではなく、工業用水、農業用水として非常に広範に利用されている。さらに、山梨県の地下水のうち水資源としての供給可能量は2.71億m^3であるのに対し、県内のミネラル・ウォーター生産量は約0.0044億m^3と供給可能量のわずか0.16％にすぎず、ミネラル・ウォーター採水事業者のみが「特別な利益」を受けていると評価できず、ミネラル・ウォーター採水事業者のみが山梨県の水源涵養機能等の減退原因を生じさせているものではなく、

③ 山梨県において、ミネラル・ウォーター税の導入を必要とする特別の新規財政需要発生は考えにくく、水源涵養にかかわる森林整備事業費予算も最近では過去より10億円も減少した水準の27億円であり、地下水位の低下を示すような兆候はないことを県自身が自認している。そしてミネラル・ウォーター税の導入は、ミネラル・ウォーター業界及び関連業界に極めて大きい悪影響を与え、

④ 最後に、山梨県で生産したミネラル・ウォーターの宣伝広告等に多大な費用を投じて努力し、知名度を全国的に向上させ、消費の拡大をもたらしたのは、各企業の努力に他ならず、山梨県のミネラル・ウォーター事業者が「山紫水明の地」山梨県のブランド・イメージにただ乗りして利益を上げている事業者であるかのような報告は遺憾だとしている。

3-4 山梨県としての最終判断

　山梨県は、地方税制研究会報告に関連して、さらに専門的かつ幅広い見地から検討するべく2005年に「ミネラル・ウォーターに関する税」検討会を

新たに設置し、水資源管理のための事業者税という受益者負担による制度設計について引き続き検討を深めた。受益と負担の関係を中心に

①何のために新税を導入する必要があるのか（森林整備と良質な地下水との関連が合理的に認められるのか）。

②ミネラル・ウォーター業界は、特別な利益を得ているのか。

③ミネラル・ウォーター業界だけに課税することは、課税の公平性に反しないか。

の3点を論点として5回にわたる審議の結果、①については、良質な地下水は森林整備だけで育まれるものではなく、地表面の土壌や地価の地質による影響も踏まえて関連を捉える必要があること、②については、課税側は工業統計の資料等を用いて説明を試みているが、「通常の受益」と「特別の受益」の違いを判断できる客観的な根拠までには至っていないこと、そして③については、「ミネラル・ウォーターを生産する目的」のみに限って地下水を採取する行為に課税することは、納税義務者を特定かつ少数の者に限定しすぎており、課税の公平性に照らして疑問があるといわざるをえないと結論付け、2006年6月には着任4ヶ月の横内山梨県知事として本税導入を断念、同年7月の検討会報告書で結局導入見送りという結論をまとめて公表するに至った。

3-5　小括

このように山梨県によるミネラル・ウォーター税構想自体は課税制度設計上の基本的課題ゆえに最終的に導入を見送ることになった[25]。

しかし、「ミネラル・ウォーターに関する税」検討会報告書でも触れられ

25　ペットボトル形態で取り扱われるミネラル・ウォーター税は山梨県で導入できなかったが、米国のシカゴ市では2008年からボトル・ウォーター税が導入されている。消費者向けボトル・ウォーター1本につき、5セント（4円）の課税。例えば、24本入りケース売りでは4ドル（320円）が、課税後は5.2ドル（416円）に。シカゴ市税務当局は当初2008年に1,050万ドル（8.4億円）の税収を見込んだが実際には半分程度にとどまった模様。ただし、本税ではミネラル・ウォーター等は対象外となっている点は興味深い。

ているが、最近になって多くの地方自治体で導入される森林保全のための地方環境税は、「水の使用」に対して課税するという手法ではなく、県民税の超過課税という方法で県民に薄く広く課税する手法が主流になりつつある。この手法では「水源環境税」とは呼べず、「森林環境税」と位置付けられ、水源にこだわって課税を構想するなら、水の使用量に応じて課税を行わなければ、課税の根拠と理念が失われるとの指摘は重要である。

4. 水資源の保全管理と環境税の小括

　政策課税には二つの範疇がある。一つは環境税のような政策目標の実現を主目的として導入され、財源調達目的は副次的なものと、もう一つは、累進所得税のように、財源調達を主目的に導入され、副次的に政策目的に利用されるものである。

　森林環境税等の地方環境税が、現時点で地方自治体の過半に広まったことの意義について、金澤［2007］は、①森林の荒廃状況と水の保全・再生の重要性、緊急性が広く国民レベルで認識されたこと、②税を活用した環境政策の具体化という点で地方の先進性を示すこと、③参加型税制という新たな地方環境税の概念が形成されつつあることを挙げている。

　かつて四半世紀前には、森林整備のための国民の参加及び費用負担の方策として、水を課税対象とする水源税の創設運動が日の目を見なかったことは前述の通りである。しかし「環境」という水と直接的な関係を表出ししない切り口であれば、県民により薄く広い形の課税は受容されるが、逆に、水に関係を有する者を特定しようとする課税への反発が大きい事例をわれわれとして経験した。

　しかし、森林環境税等を財源とする支出においては、「森林の公益的機能」が重視されるものの、直接的には森林整備・保全関係のハード関係事業に充てられ、水源涵養等を通じてその効果が、税負担者にどのように還元されるのかは必ずしも明らかでないことに留意する必要があると考える。

　これに関連し、其田・清水［2008］は、高知県や神奈川県で導入された森林環境税や水源環境税が超過課税を活用しつつ、目的税的な運用の面で課題を残したままで制度が導入されていることの問題点を指摘している。すな

わち、高知県の森林環境税も毎年度の税収に対して支出される事業費が少なく、繰越額が税収の3割程度も発生し、政策目的に対して不必要な高税率設定が行われたと判断されること、神奈川県の水源環境税では2007年から5年間という期間の実際の事業運営評価等の検証を行っていく必要性を挙げており、このような論点は極めて重要であると考える。

第2章

民間的経営──指定管理者制度の導入 [26]

はじめに

　わが国の地方公営水道は、ライフサイクルに例えれば『成人期・転換期』を迎え、各種の合理化、アウトソーシング、民営化といった経営改善を強く求められている。2003 年 9 月に地方自治法が改正され、指定管理者制度が導入された。これまで公的機関が担っていた介護事業、駐車場事業や水道事業等が有する「公の施設」[27] の管理業務の実施者の選択肢が大きく拡げられ、民間に開放するものであった。そして本制度上は、その業務範囲も、これらの施設管理業務にとどまらず、利用許可や料金設定権限まで指定管理者に委任されることが可能になった。

　指定管理者制度については、制度解説書から導入事例集、行政学研究書ま

26　本章は、拙稿［2008］「水道事業における指定管理者制度の導入の効果と課題」『国際公共経済研究』第 19 号、pp. 115-129 をベースに、その後の 2010 年 10 月に関係者からのフォローアップ・ヒアリングを実施した上で加筆修正したものである。

27　地方自治法上、かつての「営造物」が、1963 年の法改正で「公の施設」となった。岡田・藤江・塚本［2006］によれば、「営造物」とは行政が作り出したモノ一般を指し、「公の施設」の概念が法改正で導入された際には、「住民の福祉」、「住民の利用」、「施設」の三つが挙げられた。さらに 2003 年法改正で指定管理者制度が導入され、「公の施設」の管理・運営はそれまで公共団体のような団体の性格によって規定されるのではなく、一定の手続きによって「指定」した団体への委託で行われる。

でこれまで多くのものが出されているが、制度そのものについて経済学的な考察を行ったものはそれほど多くない。桧森［2007］は、指定管理者制度について制度派経済学を応用し、取引コスト理論とプリンシパル・エージェンシー理論を用いて考察しているが、一般的な考え方を示したにとどまる[28]。さらに、行政法にかかわる法理論の観点からは、三橋・榊原［2006］が行政民間化の公共性分析という形で行政本来の公共性の再構築と拡充を目指し、「公の施設」の指定管理者制度適用について考察しているが、法解釈上の論点を検討するにとどまる。また、日本水道協会［2006］は、民間的経営手法の導入全般に関するアンケート調査を実施しているが、指定管理者に関する検討段階の水道事業体を中心とした制度導入上の課題についてまとめたレベルにとどまる。

本章では、民間的経営手法の導入の一つとして2006年に水道分野において全国で初めて指定管理者制度導入に踏み切った岐阜県高山市を事例として、水道という「公の施設」について本制度導入による施設管理上の経済性・効率性について分析し、併せて有効性[29]・公共性という評価視点から考察する。すなわち、本事例研究の方法論として、高山市の水道事業での本制度導入に伴う施設管理上の経済性・効率性についてフロー、ストック両面から考察するとともに、桧森［2007］の研究成果を踏まえ、取引コスト理論とプリンシパル・エージェンシー理論を踏襲しつつ、人的資本、指定管理者へのモニタリング及び契約更新に関する分析を行う。併せて水道施設という「公の施設」利用による有効性・公共性という評価視点から引き出される本

---

28 桧森［2007］による取引コスト理論では、これまで組織内部（行政内）で実施していた公共施設の管理運営サービスは資産特殊性が高い取引と見なされたが、実はこの取引は「中程度」の資産特殊な取引と主張する。また、プリンシパル・エージェンシー理論では、契約前の逆選択、契約後のモラル・ハザード問題よりエージェンシーコストが発生し、モニタリング等のためにコストが発生する。この低減のため、指定管理者制度においては、複数のエージェンシーの並立がこの抑制に繋がる可能性があるとしている。

29 小林［2006］は、外部経済効果や公共的価値としての安全性、審美性、倫理性、環境配慮・人権保障等を有効性指標の価値軸と挙げている。

制度適用上の課題を検討する。さらに、わが国の水道サービス分野で本制度導入が十分に普及していない現状に鑑み、普及インセンティブを与える制度拡充に向けた設計を考察する。

第1節　指定管理者制度と高山市の事例

1. 高山市における「公の施設」への指定管理者制度の導入状況

　2005年2月に旧高山市と近隣9町村が合併し、2,179km^{2}という東京都に匹敵する日本一広大な面積を有する人口9.7万人の新高山市が誕生している。新高山市となって策定され2005～2014年を計画期間とした高山市総合計画（第7次）では、主要な政策の第一番目の項目として簡素で効率的な行政運営を行うこととし、行政改革の一環として、行政事務の委託、指定管理者による施設の管理など民間活力の活用を進めることを挙げている。

　合併前の旧高山市の「公の施設」の数は120、合併後には644と約5倍に増加した。高山市行政改革実施計画で指定管理者制度導入対象とされた369の施設のうち、2010年4月時点では278の施設で同制度が導入され、75.3％の達成率となっている[30]。

　高山市の「公の施設」における指定管理者の指定の手続き等に関する条例は2005年6月の第三回市議会にて可決された。市議会では、管理委託している施設が指定管理者制度に移行することについては概ね理解されたものの、直営の施設については移行慎重論も多く、特に、水道施設、市立図書館、火葬場については議論を呼んだ。

2. 水道サービスにかかわる高山市での指定管理者制度導入の経緯と概要

　新高山市が引き継ぐことになった施設は、旧高山市及び旧国府町の上水道

---

[30] 2009年10月に公表された総務省自治行政局行政課「公の施設の指定管理者制度の導入状況に関する調査結果」によれば、岐阜県では指定管理者制度導入施設数は1,648とされ、高山市での278施設導入実績は県内市町村の中では比較的多いと見ることができよう。

に加え、35 簡易水道、5 専用水道、7 飲料水供給施設にも上った。これまで各々の施設で運営体制、維持管理方法、料金体系も異なったことから、広域に及ぶ市域の一体性の早期確保するため、いかに上・下水道整備など生活基盤の整備を図るかが大きな行政課題となっていた。運営体制、維持管理方法の統一化を図る観点から水道法に基づく第三者委託制度が検討されたものの、結局、地方自治法に基づき、指定に際し市議会議決を経る指定管理者制度を導入する方向で、行政当局としての意思統一が図られ、2006 年 2 月には市議会の議決[31]を得るに至っている。

　高山市の水道サービスかかわる指定管理者制度は 2006 年 4 月から 2009 年 3 月までの 3 ヶ年という期限で導入され、高山市水道事業・岩滝簡易水道事業及び高山市簡易水道事業等の管理業務委託という 2 本の協定書に基づき実施された。複数社からの応募があった公募の選定後、指定を受けた高山管設備グループ[32]は、地元の高山管設備工業協同組合、高山市の水道事業で設計業務実績を有する東洋設計と全国ベースで水道事業の PFI、第三者委託で実績のある月島テクノメンテサービスの三社で共同出資し、今回の指定管理業務を実施するために設立した特別目的会社（SPC）である。業務範囲としては、高山市の上水道事業、簡易水道事業にかかわる取水から配水までの諸施設の維持管理をその範囲とし、高山市から 3 億円を配分され 19 名体制で業務を実施した。高山市における水道サービスは 1952 年に開始されてから 3 次にわたる拡張工事を経て現在に至っている。2008 年度末において、上水道では給水人口 7.2 万人、給水件数 2.6 万件、有収水量 861 万 m^3 であり、収益的事業収入 13.8 億円、収益的事業支出 11.1 億円である。また簡易

---

[31] 2006 年 2 月市議会では、その承認に際し 36 名の高山市議会議員のうち 13 名の議員が水道事業の指定管理に関し、①市は水道事業者の責任と役割を認識し、市民の信頼を得る上からも危機管理を含めた維持管理体制及び水質検査などチェック体制について、将来とも充実強化するとともに、②市は水道事業者としての豊富な経験を活かし、指定管理者との連携を密にして、理想とする事業運営の確立を目指し、さらなる努力することを要望している。

[32] 第一期指定管理者導入期間中に、本グループには高山市での活動実績があるメタウォーター（株）も資本参加している。

図 4. 高山市水道サービスにかかわる指定管理者の業務範囲

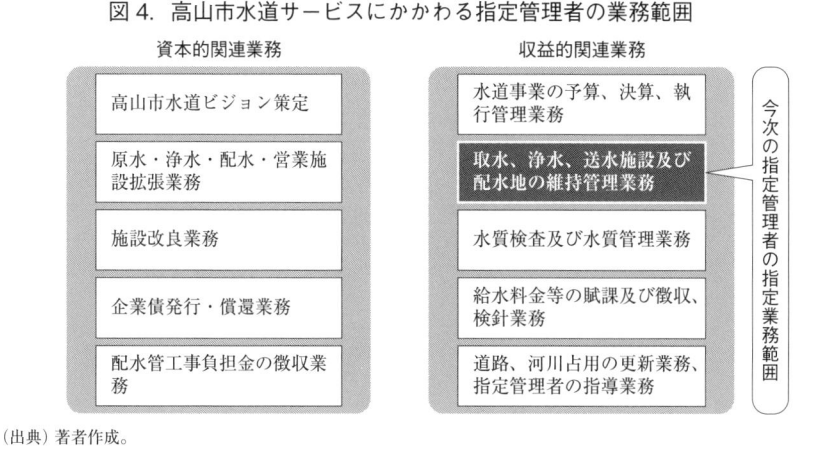

資本的関連業務
- 高山市水道ビジョン策定
- 原水・浄水・配水・営業施設拡張業務
- 施設改良業務
- 企業債発行・償還業務
- 配水管工事負担金の徴収業務

収益的関連業務
- 水道事業の予算、決算、執行管理業務
- **取水、浄水、送水施設及び配水地の維持管理業務**
- 水質検査及び水質管理業務
- 給水料金等の賦課及び徴収、検針業務
- 道路、河川占用の更新業務、指定管理者の指導業務

今次の指定管理者の指定業務範囲

(出典) 著者作成。

水道では給水人口 2.1 万人、給水件数 0.7 万件、有収水量 253 万 m^3 であり、収益的事業収入 4.4 億円、収益的事業支出 3.3 億円となっている。この中で指定管理者の守備範囲としては 3 億円規模の業務であることから、同市の水道事業全体の中では限定的な範囲にとどまっている。

第 2 節　制度導入の経済性・効率性分析

1. 第一期指定管理者導入期間の経営成果とその考察

　2006 年 4 月から 2009 年 3 月までが第一期指定管理者導入期間であるが、2007 年 9 月に制度導入後の初年度として高山市は 2006 年度水道事業会計決算を市議会に報告している。この際には、給水件数増加の一方で節水意識の浸透により有収水量も減少傾向で収益も減少しているが、指定管理者制度の導入等の経営改善に努めた結果、2005 年度と同程度の純利益（約 2.6 億円）を計上、当年度末未処分利益余剰金も同額で、特に指定管理者制度導入により約 3,800 万円の経費合理化を達成したと報告している。

　この市側の報告に対する市議会側からの質疑では、質問議員の情報公開請求に基づき、指定管理者である高山管設備グループの 2006 年度の事業決算が明らかにされている。これによると、収入額が 3.05 億円に対し支出額が

3.12億円と約700万円の赤字計上が報告され、さらに指定管理料3億円にかかわる設定上の課題も指摘されている。すなわち、管理料一定の条件下で給水量が増加すればコスト増に繋がり、この支出増加により指定管理者の事業収支を悪化させるというものである。

今回の研究の関係で、水道利用者としての高山市民に対する簡易アンケートを実施した。その結果[33]によれば、①委託検針員は活用しつつも利用市民に直接かかわる水道料金徴収業務や水道施設の増設、給水区域内の拡張計画等の業務を市当局が自ら実施していることもあり、水道事業で指定管理者制度が導入されていること自体がほとんど知られておらず、②危機管理や水質検査などの水道事業維持管理チェック体制を高山市当局において充実する

---

[33] 2007年10月20～22日に本研究の一環として高山市民を対象に簡易アンケートを実施し、18名からの回答を得た。

	回答者数	平均年齢
男性	6名	55.3歳
女性	12名	37.2歳

旧高山市	17名
旧国府町	1名

設問1　水道事業への指定管理者制度導入の認知

認知していた	1名（6%）
認知していなかった	17名（94%）

設問2　危機管理や水質検査などの水道事業維持管理チェック体制を高山市当局において充実するのか、水道事業維持管理全般を指定管理者による効率化で対応するかという選択

コストをかけても高山市当局で充実	14名（78%）
指定管理者による効率的実施	2名（11%）
その他	2名（11%）

設問3　高山市上水道事業への指定管理者制度導入による市の事業としての2.6億円の純利益と指定管理者の700万円の赤字という2006年度決算結果に関する上水道サービス料負担者としての反応

上水道料金の値下げに使う	4名（22%）
市当局による水質検査などの充実に使う	5名（28%）
民間指定管理者の赤字はやむをえない	1名（6%）
民間指定管理者としての一層の合理化を図るべき	3名（16%）
その他	5名（28%）

のか、水道事業維持管理全般を指定管理者による効率化で対応するかという選択では、追加的コストがかかることを認識した上で市当局によるチェック体制を充実させる選好が高く、③さらに、高山市としての水道事業の2.6億円の純利益と指定管理者の700万円の赤字という2006年度決算結果を対比させた上で水道料金負担者としての反応を見たところ、利益を上げた市当局へは水質検査などの充実に使うべきとし、赤字を余儀なくされた指定管理者に対しては民間として一層の合理化を図るべきとの意見が相対的には多かった[34]。

このように指定管理者制度の導入により初年度に約3,800万円の経費合理化を達成するというよいスタートを切ったことは、一定の評価に値する。ただ、指定管理者に要求する管理基準では水道事業に必要となる人日数は直営時代と変えておらず、むしろ、指定管理者側に提示した522万円／人・年という人件費単価は、高山市全体の平均賃金水準から引用してきている。この単価は同市役所の平均人件費より低く、ここにコスト減が可能となる原資があった。

さて、2006年度から2008年度という3ヶ年にわたる第一期指定管理者導入期間全体を通しては、上水道では給水人口の減少も一因となり、最終年度の2008年度の年間有収水量が対2005年度比▲6.2％も減少する中で、収益的支出額を大幅に節約、収支差額は2.7億円を確保するとともに対2005年度比8.7％増となっている（表6）。収益的収入に対する収支差引額の割合で比較しても、制度導入前3ヶ年（2003〜2005年度、2003年度の数値には合併前の旧国府町上水道分も加算）が15.9％であるのに対し、第一期指定管理者導入期間の3ヶ年（2006〜2008年度）は18.5％になり、上水道事業としての

---

[34] 2010年3月に公表された高山市水道ビジョンで、一般家庭及び事業所に対する無作為アンケート（発送数5,000に対し有効回答数は2,781）が紹介され、このアンケート質問の一つに「指定管理者に対する期待」という項目がある。回答の多い順に、①今までと変わらないサービス（30％）、②水道料金の値下げ（29％）、③全ての水道施設（水源から各家庭までの施設）の管理（21％）、④今まで以上のサービス（20％）となっており、②については2007年10月20日から22日実施の簡易アンケート結果の設問3と同様の傾向であった。

表6. 2005〜2008年度高山市上水道業務・経理指標比較

| | 第一期指定管理者導入期間 ||||2008年度／2005年度|
	2005年度	2006年度	2007年度	2008年度	
給水人口	73,089人	72,672人	72,490人	72,114人	▲1.3%
年間有収水量	918万m³	894万m³	888万m³	861万m³	▲6.2%
収益的収入	14.9億円	14.4億円	14.4億円	13.8億円	▲7.1%
うち営業収入	14.8億円	14.4億円	14.3億円	13.7億円	▲7.4%
収益的支出	12.4億円	11.8億円	11.9億円	11.1億円	▲10.3%
うち営業費用	10.0億円	9.6億円	9.6億円	9.6億円	▲4.4%
収支差引額	2.5億円	2.6億円	2.6億円	2.7億円	＋8.7%

(出典) 高山市 [2006-2009]「高山市水道事業のあらまし（平成18〜21年度版）」、高山市HPより作成（ただし金額は消費税抜き）。

表7. 2005〜2008年度高山市簡易水道事業業務・経理指標比較

| | 第一期指定管理者導入期間 ||||2008年度／2005年度|
	2005年度	2006年度	2007年度	2008年度	
給水人口	21,358人	21,284人	21,094人	20,889人	▲2.2%
年間有収水量	313万m³	282万m³	277万m³	253万m³	▲19.2%
収益的収入	4.87億円	4.89億円	4.97億円	4.43億円	▲9.0%
うち営業収入	3.47億円	3.59億円	3.83億円	3.78億円	＋8.9%
収益的支出	3.02億円	3.38億円	3.39億円	3.33億円	＋10.3%
うち営業費用	1.79億円	2.17億円	2.20億円	2.28億円	＋27.4%
収支差引額	1.85億円	1.51億円	1.58億円	1.10億円	▲40.5%

(出典) 全国簡易水道協議会 [2007, 2008]「簡易水道事業年鑑 29-30集」、総務省編 [2009, 2010]「簡易水道事業年鑑 31-32集」。

収益性が向上し、よりよい経営成果を挙げていると言える。

　一方、簡易水道では最終年度の2008年度の年間有収水量が対2005年度比▲19.2％とさらに落ち込む中で、収益的収入は▲9.0％と減少し、これに対する収益的支出額が10.3％も増額している。収支差額としては1.10億円確保できたものの、対2005年度比では▲40.5％と大幅に収益性が悪化している（表7）。しかし、上水道と同様に収益の収入に対する収支差引額の割合で比較すると、制度導入前3ヶ年（2003〜2005年度、2003年度の数値には合併前の1町7村の簡易水道分も加算）が26.2％であるのに対し、第一期指定管理者導入期間の3ヶ年（2006〜2008年度）は29.3％であり、簡易水道事業としても収益性自体は向上している。

したがって、高山市の上水道と簡易水道を併せた水道事業全体としては、最終年度の2008年度と指定管理者制度導入前の対2005年度比では収支差額は▲12.2%減少したが、収益的事業収支差額上は3ヶ年間毎年黒字であった。収益的収入に対する収支差引額の割合で比較しても、制度導入前3ヶ年（2003〜2005年度）が18.3%であるのに対し、第一期指定管理者導入期間の3ヶ年（2006〜2008年度）は21.2%であり、水道事業全体としても収益性自体は向上している。

また、今回の指定管理者の直接的な業務範囲から外れるが、水道事業における経営では収益的収入支出（フロー）とともに資本的収入支出（ストック）についても評価することが重要である。高山市の水道事業では、第一期指定管理者導入期間全体を通して、建設改良費、企業債償還金等による資本的支出が45.0億円（上水道：29.1億円、簡易水道：15.8億円）であり、これに対する資本的収入18.3億円（上水道：6.9億円、簡易水道：11.3億円）を常に上回っており、26.7億円の不足を会計上は損益勘定留保資金等で補塡している。特に、資本的支出のうち企業債償還金として導入期間全体で28.0億円（上水道：19.6億円、簡易水道：8.4億円）を支出しており、過去の投資活動の負担が重く残っている。水道ネットワークの維持管理費用までは需要家の水道使用料で賄うとしても、一般的には企業債のような建設資本費償還分なり、将来の補修費の積み上げ分まで水道使用料に含めるべきか、あるいは地方自治体からの補助金投入等で賄うべきかについては、水道ネットワークが敷設されている地域の地方財政、都市経営の視点で検討すべき事項となる。

2. 水道サービスにかかわる人的資産についての考察

高山市の事例に基づき、水道サービスにかかわる人的資本について取引コスト理論アプローチで考察する。今回の指定管理者の業務は、所与の「公の施設」＝水源地、浄水場、配水地、送水・配水管といった水道ネットワーク関連の物的資産を対象として維持管理サービスする業務であり、主に人的資本によってその事業の成否が決まるという性格を有する。

ある特定の取引を行うために投資した資産は、関係特殊資産と称され、概念的には市場で取引されるものそのものではなく、それらの財が持つ多様

な属性に対する所有権と定義される。人的資本での特殊性は、本分野で言えば、例えば担当要員が浄水場システムに関する専門技術知識だけでなく、高山でのシステム・オペレーション上の目に見えない本施設固有の暗黙知などを身に付けていることを指す。

菊澤［2006］によれば、資産特殊性が高い取引では取引コストが高く、組織的資源配分システムが効率的になり、資産特殊性が低い場合は取引コストが低く、容易に別の企業と取引ができる、つまり市場システムが効率的とする。そして、資産特殊性が中程度である場合、ある程度、継続的で固定的であるとともにある程度自由に相手を変えることもできるといった市場と組織の中間組織的な取引形態が効率的と指摘する。さらに、不完備契約として資産使用段階で事前の契約では明記されていなかった事態が起こる際に、資産の所有者は他者にその資産の使用権を与えることはあっても、契約書に明記されていないことに関しては全てをコントロールする権利「残余コントロール権」を保持する。つまり、物的資産を所有することにより直接的にも間接的にも企業内の人的資本に影響を与えると指摘している[35]。

今回の指定管理者制度について、この菊澤［2006］の2番目の指摘に関連し、桧森［2007］は、このような中程度の資産特殊性に注目して本制度が導入されているとの立場をとる。

菊澤［2006］の3番目の指摘に関連しては、ある資産の使用を巡って契約を行うケースを考える際には、限定合理的な関係者では効用最大化を目指しても、完全な契約は締結できない。このような中で、物的資産所有が人的資本に影響を与えることとは逆の意味で、物的資産が価値を生み出すためにも特定の人間の参加が必要である場合には当該人間こそがその物的資産に

---

[35] Hart［1995］は、取引コスト理論によって説明されてきた企業間の統合問題について資産の所有とコントロールの重要性に注目し、自製・購買の決定によって所有権が左右されることに着目している。Grossmann and Hart［1986］も、資産の所有形態が当事者の関係特殊資産への投資意欲にどう影響するかを分析している。事前のホールドアップ問題を緩和するという視点から、あらかじめ資産の財産権をどのように割り当てるのが望ましいかを分析し、企業の境界の問題に対する財産権アプローチも提唱している。

とって必要不可欠な人的資本と言えるとも考えられよう。

さて、本制度導入時の公募時に、高山市側は諸施設の運転・保守・維持管理について具体的な業務基準を示すものの、水道管理技術上の地域属性の熟知が一般的には必要となる。今回のヒアリングの結果、指定管理者側企業の19名体制のうち、5名が高山市水道環境部技術職員を辞して企業側に再就職したことが判明した。また、事業着手前の2ヶ月間にわたる指定管理者技術研修に関してもこれら市OBの参加を得て何とか対応できたとの見解であった。

このような事例は、今回の指定管理者業務について、高山市の浄水場等の施設の維持管理にかかわる人的資本の特殊性に対し指定管理者側企業が自前で調達するにはあまりにも高い取引費用がかかることと、高山市側の合併政策の第一番目の項目としての簡素で効率的な行政運営に沿ったことが一致した結果、高山市水道環境部技術職員の指定管理者への再就職という取引成立に結び付いたと理解できよう。そして、不完備契約の仮定のもと契約上明記されていない事項が出てきた場合に、今回のケースでは、5名の元高山市の水道事業の技術職員という人的資本を所有する指定管理者側として「残余コントロール権」利用が可能と考えられる。

ここで、水道サービスにかかわる人的資本に関し、次の課題も重要である。すなわち、高山市が直営で水道サービスを継続するにせよ、指定管理者が水道サービスを部分的とは言え実施するにせよ、人的資本自体に対する投資インセンティブは両者のどちらが高くなるかという課題である。Aldridge and Stoker［2003］によれば、英国の事例では自治体では研修や能力開発費用のため平均1.1%を投下するのに対し、広範な公的サービスを行う民間事業者では平均2%程度と相対的に多くを投下しているとの報告もなされている。

一般的には相手方の資産のコントロール権を握ると契約時に決められなかった業務上の細部に関して交渉する際に有利になり、交渉上有利になれば、その企業はこの取引が生み出す経済価値の取り分が多くなるため関係特殊資産への投資に対してより積極的になる。

高山管設備グループへの出資者の一つである月島テクノメンテサービス

は、今回の契約上の配属人員より多くの職員を張り付かせている[36]。さらに、高山管設備グループに帰属することになった5名の元高山市の水道事業の技術職員については、基本的には同グループ自体が指定管理者としての業務を継続した場合にしか雇用関係を期待できず、この組織に対する関係特殊な投資を行うインセンティブを持たないとの見方もある。しかし、新高山市として公務員数を1,250名から4年間で400名減少という行政改革の中では、むしろ指定管理者のメンバーとして関係特殊資産を有する彼らこそが、将来にわたる本指定管理業務の持続・確保に向けて今回の業務に一層の努力を払って従事すると考えるべきであろう。

したがって、指定管理者側が関係特殊人的資本への投資インセンティブを高く維持できる中で、高山市側の課題として行政上の統合による水道関係職員の減少、事業実務の外部化による水道技術継承問題が生ずることになる。特に、高山市民に対する今回の簡易アンケートでも、危機管理や水質検査などの水道事業維持管理チェック体制についてコストをかけても高山市当局において充実すべきとの市民の選好があることに加え、導入初年度の2.6億円の純利益の使途という問いに対しても比較的多くが同じ選択をしている。今回の高山市に対するヒアリングでは、同市の上水道関係では職員の研修や能力開発費用として0.6％を投下[37]しているとのことであった。さらに、今後も指定管理者制度を継続して取り入れる前提に立ち、水道サービスにかかわる取水から配水までの諸施設の運転・保守・維持管理の業務内容に関し、高山市として特殊で、かつ具体的な業務基準を示すことができるようにするためにも、今後、人的資本の特殊性維持に向け同市としてどれだけの費用を研

---

36 月島テクノメンテサービス側の説明としては、水道という業務の性格上、コンスタントでないケースも多く、同社として緊急時対応に備え、ある程度に量的にも質的にも人員に余裕を持たしているが、これは将来的な事業確保の側面もあるとしている。
37 厚生労働省［2006］によれば、2002年の労働費用（現金給与以外の費用）に占める教育訓練費は平均で1.5％である。ただし、高山市水道環境部はこの統計上の規模階層レベルでは30〜99人に相当すると考えると1.1％であり、高山市の水道研修費レベルは相対的には低い。日本水道協会の水道施設管理技士制度との関連でも指定管理者側では浄水施設管理技士及び管路施設管理技士の有資格者を2名配置しているが、市職員では本制度の資格取得者はいない。

修や能力開発に投ずるのかということが重要な事項となると考えられる。

3. 指定管理者へのモニタリングと契約更新についての考察

　指定管理者の行う水道サービスに対するモニタリングと契約更新にかかわる高山市での事例についてプリンシパル・エージェンシー理論アプローチで考察してみたい。

　まず、プリンシパル・エージェンシー理論では当事者間の情報の非対称性に加え、経済環境が不確実である状況を前提とする。今回の行政当局と指定管理者との関係をプリンシパル・エージェンシー関係として見立てると、プリンシパル（高山市役所）はエージェント（指定管理者）との契約に際しては、事前に生じるエージェントへのインセンティブ問題と、エージェントに対する事後的に生じるコントロール・ロスの問題の両方を考慮することになる。この考慮の上で、プリンシパルは法律や契約によって経済主体の意思決定権として公式に規定される公式権限の配分をエージェントに対し決定することになる[38]。

　さらに、柳川［2006］によれば、状況の変化によりプリンシパル・エージェントの一方あるいは両方が契約の内容変更、あるいは破棄の可能性もありえ、したがって、契約破棄の可能性を予想した上で双方にとって望ましい契約を結ぶことが重要になり、契約破棄の可能性に対して損害賠償ルールが設定される。そして、契約締結に伴う支払額の多寡は、この取引が行われる以前に、エージェントにより何らかの投資が行われているならば、この損害賠償に伴う移転額が投資インセンティブに影響を与える可能性があるとしている[39]。

　今回のヒアリングの結果、プリンシパル（高山市役所）とエージェント（指

38　Aghion and Tirole［1997］は、契約の不完備性の下で権限委譲がエージェントの努力インセンティブを増加させることを証明している。コミットメントの可能性という観点から、彼らは組織の権限を公式権限と実質権限の二つに分類した。他方、コントロール・ロスの問題の可能性から、プリンシパルは事前に生じるインセンティブ問題と、事後的に生じるコントロール・ロスの問題の両方を考慮して、公式権限の配分は決定されるとしている。

定管理者）間で定期的にパートナー会議と称する連絡会を年4回開催、プリンシパル側からエージェントに対し地元側関係者からは出て来ない水道関係の新技術の提案等するようにと要請する等「公の施設」自体の改善に繋がる情報の吸収に努めているとの説明があった[40]。エージェント側からは民間では当然と考えるペットボトル飲料生産、釣堀といった副業アイデアを出したものの、これらは認められていない。つまり、プリンシパル側として事後ではインセンティブをエージェントに付与していない。本契約において事前にインセンティブを付与する設計ができなかったのかという点については検討の余地があろう。

　一方、修理業務については、事後的に生じるコントロール・ロスの問題を避けるべく、50万円以上の修理は協定上プリンシパルとの協議事項とし、費用も請求に基づく精算処理を行い、限度額オーバー分についてはエージェント負担という取り決めとしている。すなわち、契約上の修理業務は年間約2,530万円（上水道事業に約950万円、簡易水道事業に約1,580万円）とされる。仮に、エージェント側の判断に基づき過剰修理を行ったとしても契約限度額を超えれば自己負担というスキームであり、逆に、エージェントが修理業務を全く行わなければ、この修理業務事業費ごと計上された事業費から減額されてしまう。この点は合意した事項とはいえどもエージェント側からは不評である。

　また、指定管理者制度の下では、一般に突発事故等でエージェントの瑕疵

---

[39] 契約の完全履行が自動的に保証されない現実のもと、契約破棄の可能性を予想した上で双方にとって望ましい契約を結ぶことが重要になり、契約破棄の可能性に対して損害賠償ルールが設定される。実際、総務省［2009］によれば、指定管理者制度が導入されている7万22施設のうち、指定取り消し672件、業務の停止8件があったと報告されている。

[40] 情報開示を義務化するルールがなければ、企業が自発的に自らの注意水準を消費者に開示することないのかという点に関し、Grossmann［1981］は高い品質の製品を供給している企業は、その品質をシグナリングするインセンティブがあり、製品保証が、シグナリングの手段になることを示している。つまり、よいタイプの企業は、自分がよいタイプの企業であることをシグナルすることにより、より高い利益が得られるというのである。

による損害発生時に生ずる賠償については国家賠償法第1条が適用され、プリンシパルが責任を負う。エージェント側は平常時対応では維持管理等の事業実施について比較的容易にでき、この際に民間として効率性追求を実施できる。しかし、突発時対応では、市役所が直営で水道事業を行っている場合のように経験者も含めた市職員を総動員して何百人という応急体制を組めるのに対し、全国ベースで活動している民間としてはこのような対応が困難との説明であった[41]。プリンシパルとしては最終的な責任者として突発時の対応を覚悟する上でも、契約破棄の可能性も予想した上で双方にとって望ましい契約を結び、突発時対応にかかわるエージェントの対応を十分モニタリングすることが重要である。

　次に、指定管理者の行う水道サービスにかかわる契約更新について考察してみたい。伊藤・小佐野［2003］によれば、逆選択の問題がある時に長期契約が締結され、かつ、その契約内容が契約のカバーする期間を通して守られていくとすると、最初の期にエージェントのタイプがプリンシパルにわかったとしても、エージェントに対する契約内容はそのまま実行されることになる。ところが、毎期新たな契約更新を繰り返す時には、次の期以降はエージェントのタイプを考慮してプリンシパルが契約更改を行うので、長期契約の契約内容にコミットメントできるような時にプリンシパルがエージェントに対して保証するレント分を、次の期以降はプリンシパルが保証せずにエージェントから奪ってしまう可能性がある。そのため、最初の期においてエージェントはプリンシパルに自分のタイプを偽って報告するインセンティブを持つことになる。最初の期の結果に応じて次の期以降の契約が歯止めのように再設定されてしまうという意味で、この効果はラチェット効果（Ratchet Effect）と呼ばれる。一般的には、ラチェット効果が生ずる場合、一期目の規制メニューの下で一括均衡が生じやすいと言われている[42]。

　今回の水道サービスにかかわる3年間の指定期間[43]終了（2009年3月末）

41　この説明は月島テクノメンテサービスによるものであり、高山市側の説明では突発時対応もあるので、今回の指定管理者の選定に当たって地元の高山管設備工業協同組合に参加してもらっているとしている。

後の次期指定について、第一期指定管理者導入期間中にヒアリングした際には、プリンシパル側の見解として、一般論で言えば、今回のSPCの継続が望ましいとの見解であった。実際に2009年4月から始まった第二期指定管理者導入公募に際しては、高山管設備グループによる一社入札という結果で、継続的に同グループが指定されるに至った[44]。一方、エージェント側としては「公の施設」にかかわる関連情報について応募時に公開される情報に限られるので、仮にプリンシパル側に何か瑕疵のある情報が隠蔽されていたとしてもわからず、これにしたがって業務実施し、瑕疵箇所よりのリスクが表面上現れるとエージェントにとっては負担増になるリスクもある。エージェント側としてPFIのように自らが施設を設置するのであれば安心できるが、指定管理者制度上はむしろ3～5年位の方がこれらのリスクの許容範囲との見解は理解できると思われる。

　なお、指定管理者制度導入とその監視という点で市議会のチェック・アンド・レビュー機能は有効である。特に、指定管理者として民間が参入する際

42　Laffont and Tirole［1993］は、政府が長期契約にコミットメントできずに短期契約を繰り返して用いるケースを検討している。その場合、政府は契約期間中に得られた追加情報を後の契約に反映できることからラチェット効果が生じる。一方で、多期間契約を考える際、プリンシパルにとって、その契約に事前にコミットメントできるか否か、つまりプリンシパルが多期間契約を第一期首に全て決定し、将来どのような状態が発生しても、その契約内容を各期において必ず遵守する場合にはラチェット効果は生じない。

43　高山市水道環境部の説明では、そもそも第一期指定管理者導入期間の3年という指定期間も、高山市の指定管理者制度導入に当たって市として統一的に決められたものであって、個別の「公の施設」ごとに差異を設けていない。さらに、第二期指定管理者導入期間では5年間と期間が延長されたがこれも水道事業の実態を勘案してということではなく、市として統一的に変更したとのことである。

44　指定管理者制度では、総務省通知により複数の申請者に事業計画書を出させるとなっているので、現行契約期間終了後には公募なり指名競争が原則と考えられる。しかし、民間水道事業者の市場動向等も勘案しつつ、公募手続きにより実態的に競争性が確保されないと見極められれば現行管理者に継続して契約更改するという選択肢もありうる。また、市当局が、指定管理者側の経営の一層の自由度を事前に与えるインセンティブ契約の導入等を明確にコミットすれば、ラチェット効果の発生もある程度防げる。

の課題の一つである情報開示との関係で、議会側が情報公開請求を行ったことは意義深い。このケースでは市議会がプリンシパルとして機能し、市当局と指定管理者という複数のエージェントとして扱えば、伊藤・小佐野[2003]が示す二者のエージェントによるチーム生産活動と捉え、そのパートナーシップ活動上の効率性が問われることになろう[45]。

第3節 「公の施設」利用と有効性・公共性評価

　水道という「公の施設」利用による有効性・公共性という評価とその課題を考察したい。
　そもそも政府の果たす機能として、経済学的に捉えるならば、一般には資源配分機能、所得再分配機能、安定化機能、将来世代への配慮の四つが挙げられる。安心・安全にかかわる消防のような排除不可能性、消費の非競合性がある公共財は、民間市場では十分な量が供給されないので政府による資源配分機能が正当化される。水道サービスは、排除不可能性を有するが、便益の波及する程度がそれほど大きくなく地域を限定することで実質的に排除原則を適用できる準公共財[46]として位置付けられ、伝統的にはこの資源配分機能における政府の役割が強調される傾向が強かった。しかし、飲料水市場におけるミネラル・ウォーターの進出、大口水道需要家における地下水利用専用水道への転換等もあり、地方公営企業体が独占的に地域の全ての水道サービスを行うという資源配分機能のパターンに綻びが生じつつある。一方、最近では地震などの自然災害リスクが経済に及ぼす影響に備えるための

45　Laffont and Tirole[1993]は、プリンシパル（市議会）と2人のエージェント（市当局と指定管理者）の三層構造からなるエージェンシーモデルを用いることによって、官製談合を防止する政策を論じ、これを回避するために市当局に対して成果型報酬契約を用いるべきことを理論的に明らかにしている。

46　このようなある特定の地域に便益が限定されるような公共財は、「地方公共財（＝クラブ財）」と呼ばれ、図書館や公園などは、ある一定の範囲の近隣居住地域に住んでいる住民にとっては純粋公共財であるが、遠くに住んでいる住民には利用するのにコストがかかりすぎる公共財である。

経済活動の安定化機能に政府の役割も重要視されている。そして、そもそも長期的な視点から見た最適な経済活動は、市場では実現しないので、政府による将来世代への配慮あるいは世代間の負担配分という面から正当化されるのである。

「公の施設」利用による評価に関し、三橋・榊原［2006］は、指定管理者選定の際に地方自治体側から事前に提示する目標仕様書、そして協定について十分に検討したものであることが重要で、検討結果も住民なり地方議会に提供して判断を仰ぐ必要があると主張している。さらに、管理者の監視・監督面で、結局、行政側と指定管理者側の力関係や実態を考えると、無責任に放置され、行政側が単に指定してサービスを委ねたら後は関知しないといった状況となる危惧を指摘している[47]。

指定管理者制度の導入時には、小林［2006］によれば、経済性、効率性以外にも有効性指標の価値軸としては外部経済効果や公共的価値としての安全性、審美性、倫理性、環境配慮・人権保障さらには人材開発、地域課題解決能力開発、地域自治力向上等の公共的価値が多様に想定できる。このように当該施設の設置理念、政策目標、事業設計、事業実行という一連の階層構造を繋ぐ価値観、価値軸（理念）が多様かつ複数に開示される必要があるとしている。

高山市における先行事例では、これらのうち公共的価値として安全性という観点では市議会より危機管理を含めた維持管理体制及び水質検査などチェック体制について、将来とも充実強化することを求められ、また、今回の高山市民への簡易アンケートの際も高山市民から信頼を得ている市役所による水質検査などチェック体制等の重要性の指摘は、水道サービスの経済性、効率性からは逆行するが、有効性・公共性という評価視点からは高く位置付けられるべき業務である。

---

47 寺尾［1981］は、英米における歴史的な公共性の概念の移り変わりを踏まえつつ、「1970年代のオイルショック以降公共性の概念が独特の意味で膨張から収縮への道をたどり始めている。そこでは公共性の概念は基本的に財・サービスの物質的性質に向けられている。これは、歴史的な公営では生存権を基礎として公共性が把握されてきた事実と大きく食い違う」と指摘している。

さらに、統合に伴い多様な数多くの水道施設を引き継いだ新高山市として、これら施設の設置理念の統一化とこれに伴う運営体制の統一化を図ることに力を注いでいる。高山市側は、水道法に基づく第三者委託制度でも、今回の指定管理者制度でもそれらの制度導入に伴い、これら施設にかかわる「目線が揃い、業務の平準化が図れた」ことに大きな意義を見出している。特に、指定管理者制度導入に至った背景として、第三者委託制度の場合には市議会議決が不要で簡便であるが、むしろ、指定管理者制度という高山市議会での検討を踏まえることの必要性を高山市側は強調している。このことは地域自治力向上に繋がる発想と考えられよう[48]。

第4節　制度拡充に向けた設計と普及可能性

指定管理制度普及の可能性について、日本水道協会［2006］は、①水道使用者の信頼確保及び危機管理対策、②指定管理者の経営状況等の把握、③受託者の固定、ノウハウ等の維持・継承の3点を課題として挙げており、指定管理者制度について国内の地方公営水道事業体側は総じてその導入には慎重さが垣間見られる。

一方で、水道事業への参入を図って積極的に活動していた大手商社が、国内水道市場拡大のペースが遅く、海外市場に注力した方が効率的と判断、国内水道事業から撤退するという動きもある。このような状況では、国内の地方公営水道事業体側も情報不足であるとともに民間委託候補も先細り状態であることを意味し、国内水道事業を対象とした指定管理者制度で、ホールドアップが生じているとも取れよう。

さて、わが国で最初に導入された高山市水道事業の指定管理者制度につい

---

[48] 関連する議論として、小西［2007］は、「国の財政制度とは異なり地方財政制度は共同体の思想で設計されており、その中には相互扶助の精神が内包されているとの論点で地方財政制度を市場主義的に改革してよいものか」と疑問を投げかけている。また、晴山［2005］は「民でしても事務・事業の公共性が失われないこと（国民の生存権・社会権が保障されること）の立証責任は民が負う」と主張している。いずれも「公の施設」利用による有効性・公共性という評価との関連で傾聴に値する。

てはかなり限定的な事業範囲にしか導入されていない。指定管理者制度が改正地方自治法によって導入されたという意味で法律上は一般法に基づくものであり、水道サービスに必要な「公の施設」の扱いについて水道法が特別法として存在する場合には、特別法優先の原則から水道法が優先適用されるという現行の法律の適用問題がある。本事例では改正地方自治法による指定管理者制度を適用したが、国との調整の結果、結局、水道法に基づく第三者委託の手続きも取り、このような限定的な業務範囲となったと高山市役所は説明する。

しかし、本来、指定管理者制度自体は、施設管理業務にとどまらず利用許可や料金設定権限まで指定管理者に委任ができるとされ、概念上の業務範囲は広範なものとなっている。本章では、このような水道法に基づく現行の法的制約を一旦外し、経済学的な観点から指定管理者制度自体のさらなる利用可能性を検討すべく、水道施設の増強にかかわる投資活動も含めた指定管理者制度の拡充に向けた制度設計を取り上げてみたい。

まず、水道施設増強にかかわる投資活動に関連し、2006年12月に行われた高山市定例市議会においては、①指定管理制度導入に伴い経常的運営費の軽減効果を活用して総配水量の58％を占める宮水源[49]を核とした給水区域拡張という投資活動の検討、②簡易水道の集約化と統合、③地域水道ビジョン策定が議員側から提案されている。

①のベースとなるのが高山管設備工業協同組合から2004年8月に出された給水区域の見直し提言であり、③についても公募の結果、指定管理者グループの構成社である東洋設計が受託しており、水道施設の増強にかかわる投資活動等の提言に向け、事実上、これら指定管理者グループの意見が反映される可能性もありうる[50]。

---

[49] 旧高山市街地を流れる宮川の源流がこの宮水源がある川上岳（1,626m）で、ここの伏流水からの水は宮盆地へと流れ、農業・防火・飲料水となって一之宮地域を潤したと伝えられている。このような美しい伏流水に着目し、1948年に当時の高山市より上水道の交渉があり、1952年に通水が始まった歴史がある。上水道の完成以来、伝染病の発生がなくなったと言われている。今回の高山市民へのアンケート実施に際しては、宮水源からのおいしい水の味を自慢する市民が多かった。

また、指定管理者に対して事業運営上の強いインセンティブを与える可能性がある水道料金に関する設定権限の指定管理者への付与についてはいくつかの論点がある。私的財であれば、市場で販売することで受益者負担の原則が適用され、純粋公共財であれば、排除原則が適用できないから、受益者負担の原則も適用できない。しかし、水道サービスは準公共財であるのである程度排除原則が適用可能である[51]。この上で、水道サービスにおける収益的収入としての水道料金の設定については、能率的な経営の下における適正な原価に照らし公正妥当なものであること及び定率または定額をもつて明確に定められることが水道法や地方公営企業法上の考え方であり、具体的にはその設定権限は最終的には市議会に委ねられている。

　一方で、指定管理者が地方自治体の代行者として公正妥当な価格設定ができるか等も懸念される。すなわち、市民の生存権にもかかわる地方自治上の根源的な役割にも関係する水道サービスの料金体系の設計を指定管理者に任せられるのかという論点である。しかし、現実には指定管理者でも事業者として戦略的にメリットを期待しつつ、例えば社会的弱者に配慮した料金設定は可能[52]で、料金水準次第では内部補助で補塡できる可能性もありえよう。

　ところが、料金水準については、適正な原価に照らし公正妥当なものという点で経常的な経費に見合う料金水準を前提にすれば、事業運営上の投資的

50　2010年3月に公表された「高山市水道ビジョン」では、水道事業の将来計画の中で経営の健全化の方策の一つとして「民間活力の利用促進」を挙げており、具体的には「外部委託を推進し、維持管理費の削減、技術力を確保します」と記述されている。

51　特に、地域限定のクラブに加入しないと利用できない地域限定の公共サービスであれば、使用料金は徴収できないが、入会費を徴収することができる。入会費を徴収することで、間接的に受益者負担の原則を適用できる。この場合にも供給コストを削減するための工夫は十分可能である。ある程度受益者負担の原則が適用できる公共サービスの利用料などは、経常的な経費に見合う水準まで引き上げることは可能と考えられる。

52　例えば、横浜市の横浜国際プールも2006年4月から指定管理者制度を導入、民間のシンコースポーツとシミズオクトの共同事業体であるシンコースポーツ・シミズオクトグループが指定管理者となったが、この制度導入以前の料金体系には適用されなかった身体障害者利用料金減免制度が2006年4月以降適用されるようになった。

な経費は水道料金とは別の収入を考えなければならなくなる。現行の地方財政法第5条では水道事業について地方公営企業の企業的な性格から、その経費の財源は、民間企業と同様借入金をもって賄うことが望ましく、仮に借入金で事業を行ったとしても、その償還財源は料金収入で確保でき、したがって原則、地方債発行が認められるとしている。

　もちろん、指定管理者として自ら資本的資金の調達についてPFIのように民間資金市場、例えば金融機関からの投融資、私募債等のよりよい条件で効率的に調達する可能性もある。しかし、高山管設備グループの事例では、運営ノウハウを持つ多様な指定管理者ではあるものの中小事業者も参入している実態から、資本的資金の自己調達は現実的には難しいと考えざるをえない。したがって、指定管理者制度導入により水道料金に関する設定権限を指定管理者に付与するとしても、その前提として現在の企業債残高約60億円のもとで毎年2～3億円の新規企業債を続けつつ資本的支出を行っていくのか等資本的収入支出上の過不足とのバランスの将来展望そのものについて地方自治体側としての明確なコミットメントが必要となる。さらに、その際には双方にとって指定期間も現行以上により長期の設定が必要になると考えられよう。

　以上のような考察から、料金水準と料金体系が一体化した水道料金の設定まで指定管理者に委任することは、今回の事例で言えば、資本支出についてもその関与の範囲が拡大することを意味し、高山市の財政計画の一部として市の財政運営そのものに直結する。この場合、地方自治体側としても指定管理者側に財政計画上の明確なコミットメントを出すには困難が予想され、また、逆に指定管理者側としても、指定期間が短い現状の下で一事業者としてこの範囲まで扱うとしても、これにかかわる取引コストが現状では過大と考えられる[53]。

　ここでは、むしろ事業契約方式の一つとしてDBO（Design Build Operation）方式が検討されよう。この方式では水道事業にかかわる施設の所有は公共、管理運営は民間主体が代行するところまでは指定管理者制度と同じであるが、管路の更新、浄水場の新設など追加的な設備投資とその資金調達を公共が担いつつ施設の追加的な整備を行う民間主体がその事業開始当初から決定

されるスキームであり、このような水道施設増強にかかわる投資活動に関連した業務まで指定管理者制度の中に含めて、より効率的な投資活動と維持管理活動を行うことは可能と考えられる。

今回の高山市水道における指定管理者制度導入が成功事例として評価され、また、今後の活動範囲として、例えば、水道施設の増強にかかわる投資活動に関連した業務まで指定管理者制度の中に含められ、より効率的な投資活動と維持管理活動を行う等の制度運用上の拡張もあれば、民間事業者にとってもより魅力を増し、本制度のこれ以上の普及促進の可能性も期待されよう。

第5節　結論

平成の市町村大合併で水道事業を担う市町村の単位が大きく変動し、さらに、財政悪化が深刻な自治体に早期再建を促す地方財政健全化法も2009年4月に施行される等、地方公営企業としての水道事業体は大きな構造変化の中でその経営上の経済性・効率性要請は日ごとに高くなっている。2005年2月の合併に関し高山市でも合併特例法による財政措置期間である10ヶ年を計画期間とする新市建設計画の中で、広域な市域の一体性を早期に確保するため上・下水道整備などの生活基盤整備事業を優先している。

指定管理者制度は、法規制ではなく協定という当事者間における集団的な私的契約行為により公共性や公益性を担保することで民間企業に業務委託するものである。水道サービスにおけるわが国として最初の先行事例である岐阜県高山市では経済性・効率性ではそれなりの成果を上げている。しかし、

53　下水道では2004年3月に「地方自治法の解釈として、指定管理者制度は、事実行為のみにも適用可能であるが、使用料の強制徴収、行政財産の目的外使用許可等の法令により地方公共団体の長のみが行うことができる権限は指定管理者に行わせることはできない」と国土交通省から通知されている。ただし、事実行為としての使用料の徴収管理等は可能と説明している。一方、上水道で利用料金制度をとる場合に、成田［2009］は、指定管理者が水道法上の「事業者」となり、改めて事業認可が必要としている。

高山市側の専門人材育成面の努力、指定管理者との契約内容の改善等行うべき点も多い。また、契約更新時には水道施設の増強にかかわる投資活動に関連した業務まで指定管理者制度の中に含め、より効率的な投資活動と維持管理活動を行う DBO（Design Build Operation）方式の採用[54]等の制度拡張までできればより一層の効果が期待できよう。

さらに、水道サービスに求められる有効性・公共性の視点を踏まえた制度設計により、指定管理者制度を運用することが重要である。特に、企業の経済性の発揮を期待しつつも、危機管理を含めた維持管理体制及び水質検査などチェック体制の強化、地域自治力向上等を目指すという公共福祉の増進に向けた本来的な目的を果たすことは重要である[55]。

---

[54] わが国水道事業における DBO 方式は、2005 年に導入された松山市公営企業局による膜ろ過施設 1 件に永らくとどまっていたが、2009 年になって大牟田市企業局・荒尾市水道局による共同浄水場に採用され、徐々に活用されている。

[55] 2010 年 12 月に「指定管理者制度の運用について」として総務省自治行政局長から各地方自治体の長に対し、①指定管理者制度は、公共サービスの水準の確保という要請を果たす最も適切なサービスの提供者を、議会の議決を経て指定するものであり、単なる価格競争による入札とは異なるものであること、②指定管理者の指定の申請に当たっては、住民サービスを効果的、効率的に提供するため、サービスの提供者を民間事業者等から幅広く求めることに意義がある等の通知が出された。

＃**3**章

地下水利用専用水道による影響[56]

はじめに

　近年、水道事業体の給水エリア内においてコスト削減を主な理由として病院、大規模店舗、ホテルなどで専用水道に転換しようとする動きが全国的に広がりつつある。本章では、事業者側が原水調達リスク負担を負い、水道設備の設置・維持管理をリース契約で対応するという、水道サービスの需要家にとってスイッチング・コストが低いと見られる新たなビジネス形態[57]としての地下水利用専用水道を取り上げる。

　先行研究として、日本水道協会［2005］[58]、竹ケ原［2005］が挙げられる。日本水道協会［2005］は、給水人口10万人以上の222水道事業体に対するアンケート調査によるデータに基づいている点で、わが国における地下水利

---

[56] 本章は、拙稿［2006］「地下水利用の専用水道進出による公営水道料金政策への影響分析」『公益事業研究』第58巻第3号、pp. 11-22をベースに、その後の2010年12月に関係者からのフォローアップ・ヒアリングを実施した上で加筆修正したものである。

[57] 2008年のリーマン・ショックを境に、この新たなビジネス形態も変化している。地下水膜ろ過システムに関し需要家との契約形態はそれまでリース方式が主流であったものが、現在はレンタル方式が主流となっている。つまり、地下水膜ろ過システム事業者は、かつては設備システムを需要家に対し売り切る契約だったが、現在では需要家側による設備投資の回避傾向が強まり、事業者側は膜ろ過システムによる水供給サービスを提供する契約に変化している。

用専用水道進出の全容を把握するには有用であるが、公営水道事業者側による分析であるので客観性に欠ける面もある。竹ケ原［2005］は、地下水利用専用水道を水循環の高度化に資する技術面からアプローチし、水処理ビジネスの新たな展開の一つとして検討しているが、水道料金体系への影響まで分析していない。

本章では、これら専用水道の国内水道マーケットへの広範な参入により、公営水道事業者の料金政策へ与えた影響実態を把握した上で、第3節以降で、地下水源の性格、電力セクターとの対比による水源調達上の最適化問題を検討し、専用水道参入規制と今後の望ましい水道料金規制のあり方について考える。

第1節　地下水利用専用水道参入の背景と現状

水道法上、水道事業以外の自家用等の水道は、専用水道と定義されている。わが国の専用水道の件数は、2001年度時点で3,723件であったが、2001年の水道法改正の結果、翌年の2002年度においては6,933件と大幅に増加することになった[59]。2001年の水道法改正前には、専用水道については居住者に着目し、100人を超える居住者に給水する施設のみを規制対象としていた。しかし、スーパーマーケットや病院、学校等の未規制水道でも病原性細菌による集団感染事故も見られたこともあり、管理体制の強化を図ることが求められた。そこで専用水道として当時規制されている施設と同等以上の給水能力（1日最大給水量 $20m^3$ 以上）を持つ水道についても、居住者の有無にかかわらず専用水道としての規制が適用された。

本章で扱う専用水道は、以上のような法律の定義変更により新たに専用水

58　その後、地下水利用専用水道関連では、日本水道協会は、［2008］「水道料金制度特別調査委員会報告書」、［2009a］「地下水利用専用水道等に係わる水道料金の考え方と料金案」の二種類の報告書を取りまとめている。以下第1節以降には、これらの報告書の内容も織り込んだ上で記述することとした。

59　日本水道協会［2005］p. 2。なお、2008年度末の専用水道事業者数は7,957、給水人口は49万人である。

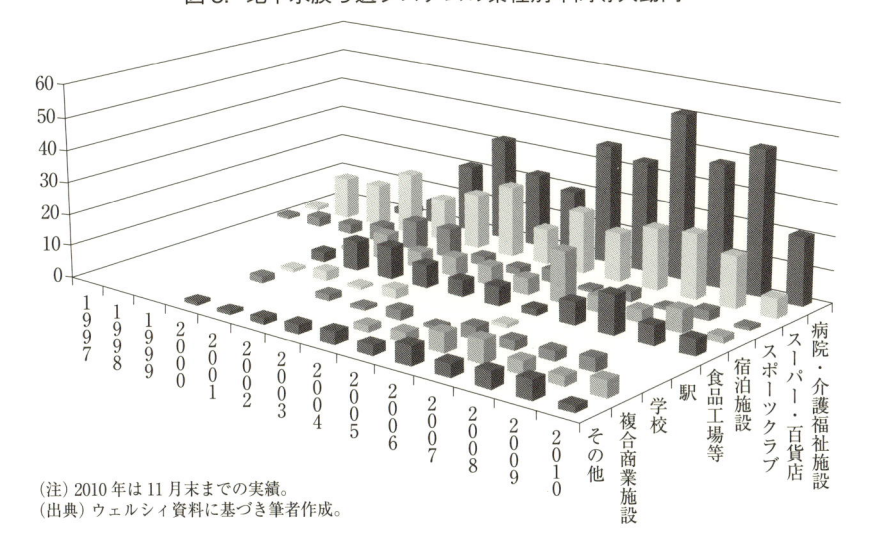

図5. 地下水膜ろ過システムの業種別年間導入動向

(注) 2010年は11月末までの実績。
(出典) ウェルシィ資料に基づき筆者作成。

道に分類されるが、特に、近年における膜ろ過システムの技術進歩に伴い、上水の除濁が可能な精密ろ過膜（MF）や限外ろ過膜（UF）等を活用し深層地下水を利用する専用水道であり、年々増加の一途をたどっている。それらの多くは、水道事業体からの水道水と、膜ろ過処理した深層地下水を合流入して給水する専用水道である。

日本水道協会［2005］によれば、2002年度に大口需要家の88施設、2003年度に125施設で専用水道に転換しており、地域的には関東、関西、九州地域で全体の約7割を占めると報告している。さらに、日本水道協会［2009］では、2004年から2008年に累積で889施設が専用水道に転換していると報告している。地下水利用専用水道の最大手で、国内市場の6～7割を占めていると言われるウェルシィの地下水膜ろ過システムについては、2010年11月末時点で全国の819施設に導入されている。

業種別導入割合を見ると、日本水道協会［2009］データ（2004～2008年度の転換施設）では、病院が33.3％、販売業が15.4％、ホテル・旅館が15.1％となっている。ウェルシィのデータ（1997～2010年度の転換施設）でも、病院・介護福祉施設が40.4％、スーパー・百貨店が24.9％等であり、病

院・介護福祉施設が主な利用者であることがわかる。

　ウェルシィを初めとした専用水道業者[60]は、水道大口使用者の専用水道導入に際して、井戸の掘削及びろ過装置の設備設置を行い、水道大口使用者にこれらの施設をリースしている。基本的には原水が深層地下水という調達費用がかからないものであるので、専用水道としての供給コストの低廉化が可能となっている。

第2節　公営水道事業の逓増型料金体系への影響

1. 公営水道事業の料金体系の概要

　わが国の水道事業体は、水道にかかわる料金、給水装置工事費用の負担区分その他の供給条件を事業計画書として厚生労働大臣へ届出し（水道法第7条）、能率的な経営の下における適正な原価に照らし公正妥当なものであること等五つの要件に合致した料金他にかかわる供給規定を定めることが義務付けられている（水道法第14条）[61]。

　わが国の水道料金体系は、利用者の使用水量や用途、水道管口径サイズなどによって決まっている。まず、水道料金は、使用水量にかかわらず負担する基本料金と使用水量にしたがって負担する従量料金の二本建てで計算される二部料金制をとっている。次に、同じ使用水量量の場合でも、その用途か、水道管口径サイズで、料金が異なる。前者は用途別料金といい、後者は口径別料金と呼んでいる。用途別料金では、使い道を一戸建て住宅用（家庭用一般）、マンション・アパート用（家庭用集合）、営業用などに分け、それ

---

[60] ウェルシィと同様の分野の事業者としては、旭化成ケミカルズ、オルガノ、神鋼環境ソリューション、ダイセン・メンブレン・システムズ、日本ウォーターシステム、三浦工業、明電舎、トーホー、ヤンマー産業、トーヨーアクアテック、ゼオライト等を挙げることができ、国内では10数社が活動している。

[61] 穴山［2005］によれば、わが国の電気事業では1933年の改正電気事業法で電気料金の認可制が導入されたが、それ以前は（現在の水道法と同様に）1911年の電気事業法制定時より供給規定の届出だけであった。認可制導入の背景として昭和初期の激しい競争による弊害が問題視されたことによるとしている。

ぞれの利用者の負担能力などによって基本料金や従量料金を変える。他方、口径別料金では、浄水場や水道管などの水道施設の規模が、平均使用水量ではなく、最大使用水量で決まること、一方、大きな口径の水道管利用者は一度に多くの水使用が可能であることから、水道施設の費用を多く負担すべきと考え、基本料金や従量料金を高く設定している。すなわち、この料金制は、水需給の均衡確保と生活用水料金の低廉化のため、多量使用の料金に新規水源開発コスト上昇要因を反映させる料金体系として制度設計されたもので、逓増型料金制と呼ばれている。近年の傾向として、料金をより客観的に決めることに繋がる口径別料金を採用する水道事業体が多い。

　さて、公営水道事業体における標準的な水道料金制度検討のため、日本水道協会に水道料金制度調査会が設置されている。水道料金制度見直しの議論が同委員会を中心になされ、1996年に報告書として取りまとめ、翌年の1997年には水道料金算定要領の形で総括原価や料金体系を提示した。水道事業体は、原則これに基づき実際の運用がなされている[62]。荒川［2002］によれば、この中で料金体系については個別原価主義に基づく口径別二部料金制の考え方は、概ね妥当な方法と支持されたが、本章で検討対象とする逓増料金制の問題については、景気低迷による大口使用量の減退が進み、水の需要構造が大きく変化する中で、全国的に見ても、ほとんどの事業体で全使用水量の7割以上を占めるに至ったコア・サービスとしての生活用水料金と、この逓増料金をいかに合理的に公平に配賦していくかが問われているとしている。そして、逓増度の大きな料金体系を採用している事業体では、料金体系を見直す際には、コア・サービスに配慮して生活用水料金を軽減しつつも、その軽減範囲は個別原価に基づく客観的公平性を大きく損なわない程度に止め、最高単価も需要実態を緩和する方向で見直す必要があると提言した。また、関連して1999年には日本水道協会より経営情報公開のガイドラ

---

[62] その後、地下水利用専用水道の増加が水道事業財政の圧迫要因となっていることを受け、2008年3月に日本水道協会より「水道料金制度特別調査委員会報告書」及びこれを受けた「水道料金算定要領」が公表され、水道料金制度見直しの方向性が出された。これについては第4章に詳細を検討している。

イン及び水道事業の適正な比較評価ができる経営効率化指標も公表された。

桜井・太田他［2004］によれば、水道料金には、経営的機能、経済的機能、社会的機能、環境的機能という四つの機能が存在する。これらは相互に関連し合いながらも、実際には時々の政策的な選択判断に基づく料金政策によって、それぞれにプライオリティがつけられ、あるいはウェイト付けがなされて実施に移されるとしている。多様な需要家がいる中で、各々水という財に対する消費者余剰の大きさも異なり、一律の基本料金では効率的な資源配分が実現せず、国や地方自治体といった規制側は、水道事業体が別々の需要家グループに対し異なる価格請求を許している。結局、これは種々の要因を基礎に価格差別が公平であると考えていることを意味し、問題は価格差別それ自身が公平かどうかではなく、規制側が、差別を前提としたユーザー料金のリバランシングにより需要家をどの程度公平に扱えるかというところに行き着く。

2. 地下水専用水道の参入による逓増型水道料金体系への影響

日本水道協会［2009］によれば、公営水道事業体では2008年4月時点でその約65％が逓増型料金制を採用しているが、この料金制はそもそも負担の公平の観点からはなじみにくい体系である。逓増度については、日本水道協会［2008］によれば、全国の水道事業体の平均逓増度は1.58倍にとどまっているものの、一部には7倍を超えている事業者もあると報告されている。表8から明らかであるが、OECD諸国の中で見てもわが国の逓増ブロック料金体系が一般的とは必ずしも言えず、従量料金制や定額料金制を採用している国や地域も多い。

さて、昨今の地下水利用専用水道の参入に伴い、公営水道事業体の水道料金体系が変更に至った事例についてパターン化して概括してみる。第一のパターンは、逓増料金の逓増率を縮小する事例である。神奈川県営水道では水道料金値上げ時に逓増度を緩和した。この検討過程では従量料金体系の逓増度が家事用（2.6倍）、業務用（2.8倍）と異なり不公平さが指摘された。

第二のパターンは、一部逓増料金を逓減化する事例である。滋賀県草津市営水道、群馬県前橋市営水道の事例では地下水転換を抑制するため、逓増料

表 8. OECD 諸国の家庭向け飲料水供給料金構造（2008 年）

			料金体系タイプ					
			従量料金			逓増ブロック料金		
	接続料金	定額料金	基本料金なし従量料金	基本料金+従量料金	ミニマム・チャージ+従量料金	基本料金なし逓増ブロック料金	基本料金+逓増ブロック料金	ミニマム・チャージ+基本料金+逓増ブロック料金
日本							◎	
米			◎	◎		◎	◎	
フランス	◎			◎				
イタリア	◎						◎	
ドイツ				◎				
英国 北アイルランド	◎	◎						
英国 B&W		◎		◎				
英国 スコットランド		◎						

（出典）OECD [2010], *Pricing Water Resources and Water and Sanitation Service.*, Table2.5. p. 52 より主要国のみ転載。

表 9. 地下水専用水道の参入による公営水道事業の逓増型料金体系変更パターン

料金体系変更形態	水道事業者名	変更年月	地下水利用専用水道参入との関係
逓増料金の逓増率を縮小	神奈川県営水道	2006 年 4 月	地下水ビジネスとの価格競争上の対抗のため
一部逓増料金の逓減化導入	草津市営水道	2003 年 12 月	誘致大学による地下水転換を抑制するため
一部逓増料金の逓減化導入	前橋市営水道	2006 年 6 月	地下水ビジネスの進出を抑制するため
大口需要家向け個別需給給水契約の導入	岡山市営水道	2005 年 4 月	基準水量を設定し、超過水量が見込める大口需要家の囲い込み
大口需要家向け個別需給給水契約の導入	宇都宮市営水道	2007 年 6 月	需要家が地下水ビジネスに移行しない環境づくりに資することを期待

（出典）各県営・市営水道ホームページ等に基づき著者作成。

金の逓増率を縮小するにとどまらず一部逓増料金を逓減化している。

　最後のパターンは、選択制料金制度の導入事例で、大口需要家を対象に「個別需給給水契約制度」を導入している。この制度では基準水量を設定の上、超過水量が見込める大口需要家にとって低廉な給水単価が期待できるインセンティブを付与するもので地下水利用専用水道への切り換えに対抗する制度として導入された。

　なお、水需要が伸び悩んでいる近年においては、このような地下水利用専

用水道の進出がなくても各事業体で逓増度緩和の動きも出ている。日本水道協会［2005］によれば、給水人口10万以上の事業体を対象として行ったアンケートでは約16％の事業体が大口需要家に対する料金体系見直を検討し、具体的な見直し方法として、「大口需要家に対する料金の逓増度の緩和」といった意見が見られたとしている[63]。

第3節　地下水源の性格と水源調達最適化

　大口需要家による地下水利用専用水道への転換の多くは、地下水の質・量の両面で恵まれ、今後も揚水規制のないと見込まれる都市部に存在し、比較的大規模な給水人口で給水原価が高いか、あるいは水道料金体系上逓増度の高い水道事業者が運営している水道市場に現出している[64]。先行研究より得られた知見を再構築し、地下水利用専用水道の最大手であるウェルシィ、さいたま市水道局等からのヒアリング結果も踏まえつつ、地下水水源自体の公共的性格と水道事業者として水源調達の最適化行動について検討する。併せて、水道サービスの需要家にとって独立型水道である地下水利用専用水道の導入や分散型水道[65]としての水道事業者の水源多様化について、同じ公益事業である電力サービスにおける独立型電源参入への対応や電気事業者の分

---

[63] 日本水道協会［2009a］では、2008年7月に事業者に対しアンケートを実施した結果、地下水専用水道使用者増加に対する水道料金に関する対応策として以下のような結果（複数回答）を報告している。

	逓増逓減併用型料金	個別需給給水契約制度	その他
実施済み	2	2	2
実施予定	2	2	6
検討したが、実施予定なし	2	6	4

[64] これらの水道市場に加え、中小規模上下水道研究会［2005］によると、1960年代以降の高度成長期に宅地開発を行う民間の開発事業者は、地方自治体による宅地開発等指導要綱に基づき加入金や工事負担金とは別に上水道供給施設の負担を求められ、この際、地下水利用については原則として認めないという運用を適用されたようである。今後、このような場所でも地下水利用専用水道への転換の可能性も考えられよう。

散型電源の導入との比較検討を行う。

1. 地下水水源の公共的性格の扱い

今回の地下水利用専用水道の参入について、竹ケ原［2005］は、以下のような問題点を指摘している。すなわち、揚水規制のない地域に導入されているオンサイト型の給水システムのモデルでは、地下水が無料であり水道料金との差額が平時に投資償還資源となるという前提で組み立てられている。地下水は公水か私水かという根本的な問題が横たわるとともに地下水を水源とした専用水道が無計画に乱立・過剰採取を懸念されることから、地下水の適正配分については個別法や条例などによりバラバラの感がある規制体系を改め、採取許容量を割り当てるなど利用計画の策定等大きなフレームワーク導入の重要性を指摘している。

例えば、フランスにおいては1964年の「水の流況・配分及び汚染防止に関する法律」、1992年の「水に関する法律」の中で、私権に優先される公共の利益維持のためとして地下水に対する法的管理が適用されている。実際、同国では公共水道の水源依存率として56.4％が地下水であり、このような高い依存率であれば社会経済的に地下水の公共的性格を無視することは困難であろう。諸外国の水法体系を研究した三本木［1988］、［1999］によれば、地表水と地下水を同等に扱う例も多く、特にイタリア、ドイツ、スイス、スペイン等の水法で、地下水（一定以上規模のものに限ることもある）を公水と明確に規定し、その採取について行政許可が必要としている。

しかし、わが国においては、水利権という公的な権利が付与されている河川水とは異なり、地下水は、日本の民法上は私水と位置付けられている。地下にある間は土地所有権の中に含まれている私権の目的物とされ、基本的に政府による法的規制を受けないというのが通説である[66]。地下水に関する法的研究について、歴史的には地下水利用、特に温泉権に関するものとして武

---

65 分散型水道とは、水道事業者が水道水源の多様化を行うことにより水源不足リスクを回避するとともに水源調達という事業投資にかかわる規模、回収期間の分散化を図ろうとしている水道を言う。

田 [1942]、川島 [1986]、北條 [2000]、杉山 [2005] を挙げることができ、また、河川法からの研究として三本木 [1988]、[1999] を挙げることができる。温泉権については土地所有権の一部を成す、あるいは独立したものとして扱う場合には民法 206 条、207 条を根拠規範とする以外には行政上の保護監督できる法令は存在せず、さらに一般地下水では民法 237 条 1 項に境界線近傍の穿掘に関する規定のみがある[67]。

戦前は、温泉物権の独立取引が相当頻繁に行われていた実態があり、温泉権という土地所有権とは独立した扱いもなされていたことを背景として、諸外国と同様の経済法としての水法導入について武田 [1942]、杉山 [2005] も検討している。しかし、1948 年に施行された温泉法でも温泉権の規定は盛り込まれず、温泉開発についても、公益を害するおそれがない限り、法令上の制約は課されない。つまり温泉に代表される地下水については現行法令上、基本的には土地所有権の中に含まれている私権の目的物とされ、政府規制を受けない体系となり現在に至っている[68]。

それでは、仮に地下水が私水ではなく河川水と同様の水利権のような公的な権利が付与されたとしても、その権利設定された地下水にかかわる価格設定が果たしてなされるのであろうか。水源として全て地下水に依存した仏ボルドー地域を対象に実証分析した Garcia and Reynaud [2004] は、社会厚生を高めるための効率的な水価格の特徴を検討し、現行の水価格から最適価格に移行した場合の効率性分析を行っている。彼らは、水の社会的価値とし

---

66 およそ近代的な所有権を中核とする私法制度が定着し始めてから地下水の利用権も土地所有者の絶対権限に属するという法的構成がなされている。戦前では近隣の地下水利用者から訴えがなされた場合に土地所有者等の権利濫用が適用された判例もあったが、適用判断は案件により揺れた。戦後になると地下水の利用を巡る争いが数少なくなったが、これは経済復興の主要な担い手として河川の総合開発が位置付けられ、地表水への水源転換が大きく推進されたことも背景にある。

67 民法 237 条 1 項では井戸、用水溜、下水溜又は肥料溜を穿つには、境界線から 2m 以上、池、地窖又は厠坑を穿つには 1m 以上の距離のあることを要するとの規定がある。

68 しかし、わが国においても 1966 年になって地下水は共同資源という考え方の判例も出され注目された。

て水の限界価格が社会的限界費用に等しくなれば効率的になるものの、水の経済的総費用と水道事業者の費用は一致しないとし、①当該地域の卸売事業者から水を購入しなければ水道事業体は、水には一般的には価値配分せず、需要家に対する販売価格は、水そのものの価値よりは処理費用、貯蔵費用、送給水費用に基づくものとなっており、②また、一般的にも水道価格はほぼ送給水費用が反映されるとしている[69]。

　結局、水源にかかわる公共性については、その水源にかかわる社会経済的な位置付け、類似資源の扱い如何で法理・社会システムとしての対応は異なる。わが国の現状では水道需要の長期低迷が予想され、水供給における地下水供給比率もフランス等と比較しても相対的に低い[70]。また、一般の地下水より経済財として相対的に付加価値の高いと考えられる温泉でも既存法令上温泉権という公的権利が設定されていないという法規範上の制約も考えなければならない。したがって地下水の経済的利用機能を積極的に注目した権利付与のための法的整備に向けて社会的合意形成を図ることは、それらを実現することによる便益以上に調整コストがかかることが容易に想定され、現状では困難と思われる。結局、地下水に関する欧州での法規範に相当する法令レベルで、わが国で地下水利用専用水道参入にかかわる経済規制を行うことは、地盤沈下等の社会的な公益を害するおそれ[71]がない限り、現時点の判

---

[69] Garcia and Reynaud［2004］は、この分析の中で、同時に、水が一旦消費されれば社会的費用として下水処理費用が発生するにもかかわらずこれらの費用が盛り込まれず、特別の公営事業者により下水処理が分離実施される場合この傾向が見られるとしている。

[70] 国土交通省編［2010］によれば、わが国の地下水の使用状況は103億 m^3 ／年で、用途別には大きいものでも工業用水は35.0％（地下水依存率28.1％）、生活用水は33.0％（地下水依存率21.7％）にすぎない。なお、わが国の温泉供給量は約15億 m^3 ／年で、これは生活用水として使用される地下水量の約34億 m^3 ／年には達しないものの単位的には同じレベルとなっている。

[71] わが国では、地下水にかかわる経済規制ではなく、公益を害するおそれに対する社会的な政府規制として、1956年の工業用水法、1962年のビル用水法に基づき地下水揚水規制が行われた。これらの国の法令に加え、この延長線上として地方自治体レベルで条例等として社会的規制が導入されている。

断として時期尚早と考えられる[72]。

2. 水源調達の最適化行動

次に、地下水水源の公共的性格に関する以上のような考察の結果を踏まえつつ、地下水が私水という法的な前提のもとで、水道事業者の水源調達の最適化行動を考えてみたい。水道事業のように自然独占の状態でも、多くの事業者間の競争によって最適性がもたらされうる。この競争は、水道事業で現実に供給している事業者の間で起こるのではなく、その水道サービスという財を生産可能な事業者間で起こる。潜在的事業者による圧力により最小の投入費用と可能な限り廉価で供給することを独占事業者に強いるという考え方である。こうした参入が自由で退出が無費用な市場はコンテスタブルな市場と呼ばれるが、このような条件下では独占者は効率的な生産とゼロ利潤となるような価格設定を強いられる。ゼロ利潤しかあげていないにもかかわらず生産過程の中である種の非効率を抱えている場合、新規事業者はより廉価で参入し、浪費を伴わずに生産を行うことで正の利潤をあげることができる。その結果、既存の独占者は、その市場を失うか、または参入事業者の価格に合わせるために生産過程の中の非効率を解消せざるをえないというものである。

一般的に、地表水と地下水の水供給プロセスは、前者が後者に比べ複雑かつ多くの施設・投資を必要とする。佐藤［2005］によれば、地表水の場合に必要なプロセスとして、①水源開発と管理、②取水、③浄水、④送水・配水という四つが挙げられるのに対し、地下水の場合には、②取水（揚水）と④送水・配水の二つのみであり、例えば、m^3当たりのコスト面でも地表水

---

[72] 地下水利用の経済的機能のみならず、地盤沈下なども含む水収支全体にかかわる水資源管理のあり方を指摘する見解もある。実際、地下水利用の経済的機能に付随するリスクとして経験的に地下水過剰汲み上げによる地盤沈下、あるいは逆に地下水過剰規制による地盤上昇といった地質変動による外部性は存在する。しかし、本章では、政府の社会的規制による便益は期待できるが、これら地盤沈下などの外部性問題と地下水の水収支全体を対象とした水資源管理のあり方という経済的規制問題は、別次元の課題と捉えた。

に比し地下水では10分の1以下で経済的であるとしている。このような地下水という資源レントを有するにとどまらず取水等の設備にリース方式を導入する新たなビジネスモデルで価格競争力を有する新規参入事業者が水道市場へ参入してきた場合、既存の独占者である水道事業体としても生産過程の中の非効率を解消せざるをえないことになる。しかし、これが成り立つ前提として地下水源としての原水が一定規模以上の量と一定水準以上の水質があることが条件となる。逆に、新規事業者が条件の悪い地下水源しか確保できず、むしろ既存の水道事業体にとって河川水等の水源が清浄、豊富、低廉であるならば、このような水道市場への参入は当然のことながら困難となる。

一方、水道事業体の約7割は河川水利用であり、供給設備として安定的なダム施設、浄水施設等を活用する。これは、水道事業体と同様の供給義務を有する電力産業において、発電施設として石炭火力発電所や原子力発電所に代表される安定的なベース電源に大半を依存する送電・配電事業者に相当することになる。しかし、電気事業者は一般的にベース電源だけに依存しているわけではなく、年間、昼夜の電力需給最適化のためピーク電源、ミドル電源のような需給調整が容易で、かつ財務面から言っても投資回収期間の短い電源施設を備えることで電力供給過程の中での生産効率化と投資コストの最適化を図っている。

この観点からすれば、水道事業体側としても、地下水利用専用水道との競争に対抗し新規参入の阻止に向け、その水道料金レベルを引き下げ、あるいは料金体系を修正するというフローでの対応にとどまるべきではない。むしろ、河川水利用に伴うダム開発等長期の投資回収期間が必要となる設備投資の選択とともに、相対的に短期的に供給力確保が可能な分散型水道としての地下水水源選択による供給源の多角化、分散化により水源調達にかかわる限界コストを引き下げることが重要である。併せて、水道事業体として季節、昼夜変動等の水道需要の変動へ対応した生産効率の改善を行うというストックでの対応を取ることが期待される。

ここで、現在の水道事業体側のベース供給源にとどまった非効率なシステムからの変更可能性の一例として埼玉県さいたま市水道局の事例を挙げたい。埼玉県さいたま市水道局は、地下水源を清浄で安定した貴重な水源

として位置付け、水源を確保するとともに自己水源の供給比率を長期的に10％まで高めるべく、2006年3月に5ヶ年間の中期経営計画を取りまとめ、地下水源整備事業（現有の69本の井戸のうち2010年度までに10本の井戸を整備）を進めている。豊富な地下水を有するさいたま市では1967年まで地下水に100％依存していたが、人口の急増や生活水準の向上等に伴う水需要の増加と地盤沈下対策として水源を河川水である県営水道に求め、2004年度で94.5％まで転換した。しかし、県営水道の水源は45.7％が暫定水利権によるもの（2003年度）で、1987年から2002年の16年間で9回（8年）受水制限[73]を受けた実績に鑑み、『さいたま市水道事業長期構想』の中で地下水源を清浄で安定した貴重な水源として位置付け、2010年度までの中期経営計画上、地下水供給を増加させ、逆に受水供給を減少させる計画を組んでいる。

　さいたま市水道局は、地下水源として15.2万m^3／日の自己水源能力を有し、一方、県営水道からの過去1日最大給水量は40.3万m^3／日であるので、10％という自己水源による長期的供給比率は能力限度の上限を目指したものではない。さいたま市水道局としては、この長期的供給比率はコスト分析を踏まえて目標を設定したと説明する。すなわち、2001年に県営水道の水源による給水コストが84円／m^3であるのに対し、当時給水量が少なかった地下水水源による給水コストは220円／m^3であったが、地下水を安定水源と位置付けた場合に84円／m^3という県営水道の水源による給水コスト水準まで引き下げた際の供給量が概ね10％になったという。原水費用がかからない地下水水源依存を10％以上とすれば供給コストはさらに低下するが、当時の検討としてはとりあえず原水の安定供給面を念頭に置いて設定したとの説明であった。

　一方、ウェルシィによる地下水利用専用水道の第一号機（1997年）は、実は、さいたま市水道局管内のスーパーマーケットである北浦和サティに導入されたものである。さいたま市水道局の浦和浄水場と1km程度しか距離も

---

[73] 『さいたま市水道事業長期構想』p. 25では、少雨により1997年に43％の最大受水制限を受けている。

離れておらず、恐らく同一の地下水源とも思われる。2004年度現在でさいたま市水道局管内に40の専用水道があり、例えばウェルシィによる地下水利用専用水道はこの中で16も占めるに至っている。このように豊富で低廉なさいたま市の地下水源を活用する地下水利用専用水道の参入によりさいたま市の水道市場では価格破壊が起こる可能性も想定されたのである[74]。

コンテスタビリティ理論における前提条件の一つに、新規参入者による参入費用の埋没がないことが挙げられる。本分野では、新規参入者は通常事業を始める前に顧客と長期にわたる契約を結び需要家が既存企業にスィッチバックを許しておらず、また、例えばウェルシィによるビジネスモデルでは装置類については基本的にリース制を導入し需要家が離れるとしても他に転用もでき費用回収は容易だが、埋没の可能性が皆無とは言い切れない。同時に各企業が同一の生産関数を有するという前提条件も水道市場では厳密には適用しづらく、さらに、競合する既存事業者としての水道事業者が価格体系の変更、生産構造の変更には時間を要することから新規参入者によるクリーム・スキミングの可能性も懸念されよう[75]。

競合する既存事業者と新規参入体の間の純粋な競争という視点でも、現行の水道法に基づく公益事業規制では水道事業体は以下の制約条件を有し、地下水利用専用水道にはない制約が課せられている。すなわち、水道事業体は供給条件を定めた供給規定を定め（水道法第14条）、需要家から給水契約の申し込みを受けた場合に正当な理由がない限り供給義務を負う（水道法第15条）。水道事業体に対しは拒否制限を加え、契約自由の原則を制限しており、

---

[74] 2004年度から埼玉県により生活環境保全条例が施行のもとで地盤沈下防止対策の一環としてさいたま市は第一種指定地域として新たな地下水採取に許可を要し、新たな地下水利用専用水道の参入は事実上規制されている。このような県条例による参入規制は、さいたま市水道局における地下水という廉価な自己水源供給比率をより一層高め、供給コストを低下させるインセンティブを弱めることになり、同時にさいたま市水道局の現行の水道料金体系自体も逓増型を維持し現在に至っている。

[75] これらの課題が残ることから、地下水利用専用水道による水道市場への進出に関して参入が自由で退出が無費用なコンテスタブルな市場であるとの仮定に関する厳密な実証は今後の課題としたい。

事業者には、「契約を締結するかどうかについての自由（締約の自由）」がない[76]。

しかし、競合事業者間のコスト要因の差異に注目し、競争条件下でその差異が縮小され非効率を解消するという可能性は重要である。今回のさいたま市水道局による自前の地下水を一層活用する今回の動きは、部分的にせよ地下水利用専用水道と同じ生産構造へと転換することを意味し、一般の河川水利用に大半の供給源を依存する多くの水道局の固定的な事業パターンから踏み出した先行事例と位置付けられよう。このようにかつて水道事業の設備形成過程で主要な水源として地下水利用を行っていた実績のある水道事業体においてこれらの新規参入者（あるいは潜在的新規参入者）の進出を契機として積極的な意味で既存事業者としてのコスト構造の非効率を解消できる可能性には注目したい[77]。

3. 独立型水道参入と分散型水道としての水道事業者の水源多様化の経済的意味合い

水道分野において地下水利用専用水道のような「独立型水道」や水道事業者が自ら供給源の多様化の一環として地下水利用も行う「分散型水道」は、各々電力分野において需要家の「独立型電源」としての自家発電や「分散型電源」として電源多様化を図った電気事業者に相当する。しかし、水道と電

---

[76] 一方、地下水利用専用水道の業者が水道サービスにかかわる水源調達の最適化に大きく寄与するとしても、水道サービスの最終需要家にとっては、水源の分割譲渡を需要家が受けるのではなく地下水配給を受けるのみであり、この契約は債権的継続契約に近いものと位置付けられる。私法上の契約として売買契約形態もありうるが、多くの場合請負契約の形態を取っており、地下水に対する物権契約ではないため債務不履行のリスクは伴うことになる。

[77] 拙稿［2006］の後に公表された日本水道協会［2009］では、「水道事業体としては、これまでも重要な水道水源の一つとして地下水を活用してきており、深井戸、浅井戸、伏流水を合わせた地下水が水道事業の水源に占める割合は、ほぼ3分の1となっている。この水源に占める地下水の割合については、地域によって大きな差があるものの、水源の8割以上を地下水に依存している地域もあり、水道事業にとって地下水はなくてはならないものといえる。」と地下水の重要性について言及している。

力というサービスを比較するとしても厳密には貯蔵性の有無や基本的には流しっぱなしの水道と電流・電圧・周波数管理が技術的に大きな影響を及ぼす電力とは異なる部分もあるものの、以下のような経済的な検討にはこれらの比較は参考になると考えられる。

水道分野における地下水利用専用水道の参入と類似している事例として、わが国の電力分野における自家用発電が挙げられる[78]。自家用発電供給は2003年度で発電分野全体の13.6％、3,157ヶ所、3,646万kWを占め、電力消費では14.7％が自家消費等（業務用自家発電を含まず、共同火力分を含む）となっている。水道事業としての地下水利用専用水道も、上水道事業全体の中ではわずか0.3～1.1％のシェアにすぎず[79]、電力分野での自家用発電供給が、独立型電源として大きなシェアを有し、強力な競争圧力を持って機能していることとは対照的である[80]。

水道供給における独立型と分散型水道の導入の経済的意味合いを需要面と費用面からのアプローチで分析してみる。まず需要面に着目すると、例えば、災害時にも水供給途絶を極力避けたい需要家へのリスク分散の有効な手

---

78 松川［1995］によれば、参入・進出規制がある市場で、独占企業と競合する代替供給源は「バイパス」と呼ばれ、バイパスの増加に伴い、資源配分効率の低下が懸念される。このバイパスは「不経済なバイパス」と呼ばれる。バイパスが消費者余剰に与える影響は、価格弾力性に依存し、価格に対して弾力的であるほど、価格上昇に対する消費者余剰の減少は少ない。

79 大まかな概算ではあるが、最大手のウェルシィの2009年度売上が57億円であるので、そのマーケット・シェアが6割占めると仮定すれば、地下水利用専用水道全体として売り上げは約100億円となり、水道事業者の料金収入計は約2.9兆円を母数とすれば0.3％が下限値となる。一方、日本水道協会［2009］に地下水転換による水道事業者側の給水収益に対する減収額のデータがあり、減収率区分ごとの事業者数でウェイトを付けた平均値では1.1％（売り上げに換算すると約300億円）であり、これを上限値とした。

80 電力市場の場合でも家庭や小規模店舗などの代替供給源を持たない需要家は価格に対して非弾力的であり、自家用発電やコジェネレーションの増加による料金上昇が例え小規模であっても、消費者余剰が大幅に減少する危険性があると松川［1995］も指摘している。この意味で、水道市場でも同様のリスクを抱えることになると考えられる。

段となりうることが挙げられる。地震による液状化現象等で水道管も寸断され、導管ネットワーク機能が発揮できないことが多く、この場合には緊急医療、消防用水も含め緊急時用の水供給がむしろ地下水利用専用水道や地下水利用も行う水道事業者によって賄われることになる。例えば、阪神・淡路大震災の教訓を踏まえ、1996年5月に当時の厚生省より「災害時における初期緊急医療体制の充実強化について」という通知が各都道府県知事等に出された。これによれば、災害拠点病院[81]を整備、各都道府県に原則として一つの基幹災害医療センター、二次医療機関ごとに地域災害医療センターを整備、それらの指定要件の一つとして水、電気等のライフラインの維持機能を有することが挙げられている。具体的には専用水の確保のため上水貯水槽の拡充、専用水確保量の拡充等の取り組みがなされることになった[82]。

このような事例について、経済学的には次の側面がまずは強調されよう。すなわち、需要家にとって水道サービスにかかわる供給の優先順位に応じて差別化したサービスとその料金体系との関係で水供給途絶を極力避けたい需要家にとって独立型水道の利用や分散型水道の活用が比較優位になる可能性を有することである。電力産業で類似の例を見てみると、例えば負荷遮断料金は、一般の契約に対して「低品質・低価格」のオプションであり、対照的に非常用電源設備の保有は、「高品質・高価格」の選択肢である。近時、金融機関、情報通信企業等のホストコンピューターを有する企業にとっての停電は企業倒産にも繋がり、高価な無停電装置（UPS）が常備されている。金融機関、情報通信企業による非常用電源及びUPSの選択行動について、松川［1995］がネスト型多項ロジット・モデルにより推定した結果、年間2万円／kWの支払意思があり、これは他の業種の4倍の支払いレベルに相当すると分析している。このように「高品質・高価格」を選択する需要家として、例えば地下水利用専用水道を独立型水道として選択することは一定の

81　2008年7月現在、全国都道府県で582の災害拠点病院がある。
82　武井・池内・徳野［2009］によれば、阪神・淡路大震災後、兵庫県を中心とした調査対象の9災害拠点病院のうち、災害時に水道局のみに依存する病院は3施設にとどまること、現状においては上水供給を全て水道局に依存した状態では急性期災害医療の水所有が十分でなく、2系統配管システムの重要性を指摘している。

合理性を持つと言える。日本水道協会［2009］データ（2004～2008年度の転換施設）では、病院が33.3％も占めており、専用水確保のため現実に多くの病院施設への導入が進んでいる[83]。

一方、費用面に着目すると、日本水道協会［2005］も指摘しているようにバックアップ的に水道水を併用する専用水道の場合、通常時は水道水を使用しないことから水道事業者の管内に停滞水がたまりやすく使用時には停滞水が専用水道に混入するという混合給水上の水質問題の発生も懸念される[84]。例えば、自家発を有する事業者でも設備点検や事故による電力の遮断可能性に対し電力会社ネットワークに接続し、バックアップ・サービスの提供を受ける場合がある。ネットワーク維持かかわる費用発生に関し、電力会社はこのようなサービスも包含した料金体系として工場向けの「自家発補給電力」と病院、ホテル等向けの「業務用自家発補給電力」の2種類を導入しており、基本料金は通常の高圧／業務用料金の10～25％割り増しており、実際には供給されない月でも2～3割相当の料金を徴収している。

したがって、地下水利用専用水道に適用される基本料金についても、同様に現行料金体系より多くの固定費相当分を原価配賦した「専用水道用の料金体系」設定も考えられる。特に、混合給水上のバックアップ相当分の固定経費の負担問題が専用水道用の料金体系に反映される余地があり、従量料金に相当する水使用料が少なくても、専用水道が受ける水道サービスに対する供給準備のための適正なコストを回収しやすくなろう[85]。

---

[83] しかしながらウェルシィの福田社長によれば、これまでの実績では真に災害時に備え、水供給途絶というリスク分散上の手段として地下水利用専用水道を導入した需要家は100件に1件ということであった。一般的には需要家にとって非常用設備の保有は、「高品質・高価格」の選択肢であるが、現在の水道水との比較で地下水利用専用水道の有する経済性の優位性が需要家にとっての導入インセンティブ上大きな要素となっているのが現実のようである。

[84] ウェルシィのシステムにおいては停滞水問題を回避する技術が導入されている。

[85] この考え方は結局、用水供給事業や工業用水事業で採用されている責任水量制料金に近くなる。

第4節　専用水道参入規制と水道料金規制

　専用水道参入を規制するため、公営水道事業体側として何らかの手段を取る[86]としても水道法第14条第2項第4号に「特定の者に対して不当な差別的取り扱いをするものではないこと」という規制もあり、地下水利用専用水道のみを狙い撃ちにして参入規制や料金規制を行えるものではない。

　特に料金規制について、およそ水道事業は、サービスを供給する事業であり、資源消費に伴う費用を賄うという観点からは、受益者負担の原則は維持すべきである。その結果、まずは地域ごとにある程度の料金格差が生じることは基本的に容認せざるをえないし、水道水の供給のためのコストを需要者に認識させる上では、コスト全体を料金に転嫁することが望ましい。しかしながら、それによって同じ水準のサービスに対して、利用者間で大幅な料金格差が生じ、逆にこのような高料金を抑制するために水道事業として必要な設備投資を行わず、供給機能の低下を招くことになれば、それは水道の意義からも問題で、政策的な配慮が必要と言える。

　一般に、公営企業の料金のあり方は、利用者たる地域住民及び経営主体たる地方公共団体の双方に大きな影響を与える。地方公営企業法21条2項では、料金のあり方について「公正妥当なものでなければならず、かつ、能率的な経営の下における適正な原価を基礎とし、地方公営企業の健全な運営を確保することができるものでなければならない」と規定している。ここで料金が公正妥当であるか否かは、料金が原価を償うに足りるものであり、かつ企業が提供する財・サービスが料金にふさわしい内容であるといえるかどうかという料金水準の観点と、利用者の間に合理的な理由を欠く不公平な取り

---

[86] 現在の神奈川県ホームページでは削除されているが、神奈川県営水道問題協議会では2005年2月と3月の2回の会合において「地下水を利用した専用水道について」と「地下水との併用利用の影響について」の議論がなされている。また、2005年5月の協議会会合では委員より「（県営水道の）経営の仕方の間隙を縫って、地下水を売り物にするような事業者が現れたことをもっと強調すべき」との敵対的な意見も出されている。

扱いがされておらず、社会的に均衡が保たれているかといえるかどうかという料金体系の観点の双方から判断がなされる。

このような水道料金にかかわるそもそもの視点も踏まえ、地下水利用専用水道の参入に対し、「大口需要家に対する料金の逓増度の緩和」といった現行の水道料金制度の微修正にとどまらない考え方が重要である。この観点から、顧客として必ずサービスに対して対価を支払うが、その請求額が計算される料金表を選択するという自己選択料金体系に注目したい。この自己選択料金体系については、もともとPanzerとSibleyによって提案されたものである。住民サービスの受け手としての水道需要家が当該公行政サービスに関しその信頼性評価を自己選択する制度自体は、公益事業としてふさわしい弾力的な料金体系と位置付けられる。

この制度では、具体的には、各需要家が自己の最大需要量を支払意思に基づいた管口径の大きさを選択して水道事業体と契約するもので、それらの管口径の大きさの総和は需要家が選ぶ最大需要量であるから水道事業体はそれに応じた供給能力準備をすることとなる。すなわち、水道事業体の代わりに需要家が自ら設備能力の割り当てを行う分権的な負荷割当方式であり、需要家行動の伝統的な仮定のもとで水道事業体及び規制者に余剰を増加させるメカニズムを提供する。これを適切に設計するには顧客の需要情報を必要とするが、それは、一般に規制者が持っていない情報であり、この点でSibleyが提案した余剰を高める自己選択料金体系を各期間に企業に提示するよう誘導するというメカニズムでは、均衡においては、最善の最適性が達成されるとしている。

わが国の水道事業では、自己選択料金体系として2005年4月から導入された岡山市水道局での個別需給給水契約が初めての事例である。この事例では渇水時には使用制限を求められるものの契約前1年間の使用実績をもとに最大使用水量が2ヶ月で約6,000m^{3}以上を基準水量としてこの基準水量を超えて使用した水量について単価を約3分の1にするというインセンティブを付与する。

これに関連し、松井・内田 [2005] は、使用水量が75m^3／日以上であれば地下水利用専用水道導入に経済的効果があると分析するとともに、名古屋

市での専用水道の設置事例調査の結果では専用水道転換前後の使用水量全体水準に変化は見られないと報告している。岡山市水道局での制度設計上の基準水量が、概ね100m^3／日以上の大口需要家を対象としているのに対し、名古屋市上水道局では想定基準水量は低い水準である。基準水量については、各水道事業者のそれぞれの置かれた水源状況、水需要、地下水利用専用水道の参入状況等で異なり、また技術開発動向等で変化するものである。また、水道サービス自体は非代替性を有するが、彼らは専用水道と上水道とは代替財であると位置付けている。

昨今の水道事業のように、ほとんどの事業者の設備能力の余力がある事態では、一部の需要家による自己の最大需要量上の制約を受けるという非効率が存在しうることが指摘されている。このように水道事業体が料金体系を再構築し、最善の最適性を有する自己選択料金体系の探求上いくつかの検討課題は残るものの、自己選択料金体系それ自体は単純でありながら最大の成果が得られる点で有効な料金体系と考えられる。

第5節　結論

近時の地下水利用専用水道の参入は、他の公益事業で取り上げられる規制緩和や自由化を背景に出てきたものではないが、これらの参入を受け、近年水道料金を値下げする水道事業体も出てきた。しかし、全体としては値上げの料金改定を継続的に実施する水道事業体がまだ多い。専用水道など競争相手の登場により水道事業体も短期的には価格競争ということを念頭に置かなくてはならない状況になっており、各地の水道事業体は、人員削減やコスト縮減等水道料金の低下に向けこれまで以上の企業努力が求められるだろう。

本章で行った分析から得られた知見によれば、長期的視点では、さいたま市水道局のように水道サービス事業者にとってもコスト面で競争力のある地下水水源が利用可能であれば、その活用により水源調達にかかわる限界コストの引き下げ効果を狙うことで経済厚生の改善ができる。同時に、季節、昼夜変動等の水道需要の変動への対応、さらにはダム開発等長期の投資回収期間が必要となる設備投資の選択とともに分散型水道として地下水水源利用

も選択するという供給源の多角化、分散化を図ることでも改善は期待されよう。特に、今後人口減少も予測されている中では、将来の水道事業の形態や水需要を慎重に見極めることが必要で、地下水利用専用水道の参入の阻止・排除のため、水道事業体による戦略的行動が重複投資をもたらす等の資源配分上の効率性を低下させる場合には厚生損失は大きなものになる。

2005年4月の岡山市水道局による大口水道需要家向けの自己選択料金体系の導入は、このような重複投資を回避しつつ現行料金体系の再構築上の試金石として重要な意義があると考えられる。導入された料金体系の制度設計自体の評価は導入されたばかりで今後に委ねられるが、各水道事業体においてはそれぞれの置かれた水源状況、水需要、地下水利用専用水道の参入状況等に対応しつつ自己選択料金体系の導入を含め公益事業としての効率的な料金体系の確立が急がれる。

第4章
水道料金の需要家自己選択システム[87]

はじめに

　わが国水道事業は、需要構造が変化しつつある中で、水道普及率97.5％とほぼ100％に近いレベルに達した現在、水道ネットワークの維持管理時代を迎えている。水道普及率が7割にも満たない1960年代後半から水源の遠隔化等により供給コストが逓増している事業等を対象として大口事業者に高い負担を求めた逓増型料金体系の導入については、このような維持管理時代のもとでは公平性等の観点からも種々の課題が山積し、多くの公営水道で水道事業の経営手法としての見直しが行われている。これらの動きを踏まえ、2008年3月には日本水道協会でも料金制度特別調査委員会をベースに逓増型料金体系の見直し、水道ネットワークの更新・再構築費用の確保に向け報告書が取りまとめられている。

　本章では、水道事業体の代わりに需要家が自ら設備能力の割り当てを行う分権的な負荷割当方式である自己選択料金体系がこのような動きに対応していくつかの公営水道で導入されていることに注目した。特に、わが国として初めて2005年4月から導入された岡山市での個別需給給水契約制度を事例

---

[87] 本章は、拙稿［2009］「上水道への自己選択料金体系導入の課題と評価」『公益事業研究』第60巻第4号、pp. 23-35をベースに、その後の2010年12月に関係者からのフォローアップ・ヒアリングを実施した上で加筆修正したものである。

とし、その評価と課題を検討し、水道分野における自己選択料金体系導入の経済学上の意義付けと本料金体系の普及上の課題と可能性について検討する。

　事例研究のアプローチとしては、まず、岡山市水道局関係者からヒアリングを行うことにより本制度導入に至る政策形成プロセスと実際の制度運用について水道供給側の公営水道に焦点を当てたマクロ評価分析を行った。また、浅井［1999］、荒川［2008］等による事業者と消費者に間に存在する情報伝達機能に関する考え方を参考とし、岡山市の大口水道需要者8社[88]を対象に面談調査を実施し、個別需給給水契約制度の選好にかかわる需要家行動について水道需要側に焦点を当てて評価分析を行った。さらに、他の地方自治体での導入事例と岡山市の事例との相違点を明らかにしつつ、制度普及上の課題と可能性を検討した。そして、最後に日本水道協会［2008］での個別需給給水契約制度にかかわる指摘事項に照らして、今回得られた論点との比較検討を試みた。

第1節　公益事業での自己選択料金体系

1．自己選択料金体系にかかわる先行研究

　自己選択料金体系は、Panzer and Sibley［1987］、Sibley［1989］によって提案された。住民サービスの受け手としての需要家が当該公行政サービスに関しその信頼性評価を自己選択する制度の導入は、公益事業としてふさわしい弾力的な料金体系と位置付けられよう。顧客は必ずサービスに対して対価を支払うが、自己選択料金体系ではその請求額の計算のもととなる料金表自体を選択するというものである。その基本的な考え方としては、水道サービスで言えば、例えば、各需要家が自己の最大需要量を支払意思に基づいた管口径の大きさを選択して水道事業体と契約し、この結果、それらの管口径の大きさの総和が需要家として選ぶ最大需要量となる。水道事業体はそれに

---

[88]　8社の大口需要家のうちメールでやり取りした1社を除いて各々約1時間の訪問面談調査を実施した。

応じた供給能力を準備、これが需要家行動の伝統的な仮定のもとで水道事業体及び規制者に余剰を増加させるメカニズムを提供することになる。

　この体系を適切に設計するには顧客の需要情報が必要となるが、一般に規制者はこのような情報を有さない。この点で、余剰を高める自己選択料金体系を各期間に企業に提示するよう誘導するという Sibley が提案したメカニズムを利用すれば、均衡においては、最善の最適性が達成される。

　一方、わが国における自己選択料金体系にかかわる先行研究として、依田［2001］は、わが国の電気通信産業の選択的通話料金について分析、競争環境下で複数の企業が定額制と従量制を総合した多様な自己選択型の料金提示が最も望ましいインターネット時代の料金体系と結論付けている。江副［2003］は、自己選択料金体系では利潤制約の下での最適料金となるに際し、自己選択グループから通常料金グループへの内部補助の存在を指摘している。また、自己選択料金体系に関連して、浅井［1999］等は事業者と消費者に間に存在する情報伝達機能に着目して分析している。これらはいずれも電気通信分野や電力分野に焦点を当てている。

　水道分野では、日本水道協会［2008］によって逓増型料金体系の見直し、更新・再構築費用の確保に向けて検討され、自己選択料金体系としての個別需給給水契約制度もこの中で扱われている。しかし事例も少ないこともあり、予備的かつ一般的な検討にとどまっている。

2．公益事業での自己選択料金体系導入の現状

　既に、通信分野では、1980 年代の米国 AT&T の選択的通話料金の本格的導入以降、わが国でも NTT 他の事業者でも広範に採用されている。深夜電力など電力への選択約款料金制度も既に導入され、さらに最近ではガスでも他エネルギーとの競合の観点から選択約款の設定等も検討されている。わが国の水道分野では、2005 年 4 月から岡山市水道局での個別需給給水契約制度が導入されたことをきっかけに、舞鶴市水道局では 2006 年 4 月から、宇都宮市水道局では 2007 年 6 月から導入されている[89]。

第 2 節　個別需給給水契約制度と岡山市の事例

1．制度導入時の背景

　2005 年 4 月より、わが国水道事業体において初めて自己選択料金体系としての個別需給給水契約制度が岡山市水道局で導入された。本事例では、需要家は、まずもともとの契約（逓増型料金体系）にとどまることもできる。しかし、別途、渇水時には調整期間として使用料金負担の増加を求めるものの契約前 1 年間の使用実績をもとに最大使用水量が 2 ヶ月で約 6,000m^3 以上を基準水量とし、この基準水量を超えて使用した水量について単価を 70 円／m^3（通常契約料金 216 円／m^3 の約 1/3）にするというインセンティブがある個別需給給水契約を選択することもできる。

　まず、本制度を岡山市で導入した背景として岡山市の水道事業にかかわる需要構造が大きく変化していることが挙げられる。近時、岡山市の水道需要を業種別に見てみると、老人福祉施設、刑務所では水道需要は伸びているものの、病院、ホテル、流通、官公庁、学校等多くの大口需要家での需要が減少している。上水道の年間配水量は 1996 年度をピーク（1.03 億 m^3）に減少し続け、特に口径種別では大口径 75mm 以上の大口需要家の落ち込みが激しく、制度導入前年の 2004 年度と 1997 年度を比較すると 13.6％ も減少していた[90]。

　2004 年初頭にこのような大口需要家での水道需要の落ち込み原因を探るため、岡山市水道局として水道使用量が 10 ～ 20％減少していた 131 件の企業を対象にヒアリングを実施した。この結果、節水励行 39 件、漏水修理 24 件、生産量の減少 16 件、ホテル・施設の客、入居者の減少 22 件、天候の

---

[89]　その後、北九州市では 2009 年 4 月から基本水量制の廃止と逓増度の緩和を柱とした水道料金体系の見直しが行われた。この逓増度の緩和策の具体的手法として個別需給給水契約制度が導入された。この事例では、渇水時の調整期間設定が織り込まれず、水道局が使用量抑制を求めることがあるという運用で対応しようとしていること、さらに、制度実施以降、新たに地下水等利用専用水道を設置するものは対象外としていることに特徴がある。

変化9件をその原因として把握した。また、当時は今回の個別需給給水契約制度の対象となる大口需要家100社（110事業所）以外で地下水に一部転換を行った需要家が3件程度にとどまり、岡山市水道局として首都圏等他地域に比べて地下水転換率は低いと認識していた。この背景としては、水道料金の逓増度が首都圏等では2.5倍であるにもかかわらず、岡山市では1.5倍以下であり、また料金改定ごとに逓増度を小さくしている[91]ために地下水転換スピードが遅いとの見解であった。

90 　岡山市上水道1997～2009年度有収水量を比較すると以下の通り。

口径種	1997年度有収水量	2004年度有収水量	2009年度有収水量	2004/1997年度比	2009/2004年度比
小口径13～25mm	6,391万m^3	6,621万m^3	6,515万m^3	103.6	98.4
中口径40～50mm	1,081万m^3	998万m^3	984万m^3	92.3	98.6
大口径75mm～	1,134万m^3	980万m^3	878万m^3	86.4	89.6
計	8,606万m^3	8,600万m^3	8,377万m^3	99.9	97.4

（注）旧山陽町への分水分を除く。
（出典）岡山市水道局からの提供データ。

91 　1974年改定で、岡山市として初めて逓増制料金が導入された。その後1986年改定、1997年改定、そして今回の2005年と改定の都度逓増度を小さくしている。例えば口径40mm以上、600m^3以上と100m^3までのm^3当たりの単価で比較すると1974年に1.4倍であった逓増率が各々1.391、1.387、1.271と着実に低下している（ただし、1974年は600m^3以上ではなく200m^3以上）。これに対し、日本水道協会［2008］によれば、全国の水道事業者の平均逓増度は1.58倍にとどまっているものの、一部には7倍を超えている事業者もあると報告されている。

　なお、岡山市で口径別料金制度が導入された1974年以降の2005年まで5回の料金値上げが実施されているが、大口径の使用水量は増加してもわずかで、口径別には減少率が大きい。

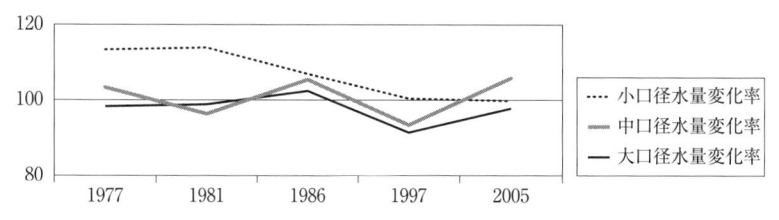

（注）水量変化率は料金値上げ前年の水量を分母として料金値上げ年を含む3年後の水量を分子として算出している。

2. 個別需給給水契約制度導入にかかわる政策形成プロセス

これら岡山市における水道需要構造の変化にもかかわらず、供給側では新たなダム水源ができて受水量、受水費も増加することになった。この状況下で当時の岡山市長による新たな水源の有効利用、水販売促進のための研究の促進というトップ・イニシアティブに呼応して、水道事業体として今回の個別需給給水契約制度の創設に向けて制度設計を行うこととなったという。本制度の設計に貢献する直接的な参考事例はなかったものの電力料金制度については研究[92]を行ったようである。当時の水道事業管理者の考えとしては、①市民の目線に配慮し、水道事業審議会のオープン化に努め、②負担の公平性に配慮し、③料金水準も見直し（併せて水道独自の福祉料金としての公衆浴場向け料金、福祉減免制度を廃止し）、④個別需給給水契約という新しい料金制度へチャレンジするというものであった。特に、この個別需給給水契約制度の創設については、目標として50〜60点でよいのでともかく導入実績を残し、最初から80点を目指さなかったとの説明であった。

これらの多方面にわたる大幅な制度変更は、8年振り、平均9.5％の値上げという水道料金改定議案、水道条例改正事項として市議会に提案され、多くの反対論が占める中、結局、審議可決された。特に、個別需給給水契約制度について以下のような議論がなされている。賛成論としては、①水道の普及促進時代には逓増型料金制度は適合するものの、需要構造が変化し、維持管理時代を迎えるに当たって大口事業者に高い負担を求めることは経営手法として疑問があり、②水道事業体としての営業力を高める個別需給給水契約制度の導入は評価に値するというものであった。一方、反対論としては、①1996年をピークとして水道需要の減少傾向が続く中で、2006年度から県広域水道企業団からの受水が開始[93]されるが、このような過剰（かつ高価）な水の供給を受けて、一般住民の負担を増やす一方で、大口需要者に便宜を図る個別需給給水契約制度の導入には反対、②個別需給給水契約制度の対象者

---

[92] 岡山市水道100年史編集委員会［2006］によれば、当時の市長より「大口需要者対策を電気事業などの例を参考に、攻めの施策を考えろ」とハッパをかけられたとの記述がある。

が100社余りと限定的で効果が上がらないのではないか、そして、枠の拡大や別メニューの設定といった制度設計上の柔軟さを取り入れられないか、③大口需要家の水道需要減少動向を踏まえ、地下水利用規制等を検討できないのか、④一般家庭の中心となっている給水口径の基本料金における基本水量制の廃止に伴い、この階層への実質負担増が20％に達する中で、大口使用者の料金優遇は全体としての整合性を欠くといった論点が指摘された。

第3節　本制度導入の経営評価と需要家行動分析

1．岡山市上水道事業での制度導入による経営上のマクロ評価

　岡山市の個別需給給水契約制度の事例では、対象大口需要家100社（110事業所、口数）であるが、これは岡山市内の全体利用者口数の0.04％にすぎないものの、使用総水量は上水道需要全体の約1割近くを占める。本制度導入前の2005年1月から水道事業体の営業部管理職員が対象となる大口需要家に個別訪問、2007年度末時点で対象100社（110事業所）のうち33社（38事業所）が本個別需給給水契約を締結していた[94]。

　個別需給給水契約制度を導入した事業所の基準水量総計は、2009年度末で277万m^3となる。この基準水量を超えて増量使用した水量は、2005年度6.4万m^3、2006年度8.3万m^3、2007年度6.4万m^3、2008年度8.0万m^3、2009年度7.7万m^3であり、基準水量超の水量増量分比率は2～2.8％となった。これに対応した水道事業体としての増収額は各々の年度で約450万円、590万円、450万円、560万円、540万円となっている。

　これらの実績から言えることは、2005年4月からの水道料金改定後の岡山市水道事業財政計画（2005～2008年度）上の収益的収入計画との対比では、個別需給給水契約による基準水量超の増収額そのものによる収入上

93　岡山市水道100年史編集委員会［2006］によれば、2005年度から苫田ダムの運用が開始されると、受水量が基本水量で計画最大供給水量（10.85万m^3）に、使用水量も3.3万m^3／日と倍増し、これによる受水費の増加額は9.2億円／年と見込まれる。

94　2009年度末の個別需給給水契約の締結事業所数は37である。

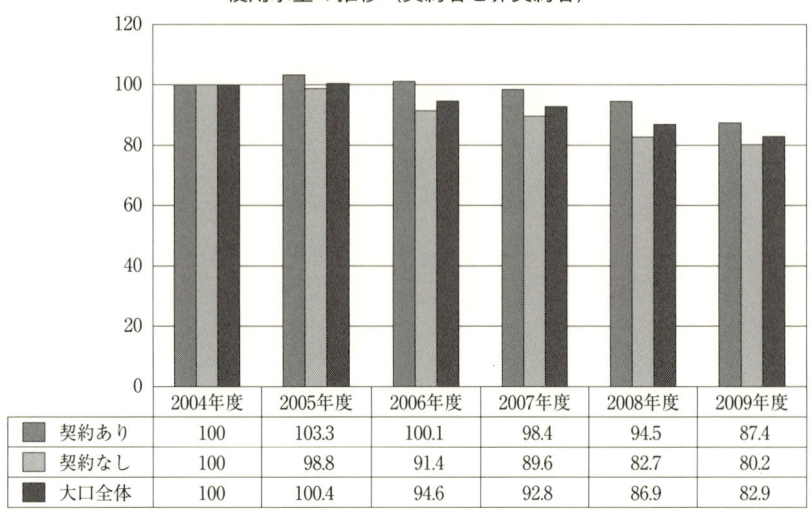

図6. 表10. 岡山市大口水道需要者の2004年度を100とする使用水量の推移（契約者と非契約者）

	2004年度	2005年度	2006年度	2007年度	2008年度	2009年度
契約あり	100	103.3	100.1	98.4	94.5	87.4
契約なし	100	98.8	91.4	89.6	82.7	80.2
大口全体	100	100.4	94.6	92.8	86.9	82.9

の貢献として0.03～0.04％とわずかにとどまっている。しかし、本契約未締結企業での使用水量は制度導入前（2004年度）と比較し、2009年度では19.8％も減少していることを勘案すると、本制度の導入により大口需要家全体として17.1％の使用水量減少でとどめたことは、個別需給給水契約制度が岡山市の大口需要の減少抑止上の効果を有していたと言えよう（図6、表10）。

2. 岡山市の大口需要家の個別需給給水契約制度に対する評価と需要家行動分析

2-1 事業者と消費者間の情報伝達機能にかかわる先行研究と需要家調査のフレーム

浅井［1999］及び荒川［2008］による事業者と消費者に間に存在する情報伝達機能に関する考え方を参考に、岡山市の大口需要家への訪問、面談結果を踏まえ、個別需給給水契約制度に対する評価と需要家行動分析を行った。浅井［1999］によれば、需要家が最適な料金メニューを選択できるか否かは、事業者の情報提供に大きく依存し、選択した料金メニューが最適か否かに関するリスクは需要家が負っているとしている[95]。また、荒川［2008］

によれば、商品購入意思決定にかかわる需要家が有する事前情報の質と、多くの財の性質を知るという需要家による能動的な行動（＝サーチ）の間には負の相関関係があるという。そして事前情報の質の向上は需要家のサーチするインセンティブを低下させるとしている。例えば、企業として（市場規模確保等に向け）需要家にサーチさせるため、企業により供給する財の価格を下げる場合に、需要家側は財の価格が下がれば自ら時間を割いてでもその財の性質を調べ上げる、すなわち、事前情報の質が向上することになる。また、例えば、企業は低価格という導入価格をつけるインセンティブを持たず、むしろ価格を増大させ需要家にサーチさせない戦略を用いることになる場合もあり、この時需要家側の消費者余剰は低下する。逆に、サーチ費用が小さい場合に需要家の事前情報の質が向上すれば、企業は価格をより下げねばならず、企業の利潤が低下するとしている[96]。

これらの先行研究の成果を参考としつつ、本制度認知のきっかけ、水道使用にかかわる予測可能性、本制度活用による期待効用、代替供給源としての地下水転換状況等の項目[97]について各大口需要家にアンケートを送付した。なお、面談インタビュー実施時には、これに先立ち岡山市の水道事業体の協力を得て、需要家ごとの水道使用量・金額実績及び個別需給給水契約制度活用の場合の水道料金を水道局より提示してもらった。これは、個別需給給水契約制度の未契約者にとっては本契約を活用した場合の期待効用を事後的に確認でき、既契約者であっても本契約に対し受動的な担当者であることも想定されたからである。

95　さらに浅井［1999］によれば、個々の需要家は自己の需要情報を企業よりは有していると考えられるものの、どの程度利用するか、あるいは今月はどの程度利用することになるのか、正確な情報は把握していない。また、需要情報を逐一把握しておくことは、煩雑さを伴う。このような場合、選択した料金メニューが最適であるか否かを需要者が容易に検証でき、最適なメニューに低コストでたどりつくことができる環境、あるいは、そのための企業の情報提供が必要になるとしている。

96　一方、荒川［2008］はサーチ費用が高い場合には、均衡価格は増大し、全ての需要家はサーチできない状況のもと、一部の需要家だけが（サーチすることなく）事前情報だけで財を購入することになる。つまりサーチ費用の増大は均衡価格の増大をもたらし、需要家からサーチする機会を奪うことになるとしている。

2-2 個別需給給水契約制度にかかわる需要家評価分析

今回調査で対象とした大口需要家は、業種別には医療機関が3社、ホテル、デパートが各々2社、製造業が1社という8社で、これらの2004年度使用水量計は197.4万 m³、大口径75mm以上の大口需要家の使用量の20%を占める[98]。

まず、大口需要家による個別需給給水契約制度にかかわる制度認知のきっかけは既契約者、未契約者とも水道事業体による営業訪問であり、元契約者のみが市役所広報によっていた。特に、当時の岡山市の水道事業体のトップによる営業や需要家が水道事業審議会のメンバーであったことが契約締結に繋がっているとの説明も聞かれた。このような水道事業体の営業担当の訪問による制度説明に関しては、需要家側としても全て理解しやすいとの回答であったが、未契約者1社からは訪問と同時に制度をよく理解するには時間がかかりすぎるので一般的には従来の（単純な）料金体系が選好されるとの回答もあった。

わが国水道事業初の本制度の普及、契約者数の確保のために当時岡山市の

---

[97] 具体的質問項目は以下の通り。①各大口需要家の経営指標と水道使用量（あるいは水道使用料）との相関関係と経営計画上の水道使用にかかわる予測可能性、②各大口需要家の営業経費に占める電気、ガス、重油、水道等の公共料金コストの割合とこれらの公共料金の中に占める水道料金の割合、③各大口需要家での電力等の需要家選択料金制度の導入の有無と今回の水道個別需給給水契約制度導入についての評価、④岡山市水道事業体との個別需給給水契約の締結に至った、途中で契約解除した、あるいは未締結であった経緯（制度認知のきっかけ、制度理解の容易性、制度利用によるメリット・デメリット検討の容易・困難性）、⑤各大口需要家の岡山市以外の事業所での水道供給契約と岡山市個別需給水契約との比較検討、⑥今後の岡山市水道事業体による個別需給給水契約の制度変更への要望内容、⑦各大口需要家での地下水利用の専用水道への供給切り替えの検討状況。

[98] 今回の調査対象大口需要家の概要は以下の通り。

	企業数	契約口数	2004年度使用水量計
契約企業	4社	8口	128.1万 m³
元契約企業	1社	4口	42.3万 m³
未契約企業	3社	3口	27.0万 m³
計	8社	15口	197.4万 m³

水道事業体として組織を挙げて取り組んだ（＝コスト、時間を掛けた）ことが需要家からの回答でも裏付けられたものの、組織のトップ同士の合意形成で散見されがちな現場レベルでの契約当事者としての意識の希薄化（＝制度導入の直接的な当事者ではないという意識）も見られた[99]。

次に、需要家側にとって本制度利用によるメリット・デメリットの検討が容易か、困難かについては、既契約者、元契約者、未契約者で異なった回答パターンとなっている。ヒアリングではこの回答説明を求める前に、各需要家に対し、およそ各大口需要家の経営指標と水道使用量（あるいは水道使用料）との相関関係をどのように認識し、さらに、各大口需要家の経営計画上の水道使用にかかわる予測可能性を有するか否かについて質問している。これは言い換えれば、各需要家が、本制度利用によるメリット享受に向けての将来の自己水道使用量にかかわる合理的な予測が判断できると認識しているのかどうかの確認を行ったものである。これによれば、既契約者では結果としての水道使用量は適宜把握しているものの、1社を除いて水道使用にかかわる予測可能性を低く見ているのに対し、元契約者、未契約者では需要家として行いうる節水努力（節水ゴマ、トイレ節水装置等の導入）などをしており、相対的には自身の水道使用にかかわる予測可能性を高く見ていた[100]。そして、本制度利用によるメリット・デメリットの検討に関しては以下のような対応であった。まず、既契約者では、水道使用にかかわる予測は困難としつつも、調整期間での高価格供給の可能性というデメリットについて、調整期間の設定自体が当面起こりえないと考え、高価格供給であっても許容しうる

99　他方で、水道局でのヒアリング時には、例えば、契約数増加のための営業費用算定の基礎となる営業人件費、営業訪問回数、営業費用（出張旅費等）にかかわるデータも残されておらず限界営業費用等の分析はできなかった。現実には岡山市の水道事業体としては概ね一、二度需要家を訪問するにとどまったようである。

100　これに関連し、水道局でのヒアリングでは2007年度末時点で対象100社（110事業所）全体の傾向を見ると、個別需給給水契約の契約者は2年の期間内で現実に基準水量を超えた使用水量を使用しているが、非契約者はほぼ使用水量が減少しており、この意味で各需要家は自身の水道使用見通しにそれなりに確度を有するのではとの説明であった。

との見解で本制度に対する受容性があった。また、水道事業体の営業部員が熱心であり、かつ本制度導入に伴い特に設備投資を必要とするものでもないのでメリットありと判断し契約締結に至ったという説明もあった。次に、途中で契約解除した元契約者は、水道使用の前提となる事業活動見通しが不透明としつつ、調整期間の設定自体を問題視した上で高価格供給のケースでは料金支払いの継続が困難と判断し、また、そもそも需要家側が水道使用量の節約に努めている中で、使用水道量増加を前提とした本制度自体に利用価値を見出さないとの意見であった。一方、未契約者では調整期間の設定や高価格供給であることが制度的に受容できないとし、また、水道局の営業部員からの熱心な説明があれば、メリットを理解し、契約締結に前向きになっていたとの説明もあった。

　前述のように浅井［1999］によれば、電気通信事業を事例として、需要家が毎月の消費量を正確に記録し、自己の支払額を最小にする料金体系を選択しない限り、利用している料金メニューが最適なものであるとは限らないことを紹介している。この意味で、自己選択料金では過剰の支払いを行うリスクを、需要者側のみが負っている制度との見解に立っている。今回の調査では、事前に水道事業体より現在までの通常契約による大口需要家の料金支払実績とともに個別需給給水契約を2005年度以降選択していた場合の具体的優位性について提示してもらった。これに対応して未契約者とのヒアリングでは、水道局営業側からこのような報告を同社が適宜受けていればメリット検討も容易で個別需給給水契約選択に前向きになるとの反応もあった。

　また、本制度利用によるメリット・デメリットの検討にかかわるヒアリングで特徴的であったのは、業種別に異なった対応である。すなわち医療機関にとって調整期間の設定自体が問題で、一般の企業活動とは異なる特殊な事業としての医療行為上必要となる水道の供給制約なり途絶の可能性のある制度に対する拒否反応は極めて高かった[101]。また、調整期間に高価格供給になることも契約解除の理由の一つとした元契約者も医療機関である。医療機関は、デパート、ホテルといった他の業種に比して公共料金中での水道関係経費比率が相対的に高いこともこのような反応の背景の一つと考えられよう（表11）。

表11．岡山市での調査対象大口需要家の業種別水道関係経費比率

業種別	企業数、契約口数	公共料金中の水道関係経費比率	総経費中の公共料金比率
医療機関	2社、2口	約4割	1.7%
デパート	2社、2口	約3割	5.0%
ホテル	2社、2口	約2割	6.4%

(注) 本表はデータ開示した企業データに基づくものであり、既契約の企業と元契約の企業の2社については考慮されていない。また、ここでの公共料金の範囲は電気、ガス、重油、水道までを対象とする。水道関係とは上水及び下水費用を指す。
(出典) 著者によるインタビュー調査。

2-3 地下水転換に関する需要家行動と下水道料金水準・制度による影響

今回のインタビューでは、各大口需要家に対し、現在の地下水利用実態なり地下水利用専用水道導入の検討状況についても調査を実施した。8社のうち既に地下水利用しているのは2社であり、地下水利用専用水道導入を積極的に検討しているのは2社、検討したものの断念、未検討は4社であった。これを既契約者、元契約者、未契約者別に見てみると、既契約者は地下水利用企業と転換を積極的に検討している企業の3社であり、残りの1社もたまたま事業所の土地所有権が自社にないため検討断念しているにすぎず、このグループは概ね地下水利用企業や個別需給給水契約企業としていずれも価格感応性が高いと判断できる。元契約者は未検討、未契約者グループでは1社のみ積極的に検討している状況で、他の2社は未検討である。これらの需要家行動から見ると、地下水利用専用水道を利用しているあるいは検討している企業が個別需給給水契約制度を積極的に利活用していることが窺い知れる結果となった[102]。

一方、需要家にとっては、個別需給給水契約に基づき上水道での超過水量が安くなるといっても、上水道料金と下水道料金の両方を支払う立場であ

---

101 通常の供給契約では、渇水時には水道局による供給制約に対する任意の協力を求められる。むしろ本契約の趣旨としては、逆に渇水調整期間となれば契約者が高い料金を支払うことにより必要な水供給を受ける権利を有するものであり、高い料金が受容できないと需要家が自ら判断すれば使用量を減少させるという選択を取れるという経済的手法と理解すべきである。著者によるヒアリング時には、需要家の多くは渇水時には個別需給給水契約制度では水道供給途絶となると誤解してしまっていた。

る。上水を多量に使用すると同時に請求される下水道料金が値上げされれば需要家による水道使用量増加にブレーキがかかる。現に岡山市において2008年度より下水道料金が平均8.3%の値上げされている。

　また、下水道の料金水準に加え、料金にかかわる制度自体も個別需給給水契約制度の普及に影響を与える。岡山市ではこれまで事業用についてはポンプ出力400W以下（主に精肉店や鮮魚店等の小規模事業者）で定額制が取られていた。しかし、近年、このようなポンプ出力の総合病院や大型テナントビル会社等の大規模事業者が増加している実態を反映し、2009年度からは事業用についてはポンプ出力にかかわらず下水道局がメーターを設置し、このメーターにより計測した使用水量に応じた従量制方式に変更することになっている[103]。このような動きにより、今回ヒアリング調査した大口需要家の中で地下水利用専用水道導入を積極的に検討している事業者も、その導入メリットが薄れるとの見方をしている。したがって、このような下水道料金制度のメーター制従量制方式への変更は、地下水利用専用水道の利用上の経済的メリットを弱め転換インセンティブを失わせることから、個別需給給水契約制度の普及促進にはプラスの影響を与えうると考えられよう。

3. 他の地方自治体での導入状況と岡山市の個別需給給水契約制度との相違点

　岡山市に続いて、京都府舞鶴市では2006年4月から大口需要家を対象とした個別需給給水契約制度を導入している。舞鶴市水道部の説明ではこの制度導入は大口需要家の経済活動等を活発にし、ひいては同市の経済発展を推

---

[102] 前述のように、岡山市の水道事業体は、今回の制度の対象となる大口需要家での地下水転換についての認識はそれほど強いものではなかったが、需要家面談調査を通じてその実態をヒアリングすると各需要家における地下水転換の可能性は大きくこの点で認識のギャップがあった。

[103] 岡山市下水道局が2007年8月に政令市・中核市に対し調査したところ、回答を得た48市においてはメーター設置が37市、認定水量制（ポンプの稼働時間や事業所人数など）が11市で、事業用で定額制料金体系を採用していたのは岡山市のみであったとのことである。

進する企業を支援するものと位置付けていた。この背景として舞鶴市年間給水量が継続的に減少、2002年度比で2006年度は10.3%も減少し、特に工業用（有収ベースで41.9%減少）、サービス・商業用水（同19.1%減少）の用途での減少が著しいことから、水道需要の確保の観点からこれらの用途での拡大策として取り入れられたことを窺わせる。

さらに、2007年6月から、栃木県宇都宮市でも大口需要家を対象とした個別需給給水契約制度を導入している。宇都宮市側の説明では、2007年8月時点で本契約締結件数は対象企業28社中、17社が予定され、また、地下水ビジネスの方が2割から3割安いと言われている中で、今回の大口需要者向けの個別需給給水契約制度導入により、需要家が地下水ビジネスに移行しない環境づくりに資することを期待しているとも説明している。この際、宇都宮市における下水道料金水準次第では岡山市と同様に本制度普及の促進可能性にも少なからず負の影響を与えうることは言うまでもない。なお、宇都宮市では地下水ポンプ利用者にかかわる下水道料金体系については、少量使用の事業所に対し使用者1人当たり1m^3／月による認定水量制を取っているが、多量使用の事業所に対しては、既に量水器による従量制が採用されている。

以上の後続事例と岡山市での先行事例と比較すると、そもそも制度導入の背景もかなり異なり、また制度対象の基準も基準水量超の価格、調整期間の価格といった制度フレーム上も差異が認められる。特に、渇水時の調整期間を設けていない舞鶴市はいわばペナルティ条項もないわけで、単に大口需要家への水道使用にかかわるインセンティブ価格のみという構造で単純明快ではある。一方、同市では使用水量が2万m^3／月を超えるという水準であり、制度対象の基準をかなり大口ユーザーと想定していることが特徴的である[104]。

今回の三つの自治体の水道事業体での個別需給給水契約制度導入という動きについて、一面的ではあるが仮に水道サービスにかかる廉価販売を行っているという捉え方をした場合、この廉価販売がこれらの水道サービス市場の競争を促進するのか阻害するのかという設定での議論は有用である。小田切[2007]は、この切り口で一般的に分析しているが、これによれば今日の廉

価が将来の需要拡大に繋がる可能性があるのは、品質の不確実性がある場合とネットワーク効果がある場合としている。今回の水道事業でこれに当てはめれば、水道事業体側では水供給上の品質の不確実性はなく、水道普及率も100%に近いレベルでネットワークとして完成していることから、もはや効果があるとは考えられない。むしろ競合者である地下水ビジネス側にとって、深層地下水を利用するに際にいくらろ過膜システムが技術進歩していると言っても需要家としては原水の汚染、汚濁の可能性（＝品質の不確実性）もありうると考えることと、広範に普及するシステムとしての地下水転換という評判の確立等ネットワーク効果も期待できよう。したがって、大口需要

104　岡山市、舞鶴市、宇都宮市の個別需給給水契約制度を比較すれば以下の通り。

	岡山市	舞鶴市	宇都宮市
制度導入の背景	大口需要家の水需要意識を刺激し、供給能力の範囲内で使用水量の増加を促すことにより、水道事業経営を安定化させ、かつ利用者に料金上選択性を持たせる。	工業用、サービス・商業用水の需要激減を背景として大口需要家の経済活動等を活発にし、ひいては本市の経済発展を推進する企業を支援。	できれば地下水ビジネスの方に移行しない環境づくりに資することを期待。
制度対象	契約前1年間の使用実績をもとに最大使用水量が2ヶ月で約6,000m³以上を基準水量。	直近の1年間における使用水量が2万m³/月を超える使用実績があるか、または当該使用が明らかであると認められる需要家。	使用水量が3,000m³以上の月が6月以上（使用量が6,000m³以上の月が3期以上あること）ある大口需要家。
基準水量超の価格、調整期間の価格	基準水量を超えて使用した水量について単価を70円／m³（通常料金の約3分の1）。調整期間の価格は430円／m³。	基準水量を超える水量にかかる従量料金を60円／m³としている。調整期間の価格設定はない。	基準水量を超えて使用した水量分につき72.45円／m³（通常料金の4分の1強）。調整期間の価格は407.40円／m³。
制度利用対象企業数	2009年度末時点で対象110事業所のうち37事業所が制度を利用。	不明	2007年8月時点で本契約締結件数は28社の対象企業中、17社が予定されているとしている。
これまでの成果	2005年度6.4万m³、2006年度8.3万m³、2007年度6.4万m³、2008年度8.0万m³、2009年度7.7万m³の水量が増量使用され、これに対応して各々約450万円、590万円、450万円、560万円、540万円の増収となっている。	2006年4月の水道条例改定では平均29.7%の料金値上げを実施したが、2006年度として対前年度比5.2%の給水量の減少もあり、水道事業収益は19.2%の増加にとどまっている。	不明

（出典）岡山市、舞鶴市、宇都宮市HP等より筆者作成。

家に対する廉価販売の検討については新規参入者である地下水ビジネスにとって将来利得のための廉価販売が行われることは十分ありえ、これに呼応して水道事業体側としても対抗上の廉価販売をすれば水道サービス供給者側の生産者余剰の低下は避けられないと考えられよう。

また、価格差別化という視点からは、そもそも需要家の利用量によって料金が異なる価格差別化が実施されるためには、供給側が価格を所与として行動するのではなく、限界費用を上回る価格を設定できるという点で一定の独占力を有していること、大口需要家が小口需要家にサービスを再販できない状況であることが必要となる。このような需要家層別の価格差別化は通常競争の進展による顧客囲い込みの方策としてしばしば使われている。

これらの他の地方自治体での導入事例も踏まえ、水道分野における本料金制度の普及上の課題と可能性については以下のようになる。まず、通信や電力分野のようにサービス需要の急激な拡大に伴い当該マーケットに多くの新規参入が見られる成長市場分野とは異なり、水道という成熟市場の中で需要喚起を狙った制度であるので、自ずと普及スピード自体は相対的には遅くならざるをえない。また、岡山市の大口需要家調査でも明らかなように、サーチ費用が小さい場合には需要家側の事前知識の質が向上するとより価格を下げなければ本料金制度が普及しないので、その分需要家の便益は増加するが、水道事業体側の便益はわずかにとどまることになる。

一方、仮に地下水転換等他の事業者により水道マーケットが奪われるという前提では、水道事業体は対抗上スピーディな本制度の普及率の向上を図ることで水道マーケットの寡占状態が確保されることになる。しかし、このような競争相手が存在しないか、存在しても無視できる程度の影響しか認められない場合には、水道事業体による水道マーケットの占有率はほぼ変わらない[105]。むしろ、この場合本制度の普及率の向上の意味することは、水道使用量と同時に下水道使用量の増大に繋がることであり、場合によっては本来水道財政上の収益として計上されるべきものが下水道財政上の収益に移転されるにすぎないケースも考えられ、水道財政面から言えば、自らを脆弱化させる一因にもなりえよう。

したがって、水道分野において本料金制度は地下水転換等他の事業者に

より水道マーケットが潜在的に奪われることが明確になれば、水道事業体側として普及促進のために種々の努力、工夫することが求められる。しかし、それが明確でない場合には、普及テンポは自然体でよく、特に競争相手が存在しないか、存在しても無視できる程度の影響しか認められない場合には、水道事業体側としては需要家のサーチ費用を高めるよう行動することとなろう[106]。

第4節　日本水道協会報告書の論点との比較分析

　1967年以降、日本水道協会では「水道料金算定要領」を策定、公表している。2007年2月になり日本水道協会内に水道料金制度特別調査委員会を設置し、逓増型料金体系の見直し、更新・再構築費用の確保に向けた理論強化に向けた議論を行い、日本水道協会［2008］として取りまとめている。

　ここでは、水道料金を取り巻く現状の中で、地下水利用専用水道への対応上「個別需給給水契約制度」や「逓増逓減併用型料金」を設定していることを紹介している。本委員会報告書では、個別需給給水契約制度に関し、「これらは、大口需要者に有利な料金設定をすることにより、少しでも地下水専用水道への転換を防ぎ、減収額を低く抑えることを目的としたものである」とし、「しかしながら、減収する部分の財源をどのように確保するのかが問題であり、一般使用者の水道料金を単純に値上げすることによる対応は避け

---

[105] 上水道における需要の価格弾力性については、宮嶋・岡本［1996］、浦上［2001a］等の先行研究があり、各々0.067、0.05～0.41という計測値を出している。岡山市に関し、1977～2005年に実施された5回の料金値上げに応じた需要の価格弾力性を筆者が算定したところ平均で0.154となり、先行研究とほぼ変わらないことが確認できた。長距離電話の弾性値が0.27程度であると言われており、これと比べても低く、十分に必需的である。

[106] 複雑な料金体系を用意することで価格差別を行おうとする企業は、多くの場合消費者の取引コストのうちの情報コストを意図的に高めようとする。「廉価」という宣伝とともに同時に詳細な条件を付ける（＝情報コストを高める）場合には実際にはそれほど有利でない料金体系であることが多く、これらの詳細な条件を十分に検討、判断できる消費者のみが最も有利な料金体系を選択できると言われている。

なければならない」との留意点も示している[107]。

同様に、地下水利用専用水道の使用者に対する料金制度に関連し、大口需要者の需要を喚起する政策的料金制度のあり方として、「個別需給給水料金制度のような料金体系は、地下水利用専用水道への転換抑制を目的とするなど事業環境に即して導入されたものだが、従量料金を均一料金制とする水道料金算定要領の考え方とは異なるものであり、水道事業全体としてのコストを無視した極端な値下げ等は、水道料金体系全体のバランスを損ない、結果として少量使用者等に負担を負わせることになりかねない。このため、こうした料金体系の設定に当たっては、最低限次に述べる2点について、留意すべきである。すなわち、①料金引き下げによる減収見込額が、大口需要家が全て地下水利用専用水道に転換した場合の減収見込額を下回ること、②割引料金を適用しても、個別需要者の1m^{3}当たりの平均販売単価が、給水原価を下回らないこと」と触れている。

さて、今回の岡山市の個別需給給水契約制度の事例では、少なくとも経緯的には、本委員会報告書のような大口需要家による地下水利用専用水道への転換抑制を明確な目的とせず、むしろ、大口需要家による急激な需要減少を食い止めるところに政策的料金制度導入の主眼があった。そして、個別需給給水契約制度等の料金体系が「従量料金を均一料金制とする水道料金算定要領の考え方とは異なるものであり、水道事業全体としてのコストを無視した極端な値下げ等は、水道料金体系全体のバランスを損なう」との点に関しては、岡山市水道局関係者としては異なる次元の捉え方をしていた。すなわち、2005年4月の制度改正時には岡山市水道局側は企業会計下での総括原価方式をベースとした料金改定を基本としている。しかしながら、今回の制度導入に関しては、そもそも基準水量を超えて使用される水量部分は水道局

---

[107] 日本水道協会［2008］では、個別需給給水契約が「大口需要者に有利な料金設定」であるとの記述になっている。しかし、岡山市、宇都宮市の個別需給給水契約制度では基準水量超の使用では廉価になるものの調整期間中はより高額の価格を支払うこともありうるという意味で、大口需要者に有利な場合もあるが、水道事業体側に有利な場合もありうるという料金体系と考えるべきである。要は個別需給給水契約制度ではそのリスクやメリットを需要家の判断に任せるところに特徴がある。

としても予測もつかず、収入も基本的には市の財政計画上の収入として加えることが不可能であり、したがって料金算定の基礎からも除外される性格のものと位置付けたとのことであった[108]。

また、2004年度岡山市議会における条例改正時の審議を踏まえての動きと思われるが、個別需給給水契約制度の普及に関連して、2007年9月に『アクアプラン2007岡山市水道事業総合基本計画』を発表し、岡山市が制度対象の基準をより小口需要家まで拡げる可能性を打ち出している。一方、本委員会報告書では、地下水利用専用水道も膜処理技術の進捗に伴い、導入規模として従来の100m^3／日（＝2ヶ月で6,000m^3）から60m^3／日（＝2ヶ月で3,600m^3）まで小型化していると指摘しており、この傾向は、より小口需要家まで個別需給給水契約制度の適用対象を拡げることが地下水利用専用水道との競合上の必要性とも一致することになる。しかし、これに関連し、依田［2001］は、近年では数量割引・自己選抜型の第二種価格差別化[109]を容認する方向に変化していると指摘する。この際、第二種価格差別化の欠点として企業が大きな利得を獲得し、また大口需要家も相応の余剰を獲得できるのに、小口需要家は余剰ゼロに甘んじてしまうことを挙げており[110]、制度対象をより小口需要家まで拡大するに際しては、この指摘事項に留意することが必要と考えられる。

さらに、今回の8社の大口需要家に対する面談調査において、今後の岡山

---

108 逆に、大口需要家により基準水量を超える水道使用量が急激に伸び、岡山市水道局の現有施設の容量を超える（＝設備増強の投資が必要となる）場合には岡山市水道事業全体に影響を与えることになる。しかし、岡山市水道局としては現行の個別需給給水契約制度も現有施設の範囲内でという条件付で制度設計している。

109 依田［2001］によれば、第二種価格差別化とは、価格が購入数量に応じて異なる料金体系のことで非線形料金とも呼ばれ、数量割引・二部料金もこの範疇に属する。

110 江副［2003］によれば、同様な事例として電力分野で言えば、システム全体として十分な超過能力があったとしても一部の需要家が自己のヒューズ制約を受ける（一般的に多様な消費者の行動を仮定すると、最適価格は限界費用価格から乖離することは容易に理解でき、事後的に消費する際、自己の選んだ最大契約のヒューズ制約が働く）という社会的な不効率の存在の可能性や、システム能力を超える需要が発生した場合の負荷調整コストをどのように考えるのかという問題を挙げている。

市水道局による個別需給給水契約制度の変更への要望ヒアリングに際し、基準水量の決め方（水準）をもっと緩くして欲しい[111]というものが最も多い指摘事項ではあったが、下水道料金水準との関係を指摘した需要家もあった。2008年度より岡山市の下水道料金が平均8.3％値上げされることは、せっかく上水料金を廉価にしても需要家にとってはその効果が薄まることを意味し、この点で、水道局と下水道局の料金体系上の調整があればさらなる政策効果が期待できたであろう。そして、この点は何も岡山市の事例だけではなく、例えば宇都宮市の事例でも同様であり、委員会報告書に水道・下水道行政上の料金運営調整に関し、この点が言及されることも必要であったと考えられる。

111　8社の大口需要家からの具体的な改善希望は以下の通りである。

契約の有無	制度変更への要望内容
契約企業	①水道事業体から毎月のメリット報告があればよいと思う。 ②基準水量が低くなることには大変興味がある。水道使用量が毎年単純増加ということは予想されないことから、ある年の基準水量より増加している水量が大きいことがメリットとなる。調整期間がないものであれば安心して入れる。基準水量の設定方法が価格単価よりセンシティブだと思う。 ③基準水量の決め方はもっと長い期間を取って頂ければ有難い。地下水供給も併用しているため調整期間中も高い上水道料金を支払うことはないと見込んでいる。 ④水道局が上水道料金を下げて水量を多く消費しろという意図であったとしても、下水道料金は変わらないので、需要家としてはコスト増になる。
元契約企業	①基準水量の設定を年間平均に変更してもらいたい。 ②病院については、使用水量の抑制ができないので渇水時の特例を設けてほしい。 ③節減される金額に対して、調整時の加算金額が大きいので変更してもらいたい。
未契約企業	①基準水量の決め方としては前年の12分の6あるいは3を越えるといった考え方であれば、利用できるのではないか。調整期間については利用料金を出せば、渇水時に自分だけが水供給を受けるというのは地元密着企業としては心が痛む。客も渇水状態を知っているはずであり、中々難しいと思う。 ②基準水量の決め方をもう少し期間を長くとって頂ければ有難い。 ③医療機関としては医療行為という他の一般企業とは異なる特殊な状況はやはり考えて頂きたいと思う。制限を加えるという部分は相当気になるので、これについての変更（場合によっては表現振りのみの工夫）が必要と考えられる。

第5節　結論

　公営水道による水道料金体系と水道料金水準は、基本的にその時点での水源と水道というネットワーク構造に基づいて設定される。この際、一時点で切った構造というより現実にはある幅を持った期間で形成される構造と捉えて設定され、自然独占性が強い公営水道にとって、ネットワーク拡張期では相対的に長い期間を前提とした水道料金体系と水道料金水準が設定された。ここに至って、水道ネットワークもほぼ100％普及となり、近時の病院、大規模店舗等の大口水道利用者による水道離れに伴う水道需要の減少等により供給者としての自らの供給計画とも乖離を来たし、水道財政上も大きな支障を生じつつある。このようなネットワーク構造自体が変化を生じつつある中で、想定すべき期間も短くなりつつある[112]。同時に電力、通信といった他の多くの公益事業において自己選択料金体系が幅広く導入された市場へと変化していることを反映し、需要家側としても公営水道との供給契約自体の選択を求めることになる。

　本章で明らかにしたように、わが国で初めて導入された岡山市の個別需給給水契約制度もある程度普及し、水量、料金収入面でプラス効果があることから、この時点で本制度は一定の成果を挙げていると言える。これを踏まえれば、顧客数が変わらないという前提のもと、水道事業体が料金体系を再構築し、最善の最適性を有する自己選択料金体系を探求する上で、自己選択料

---

[112] インタビュー時に、前岡山市長の萩原誠司氏は、岡山市の事例では、苫田ダムの運用開始に伴い給水上の余裕ができたと多くの関係者が認識したとしても、水道局としてはこれが「水余り」であるとは決して言わず、むしろ、いつか水供給上の逼迫があれば、この際にうまく対応することが重要と考える専門家グループだと認識していた。このような考えを有すること自体が問題だと同氏は認識し、水は買っていただくという営業カルチャーとともに、限定期間の中で水道会計上の帳尻を合わせるというカルチャーを水道局に植え付けることが重要と考えたという。したがって同氏としては、水道料金体系と水道料金水準については、ある幅を持った期間で形成される構造と捉えて設定するべきものとしつつ、この延長線上に今次の個別需給給水契約制度を位置付けていた。

金体系自体は単純でありながら最大の成果が得られる点で有効な料金体系と考えられよう。特に、今回の岡山市の大口需要家の現場では想定以上に地下水転換の実態なり検討が進んでおり、したがって、『アクアプラン2007岡山市水道事業総合基本計画』に沿った本制度の一層の普及は重要と考えられる。

　しかし、本研究の課題も挙げることができる。すなわち、岡山市水道局関係者からのヒアリングとともに大口水道需要者に対する面談調査を実施したものの、時間制約のためサンプル数が100社中8社にすぎないことから、得られたデータをもとに分析した結果を一般化することには留意が必要であることである。次に、今後の課題として『アクアプラン2007岡山市水道事業総合基本計画』に沿って本制度の一層の普及促進に向けて行動する際の制度変更に当たっては、例えば小口需要家がサーチするインセンティブを高める工夫等何らかの対策を講ずる等の検討事項が残る。また、自己選択料金体系そのものと水源開発を含む水道事業体としての既存施設能力の再構築という中長期的な関係を明らかにすることも重要なテーマとなろう。

第2部

水道インフラ普及時代の消費者選択

第5章

飲料水市場と非市場評価の検討

はじめに

　人々が日々飲料する水は、米や塩と同様に必需品で必要消費量はほぼ決まっており、所得増加があってもそれほど消費量は増加しないと言われる。一方、飲料水の中にあって、健康ブームの中で各種有用ミネラル分も含まれるミネラル・ウォーターのように、自動車や海外旅行ほど高額ではないものの、水道水と比較すると 500 ～ 1,000 倍もの価格レベルであって、相対的には奢侈品と位置付けられる水もある。このような「高価格の水」については、人々の所得増加に伴い、その消費量は一層増えるのだろうか、そして、もしそうならば何故増えるのであろうか。また、消費者が水道水の有するトリハロメタン、クリプトスポリジウム等に伴う環境リスクの軽減化や質の維持を図る目的で（コストがかかる）浄水器を選択するという行為や、あるいは質が低下した水道水の代替財としてミネラル・ウォーターを購入する行為にかかわる需要の価格弾力性に関するテーマ等は多くの研究者の関心を引いている。第 1 部で取り上げた水道インフラ普及時代の到達自体は、必要な設備があまねく完成したという意味で、社会経済的な意義が高いことは言うまでもない。しかし、その意義高さにもかかわらず、逆に供給上の量的な懸念がなくなった飲料水供給サービスに対する人々のニーズの質的な変化や多様化の把握やそれらへの対応も大変重要なテーマである。

　さて、経済活動関連の重要な指標の一つとして消費者物価指数が挙げられ

る。わが国では、この指数として採用される品目（指数品目）は、家計調査の結果をもとに通常5年ごとに見直されている。飲料水に関連した品目とこの消費者物価指数との関係を見てみよう。水道については上水道料金として古くより採用され、そして1985年に下水道料金が加わった結果、現在のような上下水道料金という項目となっている。続いて、水道水の質低下懸念から浄水器が多くの消費者により利用され始め、1995年になって消費者物価指数の品目に追加された。さらに、ミネラル・ウォーターはこれに遅れて5年後の2000年に品目として追加されている。このように飲料水市場に関連した消費経済活動として、上水道から浄水器、ミネラル・ウォーターが順次登場してきていることをわが国の消費者物価指数という統計上も把握できる。本章の前半では、水利用について、市場に現れる消費者の対応、飲料水の質変化に対応する消費者行動について取り上げる。

　一方、消費者による選好という心的行為は、それが他者との物・サービスに対する交換という具体的な形で、かつ市場を通じて行っていれば評価でき、それらの取引価格を参考にすればよい。ところが、交換という形も採ることなく、かつ市場を通すことがなければ、市場価格はそもそも存在しない。飲料水についても、消費者物価指数の品目に採用されるといったレベルで、市場に消費者が求める財・サービス（例えば、おいしいミネラル・ウォーターの供給や、環境リスクの軽減化に繋がる浄水サービス）が出ていれば経済統計上も把握できるが、交換されず、かつ市場を通すこともない消費者選好についてはその把握は困難である。このような非市場評価に関し、近年、金銭単位で評価する試みとして種々手法の開発がなされている。本章の後半では、飲料水に対する消費者選好を把握するため有効な非市場評価手法を検討する。

第1節　水利用における消費者の対応

1. 水の基本需要と経済特性

　飲料としての水は生命維持に必須のものであり、生命体は、もともと原始海水の中で発生した。今なお、人々の細胞の中に、この原始海水環境のメモ

リー（記憶）が生きている。人間の体は、実に 60 〜 65％が水でできており、生物に不可欠なタンパク質や脂質、糖分や微量の元素などが残りの 35 〜 40％として成り立っている。水はこれらの有機物を、細胞内で円滑に活動させる媒体としての役割を果たす。健康な体でいるということは、人体の内部環境が一定に保たれ、新陳代謝を促進し、体液の質と量が正常であることを意味する（生体の内部環境恒常性——ホメオスタシスの維持[113]に役割を果たす）。人により個人差はあるものの、水が体重の2％以上欠乏すると脱水症を引き起こし、細胞外脱水では低血圧や血液濃縮、細胞内脱水では口渇、発熱、神経変化が起こる等病的な水不足は細胞に悪影響を及ぼす[114]。

　健康な日本人成人の生理的状態で必要とする水の総量は、平均 2 〜 2.8 ℓ／人・日必要と言われている。食料摂取 1kcal につき飲料水は 1 〜 1.5mℓ 程度必要であり、日摂取量を 2,000 〜 3,000kcal とした場合にはこの程度の必要量となる。日本人より体格の大きなアメリカ人の場合にはこれより多く 3.2 ℓ／人・日必要とされる。また、男性に比べ、女性の場合には 150mℓ／人・日少ないと言われる。

　世界保健機関 WHO では、人々が生活する上で必要となる水に関する基本水必要量（BWR：Basic Requirement of Water）という定義を行い、飲料と炊事について 10 ℓ／人・日、さらに手洗いを中心とした身体清浄用水を 10 ℓ／人・日として合計 20 ℓ／人・日を当面の最小の BWR とし、世界の全ての人々にこれを上回る量の生活用水を配給することを目標としている。

---

[113] 生体はシステムとして「生存」と「生殖」を確実に継続・実践するため複雑で精巧な仕組みの調整機構を備えており、これをホメオスタシスと呼んでいる。生体のホメオスタシスには、循環、呼吸、排泄、体温、代謝、睡眠などの機能がある。このホメオスタシスに関係する機能に異常が起こると個体の死に繋がる。

[114] 人間は水の中から生まれてきた生物で、水から離れることはできない。健康を保つために効果的な成分を含んだ水を飲むことによって、美しい肌をつくるだけではなく、体の内部から病気を治療しようということも盛んに行われている。例えば、漢方薬は水に始まり水に終わると言われている。人体細胞内の水の割合が年齢とともに低下してしまうことはやむをえないが、年をとっても若い体と同じようにみずみずしい張りを保つためには、体内の水を絶やさないように努力することが必要と言われる所以である。

人々は、この20ℓ／人・日の水が屋内あるいは近辺から入手できなければ遠方まで出向くが、遠くなればなるほど少ない水量で我慢し、距離的には1km程度が限度と考えられている。そしてこの量の水確保が困難な人々は世界レベルでは約11億人と推定されている。

井堀［2004］によれば、水道とは、水道の消費量と水質で規定され、ある水質の水が浄水場から供給されるケースでは、ある個人のみをその水質の水から排除することはできないので、水質の面では純粋公共財になる。他方で、水道の使用料については純粋私的財である。水道は、このような異なる特徴を持つ財で、いわゆる結合財であると説明する。水という財を特徴付けて表現すれば、季節や地域によってその稀少性が著しく変化し、地域的に供給独占され、供給をコントロールすることが困難であって、生産要素であると同時に最終生成物でもあり、要求される質に大きな差がある財であると言われる。また、別の観点から言えば、再使用可能であり、フローとしてもストックとしても便益を発生させ、複数の生産技術が存在し、一物一価の法則が成立せず、そして技術進歩の予見が困難という特質も兼ね備えている。

2. 生活用水利用における消費分析——所得要素

わが国では、家庭で使用される水を家庭用水と呼び、オフィス・ホテル・飲食店等で使用される水を都市活動用水と呼び、これらを合わせて生活用水と定義している。生活用水の使用量推移を見てみると、水洗便所普及等の生活様式の変化に伴い1965年からピークとなった1997年までの間に1人1日当たりで約2倍（169ℓ／人・日から324ℓ／人・日）まで増加し、これにこの間の人口増加や経済活動の拡大とあいまって、生活用水の使用総量ベースでは約3倍以上に増加した。

このようなレベルまで生活用水の使用量が増加した背景として、上水道や下水道整備率の向上や生活水準の向上に伴う変化、すなわち、銭湯から内風呂へ、汲取式から水洗式トイレへ、手洗いから洗濯機へ、といった消費スタイルの変化による影響があったと言われている。2006年の東京都水道局調査によれば、家庭用水の主だった用途としてはトイレ、風呂、炊事向けが各々20％以上を占め、これら3用途で4分の3も占めている。

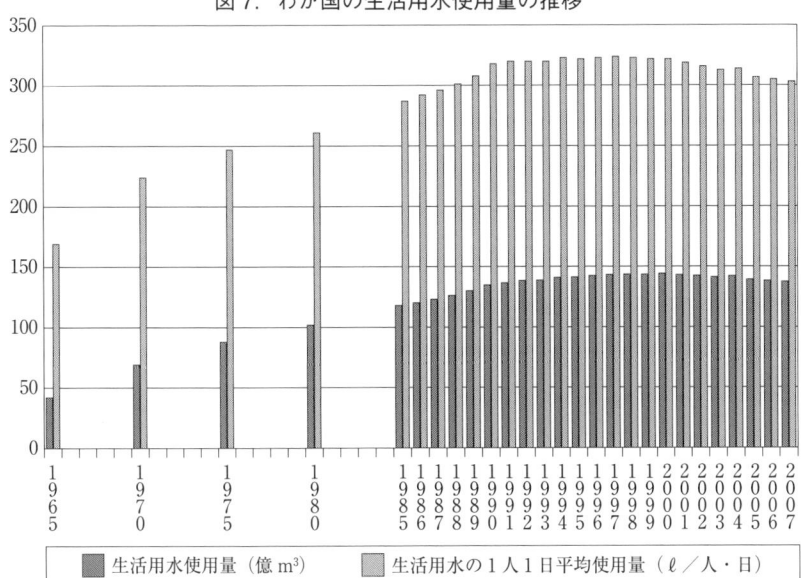

第 5 章　飲料水市場と非市場評価の検討　119

図 7．わが国の生活用水使用量の推移

■ 生活用水使用量（億 m³）　　■ 生活用水の 1 人 1 日平均使用量（ℓ／人・日）

（注）1. 国土交通省水資源部データ（ただし、1965 年及び 1970 年の値は、厚生労働省「水道統計」による。
　　2. 有効水量ベース。
（出典）国土交通省編［2010］。

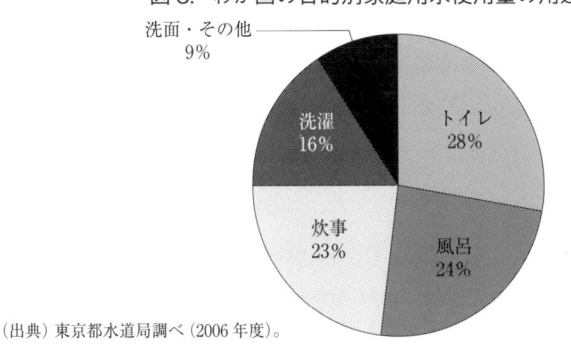

図 8．わが国の目的別家庭用水使用量の用途別割合

洗面・その他 9%
洗濯 16%
炊事 23%
風呂 24%
トイレ 28%

（出典）東京都水道局調べ（2006 年度）。

消費者は、水分を飲用の形でどの程度とっているのであろうか。人間が生理的に必要とされる水は、前述の通り日本人で2～2.8ℓ／人・日と言われている。飲料用として全て蛇口から水道水で賄ったとして、その量は家庭向け水道使用量の1％程度にすぎない。現実にはもっと少ない量しか水を飲用していないようで、例えば、大阪市水道局調査[115]によれば、消費者は1日595mℓの水を飲用していると報告している。したがって、消費者が飲用の形で必要な水を全て水道水に依存したとしても金額的にはわずか7～10円／月・人と計算され、実際にはこれを超えることはない。

最近のわが国の生活用水使用量レベルは、所得の変化とは関係なく、図7でも示されているように横ばいから、むしろ減少傾向にある。東京都水道局「平成18年度生活用水実態調査」によれば、1人が家庭で使う水の量は1996年には248ℓ／人・日だったのが、2006年には241ℓ／人・日と減少している。この背景には、生活用水における各種水使用効率の改善効果があると言われている。例えば、米国などのように生活用原単位が大きいライフスタイルであっても屎尿分離式、堆肥型トイレ、さらには家庭の各種水設備の工夫により、150ℓ／人・日程度まで削減が可能と言われている。また、前述したBWRの関連でも、WHOはより健康な生活を過ごすために20～50ℓ／人・日の水準を設定するという考え方を打ち出すとともに、水道の整備と経済発展に伴うGDPの増加に伴って生活用水取水量が増加し、1人当たりGDPが1万ドル以上となると250ℓ／人・日（100m^3／人・年）に収まる傾向にあるというマクロ・ベースの報告もしている。

なお、歴史をさかのぼれば、わが国の水道の歴史が始まったと言われる1887年に、神奈川県の依頼により英国人パーマーが最初の浄水場を完成させているが、その際の設計給水量はわずか90.9ℓ／人・日であった。現代のわれわれの生活を明治時代に人々の生活水準にまで逆行させることは不可

---

[115] 大阪市水道局「平成19年度インターネットアンケート第四回アンケート（おいしい水計画）」で、n＝600を対象に2008年2月に調査を実施している。2007年、2008年平均の大阪市の家庭用水使用量は266ℓ／人・年であるので飲料水の比率はわずか0.22％にすぎない。

図 9. わが国水道事業の料金収入推移

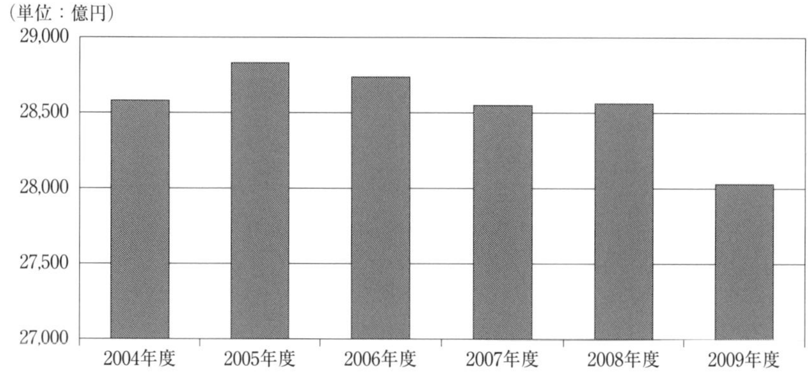

(単位：億円)

年度	料金収入
2004年度	約28,580
2005年度	約28,820
2006年度	約28,720
2007年度	約28,550
2008年度	約28,560
2009年度	約28,020

(出典) 総務省編 [2005-2010]。ただし、地方公営企業法適用の水道事業。

能ではあるものの、社会経済としてこのレベル供給でも十分な時代もあった事実は記憶にとどめておくべきであろう。

なお、現在のわが国の水道事業全体では、その資産が約 31 兆円と言われ、毎年の料金収入は約 2.9 兆円に達している[116]。

3. 生活用水利用における消費分析——価格要素

水道事業は「経済的に適正な規模」が存在する市場であり、成長時には、スケールの拡大、組織上の職務の専門化等により生産コストが下がるが、ある飽和点を過ぎると、原水の産出地が需要地から遠隔化する等でコスト上昇し始める。ある一定以上の規模になると、資材、労力、資金を投入してもコストが上昇し、経済性が失われる。

これまでは国民に同質のサービスを提供するナショナル・ミニマムの考えのもと、水資源開発の遅れや水質汚染の進行とともに水道料金の格差是正のために、技術的にも財政的にも水道事業の大規模化が目指されたが、これが、昨今の需要低迷の現状では構造的なコスト・アップ要因に繋がることに

---

[116] 2009 年度の地方公営企業法適用の水道事業と法非適用の簡易水道の料金収入計は、2 兆 8,727 億円である。

なる。
　現在、わが国では水源開発の時代はもはや峠を越し、結果的に過剰投資の水道事業体が多く、さらに今後の施設更新のための費用が高騰するという三つの問題点を抱え、水道料金は上昇傾向にある。この原因として受水費[117]、減価償却など施設整備費割合が増加し、むしろ、相対的には人件費やエネルギーコスト（動力費）の割合は低下している。
　既に、1996年時点で日本水道協会の「水道料金制度調査会」より出された報告でも、①地域間での著しい料金格差[118]があり、②水需要の低迷と料金収入の伸び悩みという二つの問題点を指摘しており、③さらに、今後は浄水を高度化したり、震災対策や古くなった施設の更新など水道の経営状況が一層厳しくなると指摘していた。
　水道法上は、「低廉」が供給上の重要な目標の一つと挙げられている。この目標に合致させるためには、現在の塩素処理だけで十分であり、「安全」あるいは「リスク」のレベルは現在程度でとどめることになる。しかし、水道法上、やはり掲げられているもう一つの目標である「清浄」な水を供給上の重要目標とすると、安価な塩素処理に代えて、オゾンや紫外線による消毒法にするか、あるいは塩素処理に加え、一段上の処理、例えば活性炭処理や膜処理を行うことになる。この場合には第一の目標の「低廉」さの確保と両立させることが、段々と難しくなりつつある。
　本来、経済理論では、需要は一般に所得と価格の関数で表現され、したがって家庭用の上水道需要は、水道料金と各家庭の所得の関数で説明される

117　広域水道水源を確保し、水道用水の卸を行う企業団に市町村が支払う金額を言う。市町村は引き受け水量分について責任水量制が導入されており、水の使用の有無にかかわらず企業団への支払い義務負担がかかることから、特に昨今のように水道需要の低迷時には市町村の水道事業のコストアップ要因となる。

118　実際、わが国の水道用水供給事業の水道料金は地域間で格差があり、上水道で料金格差は最大12倍、簡易水道で31倍とされている。このような差異は、同様の公共料金である電気料金やガス料金と比べても大きく、その理由として、地域によって格差が大きいこと、事業の単位を基本的には地町村レベルとしてその中での独立採算で行っていること等による。

表 12. 生活用水消費にかかわる日欧の実証分析比較

国	研究者	実証分析結果	価格弾力性	所得弾力性
フランス	Nauges and Thomas [2000]、[2003]	1988年から1993年の期間の仏東部の116のコミュニティから得たデータを利用。家屋の築年数が水消費に強い影響を与えた。食器水洗機や家庭用水泳プール施設のような耐久消費財の場合には価格上昇が影響を与えるのは1年以上の時間経過後である。	−0.22 −0.26 (短期) −0.40 (長期)	0.1 0.51 (長期)
イタリア	Mazzanti and Montini [2006]	北イタリアの Emilia-Romana 州の自治体の1998年から2001年までのパネル・データを利用。所得、高地（気温低下）といった要素が水消費に大きな影響を与えた。	−0.99 から −1.33	0.40 から 0.71
英国	Gilg and Barr [2006]	イングランド南西部の Devon 地域の1,600の家庭での行動パターン分析が試みられた。環境問題に高い関心を有する層が最も節水意識が強かった。	n.a.	n.a.
日本	浦上拓也 [2001a]	109の水道事業者のパネルデータを利用して分析。水道料金に対する支出が、家計消費支出の1%程度にすぎないことから価格や所得要素より夏季の平均気温、一世帯当たり人員、水洗トイレの有無が大きな影響があると分析。	−0.05 から −0.41	0.10 から 0.28

（出典）筆者調査。

ことになる。しかし、実際には気候要因、世帯要因、生活要因等の色々な要素が上水道需要に影響を与えている。Nauges and Thomas [2000, 2003] は、家屋の築年数が、そして浦上 [2001a] は、夏期の平均気温、一世帯当たり人数、水洗トイレの有無が、需要に対する影響レベルの観点からは価格や所得より遥かに大きいと説明している[119]。

また、Stiglitz and Walsh [2002] は、米国における需要の価格弾力性をまとめているが、ガス・電気・水道といった公共財の需要の価格弾力性は0.92、飲料水需要の価格弾力性は0.78と報告している。すなわち、価格が上昇しても、特に飲料水需要量については他の公共財との比較において弾力性がより低いとしている。

経済が発展過程にあり、水道普及率も低いという水道事業の『成長期』に

---

[119] なお、弾力性に関しては、Herrington [2006] によりEU全体を対象とした価格弾力性として−0.10〜−0.25（つまり水価格の10%アップに対し水需要が1.0%〜2.5%減少する）という分析結果を出しており、さらにこれに豪、米を加えた弾力性が−0.10〜−0.40まで拡大するとしている。すなわち、EU全体としては価格弾力性が相対的には低いことになる。

は、住民は、より物理的な水へのアクセスのためにどれだけの対価を支払う用意があるかという所得、価格要因に関心を有する。しかし、これはわが国の消費者のようにほぼ100％の水道普及率で成熟化した社会経済を背景とすると、需要の意思決定要因として水道事業者に対してむしろ、水の質、顧客サービスといったサービス・ファクターに関心の比重を置く状況とは異なると考えられよう。

第2節　飲料水の質変化に対応する消費者行動

1. 消費者側での浄水器の使用

　消費者は、本来的には洗濯、風呂、水洗トイレといった水道水の用途にまで、「高価」で「安全」な水を使用する必要もない。しかし、飲料水については、わずかな量しか消費しないにもかかわらず、体内に吸収するという意味でこのような他の用途とは水の質に対する要求レベルが異なる。人々のニーズ・レベルに合致させるため、飲料水に対して別途対策を検討すること自体は極めて合理的で、その結果として、「安全」だが「高価」な水の確保に繋がる。そして、実際問題、大都会の住民を中心に、人々の消費者行動として、具体的には浄水器を利用し、あるいはミネラル・ウォーターを活用して対応する事例が多く見られる。

　そこで、まずは消費者側での浄水器の使用状況を見てみる。残留塩素及び濁りさらにはトリハロメタン、クリプトスポリジウム等の水道水を巡る品質の悪化に対応すべく、浄水器が都市部を中心に設置、導入されている。わが国では、1990年には200万台が出荷され、340万台出荷された1995年には、前述のように浄水器が消費者物価指数に品目追加されるレベルとなっている。2007年では浄水器380万台、カートリッジ2,400万台が出荷されている。

　浄水器の形態として、蛇口直結型、アンダーシンク型（ビルトイン）、ポット・ピッチャー、据置型といった形態があり、2007年の出荷割合は順に62％、17％、16％、5％となっている。

　浄水器協会［2009］によれば、全国の20歳以上の個人約1,300名（有効

回答数）を対象に調査員による個別面接聴取法で実施し、浄水器の使用率は 2009 年には全国平均で 30.1% と報告している。2007 年の市場規模は浄水器、カートリッジで 1,600 億円程度と推定[120]される。一方、機能水生成装置の関連市場では、当初は医療用機器として病院で使用されていたアルカリイオン整水器も、健康ブームとともに家庭への浸透が進んでいる。2005 年の薬事法改正により、アルカリイオン整水器は管理医療機器の中の家庭用管理医療機器として専ら家庭で使用するものとして承認または認証を受けることになっており、2007 年度の市場規模は 500 億円と推定されている。したがって、浄水器全体の市場規模としては約 2,200 億円と推定できる。

浄水器の価格も数千円から 6 ～ 10 万円レベルの価格帯があり、例えば、活性炭・中空糸膜入りのカートリッジは 3 ～ 6 ヶ月から 1 年で交換するものが多い。

ここで比較のために試算をしてみる。4 人家族で飲料水として 2 ～ 2.8 ℓ／人・日程度を消費し、1,482 円／ 10m^3 の水道料金とすれば、この家族は飲料水としての水道水に年間 108 ～ 151 円／人を支払うことになる。仮に 10 年間使用のアンダーシンク型（ビルトイン）6 万円の浄水器（本体）で 1.5 万円／年のカートリッジ交換を前提（除去率　遊離残留塩素 80%、濁り 50%、総トリハロメタン 80%）とすると、この家族は年間 2.1 万円（4,200 円／人・年）のコストをかけて水道水の末端浄化を行っている計算となり、最終的には 4,308 ～ 4,351 円／年・人の飲料水費用を支出している。つまり、飲料水の消費量が変わらない前提で、浄水器を使用する消費者は、浄水器を使用しない場合の 29 ～ 40 倍の費用をかけて質を維持した飲料水としての水道水を消費していることになる。

なお、浄水器は水道に直結して使用され、その水が人間の身体に入ることから、1990 年に水道の用具として使用する場合の型式審査基準が日本水道協会により浸出性能、耐圧性能について自主基準という形で定められている。これは浄水器の洗浄能力まで保証するものではないが、一部の浄水器に

---

[120]　日本エコノミックセンター［2004］の単価と浄水器協会［2009］の浄水器出荷統計より推定。

ついては、日本水道協会で作成した独自の浄水器規格（JWWA S102）により、浸出性能、耐圧性能に加え塩素及び濁りの除去率とろ過能力等についても認証したものである。2002年4月からは浄水器は家庭用品品質表示法の対象となり、「洗浄能力」等が統一した試験法で表示され、JIS S 3201として規格が制定された（2004年に改正）。しかし、その後の市場の変化、技術的課題などにより、家庭用RO（逆浸透膜）浄水器については、旧規格に定める試験方法では十分に対応できないことから、浄水器協会がJIS原案を作成、2010年に公示された。

　実は、家庭用浄水器の浄水コンセプトについては大きく二つの考え方がある。一つは、水の危険性を排除する必要性があるのでRO（逆浸透膜）を用い、水中の溶解成分や分散成分を徹底的に除去して安全性を第一とするという米国流の考え方である。そしてもう一つは、わが国の考え方であり、もともと水はおいしく、かつ安心して飲んでいた歴史もあったので、活性炭などを用いて水中の有害な成分のみを取り除くものである。後者の考え方に基づいてわが国で現在普及している家庭用浄水器の機能面での大きな働きとしては、具体的には残留塩素と濁度の除去を挙げることができる。さらに活性炭フィルターを使用（1ミクロン）する場合には、活性炭の持つ多孔質な表面で化学反応や吸着力を働かせ、残留塩素やカルキ臭、カビ臭、そして、人毛、花粉等有機物を取り除き、そして、ろ過膜（中空糸膜）使用（0.01ミクロン）の場合では、一般細菌（コレラ・チフス菌、レジオネラ菌等）やカビ類、赤サビなどを取り除く。わが国における家庭用浄水器は有効なろ材を組み合わせ、水道水をろ過し、体に害のない「おいしくて、安心な水」をつくっていることになる。

2. ミネラル・ウォーター消費の拡大動向

　一方、同様に水道水を巡る品質の悪化に対応すべく、ミネラル・ウォーター利用者が多くなっている。現在、わが国で流通しているミネラル・ウォーターは、国産では約540銘柄あると推定される。これに加え、輸入ミネラル・ウォーターは約50銘柄あり、併せて約600銘柄があると言われている。

ミネラル・ウォーターは、その水に含まれるミネラル成分により分類され、硬度の低い軟水か、硬水か、その中間の中硬水という分類となっている。硬度とは、その水1ℓ中に含まれているカルシウム・イオンとマグネシウム・イオンの合計質量を数値化したものである[121]。わが国の水は、通常硬度が20～80程度で、適度なミネラル成分を含む軟水でクセがなく、一般的に飲みやすい水と言われている。これに対して欧州の水の硬度は200～400もある、ミネラル成分の高い硬水である。そのため味に強烈な個性と特徴があり、健康飲料水と位置付けられている。

ミネラル・ウォーターの製造方法としては、無殺菌と殺菌があり、殺菌もその処理方法により加熱処理、ろ過減菌、オゾン殺菌、紫外線殺菌、あるいはそれぞれの殺菌を組み合わせたものがある。また、そうした殺菌処理をした上に、人工的なミネラル分の添加、調整したもの、または複数の水を組み合わせたものがある。1990年に農林水産省が出した「ミネラル・ウォーター類の品質表示ガイドライン」によれば、わが国には四つの種類のミネラル・ウォーターが存在する[122]。

ところで、ミネラル・ウォーター先進国と言われている欧州では、1980年にEC指令としてナチュラル・ミネラル・ウォーターに関する統一基準が出しており、極めて綿密な内容の通達が出されている。わが国のガイドラインと最も大きく異なるところは、①いかなる殺菌処理も禁じており、代わり

---

[121] 硬度＝カルシウム×2.5＋マグネシウム×4という計算方式で炭酸カルシウムの量に換算したもの、硬度にはフランス硬度、イギリス硬度、アメリカ方式など色々な表現法がある。わが国は、古くはドイツ硬度、最近まではアメリカ方式を用いていた。ちなみにフランス硬度は100mℓ中の炭酸マグネシウムのミリグラム数で表現している。

[122] ①「ミネラル・ウォーター」は、複数の地下水を混ぜ合わせるか、地下水に人工的にミネラル分を添加し成分を調整したもの、②「ナチュラル・ウォーター」は、特定の水源から取水された地下水にろ過（沈殿）加熱いずれかの殺菌を施したもの、③「ナチュラル・ミネラル・ウォーター」は、「ナチュラル・ウォーター」の中でも特に、ミネラルが地下で滞留中か移動中に溶け込んだもの、④「ボトルド・ウォーター」は、以上三つの分類のどれにも該当しないが、水道法の基準で"飲用適"である水を総称したもの。

にボトルの中に含まれる生菌の数を厳しく限定していること[123]、②同じ水源の水を複数の名称で販売することを認めないこと、③科学的根拠が証明されていれば水の効能を示してもよいことの3点である。

最近、ミネラル・ウォーターの世界的な貿易量増加に対応し、国際連合食糧農業機構（FAO）と世界保健機関（WHO）の中に発足した国際食品規格委員会（CODEX）という国際機関によりミネラル・ウォーターの国際規格化が進められており、1997年になってナチュラル・ミネラル・ウォーター、2001年にボトルド・パッケージド・ウォーターの規格基準が採択されている。特に、ナチュラル・ミネラル・ウォーターの規格基準についてはかなり議論があったが、原産地で直接採取等の厳格な管理を基本とする欧州の規格をベースとしたものが採用されている。

さて、わが国におけるミネラル・ウォーターの消費量は、最近では特別な年を除いて常に2桁以上の成長を維持し、2000年になって消費者物価指数に品目追加されるレベルに至っている。その後の10年間でも生産・輸入量ベースで2.3倍以上、金額ベースで2.2倍以上に達しており、2009年のミネラル・ウォーター市場は、金額で、約2,016億円、数量で、国産品が約209万kℓ、輸入品が約42万kℓとなっている[124]。

総務省［2008］の家計1世帯当たり年間の支出金額、購入数量及び平均価格によれば、2007年の1世帯当たりの消費支出額上ミネラル・ウォーターは単身世帯と2人以上の世帯の支出金額として、各々2,395円／年、2,483円／年である。1人当たりに換算すると、これは単身世帯：199.6円／月・人、2人以上の世帯：65.9円／月・人に相当する[125]。

今後、わが国のミネラル・ウォーター市場は規模としてどうなるのか。ミ

---

[123] 殺菌のやりすぎは不要で、かえって有害と言われている。人間には抵抗力、すなわち免疫力があるので、その程度まで菌の数を減らせば目的を達成する。神経質に菌の数をゼロにするのではなく免疫力を高めて菌に対処することが自然という考え方もある。

[124] 浄水器の統計と時点として一致する2007年におけるミネラル・ウォーター市場では、金額で、約1,900億円、数量で、国産品が約192万kℓ、輸入品が約58万kℓとなっている。

図10. ミネラル・ウォーターの国内生産と輸入量

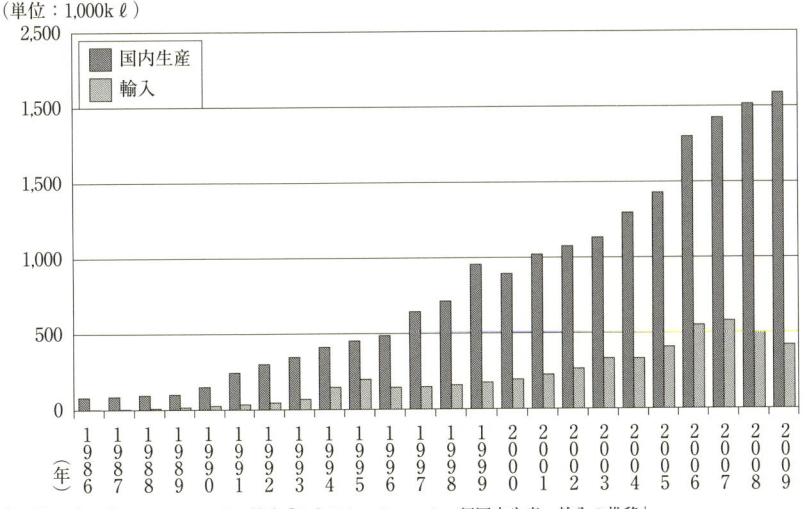

(単位：1,000kℓ)

(出典) 日本ミネラル・ウォーター協会「ミネラル・ウォーター類国内生産、輸入の推移」。

　ネラル・ウォーター消費水準から眺めてみると、わが国では2008年において19.7ℓ／人・年であり、例えば、フランスの125.7ℓ／人・年（2008年）との比較では一桁低いレベルにとどまっている。

　次に、フランスにおいて水道水に代替して何故ミネラル・ウォーターの消費拡大が急速に進んでいるか、その背景を見てみる。同国ではミネラル・ウォーター消費拡大には三段階あったと言われている。第一段階は1960年代で、メーカーの近代設備導入による生産拡大と、大量輸送を可能とする物流インフラの整備が整ったこと、第二段階は1970～80年代で米国を初めとするフランス国外への輸出拡大と消費者の健康志向の高まりによったこと、第三段階は1990年代に入ってからで、ナチュラル・ミネラル・ウォーター

125　日本ミネラル・ウォーター協会統計による2007年の1人当たりミネラル・ウォーター消費量19.6ℓ／年・人（＝1.63ℓ／月・人）も手掛かりに、ミネラル・ウォーター販売価格を100円／ℓと仮定すると、支出額では163円／月・人となる。計算上、この販売価格を前提とすると、単身世帯が73％、2人以上の世帯が27％という構成であれば、この家計調査と日本ミネラル・ウォーター協会の両統計は整合性を有する。

（Eaux Minerales Naturelles）のみならず泉源水（Eaux de Source）も含めミネラル・ウォーターの消費量が倍増している。特に、泉源水は相対的には低価格であることを武器に、ボトルの大型化（5ℓ）も図りつつ、水道水の品質低下に伴い安全な飲み水を確保する多くの消費者を顧客に取込んでいる。

同国では、1902年の公衆衛生法に基づき地下水水源の保護を目的に水源保護区域が設定され、直接区域（取水地点回りの直近）、近接区域（周囲）、遠隔地域（必要な場合には離れた場所）の3種類の区域指定がなされている。そして、ボトル詰め飲料水を代表するナチュラル・ミネラル・ウォーターと泉源水に関しては衛生面以外の認可基準が設けられている。ミネラル・ウォーターの源泉地域は特定され、対象面積も少ないことから源泉地域（ナチュラル・ミネラル・ウォーターの場合、源泉地は公益指定され周辺地域も環境保護区として水質汚染を防止している――例えば、ボルヴィックでは約4,000ha、コントレックスでは約1,200haが環境保護区）の汚染保護を行っており、ブルターニュ地方等で特に残留農薬等による硝酸塩問題による深刻な汚染状況で人体の健康に直接影響を与えるとの懸念がある水道水とは異なり、飲料水として消費者に安心して受け入れられていることが背景としてあると言われている。現在、フランス人の飲料水消費2ℓ／日・人のうちの5分の1をミネラル・ウォーターに依存するまでになっているという[126]。

わが国におけるミネラル・ウォーター消費の拡大動向は水道水にかかわる水質悪化が要因の一つであるといっても、フランスのように残留農薬等の深刻な汚染による水道水の健康被害への強い懸念に起因していない。同時に国産ミネラル・ウォーター自体が軟水で、フランスのミネラル・ウォーターのように消費者の健康志向に最適とされる硬水ではない。この意味では、わが国における国産ミネラル・ウォーター消費の拡大は、フランスにおける相対的に低品質・低価格の泉源水が水道水代替として消費拡大していることと同様の路線で進んでいると考えられる。したがってわが国においては、当面、

---

[126] Bauby［2009］によれば、飲料水は家庭用水の全消費量のうち1％程度とわずかで、ボトル水へと消費代替が起こっていると指摘する。この背景として、フランスの上水道事業が水質や安全性の面で信頼性を得ていないと見ている。

ミネラル・ウォーターの消費量こそまだフランスの10分の1程度にすぎないが、ミネラル・ウォーター側で一層の価格水準の引き下げ、あるいは水道料金の一層の引き上げがなされれば、より水道水代替としての市場規模を今後も拡大する可能性はあろう[127]。

第3節　消費者選好にかかわる非市場評価理論

　消費者による選好という心的行為は、それが他者との物・サービスに対する交換という具体的な形で、かつ市場を通じて行っていれば評価が可能であり、それらの取引価格を参考にすればよい。ところが、交換という形も採ることなく、かつ市場を通すことがなければ、市場価格はそもそも存在しない。そこで、このような消費者選好に関し、金銭単位で評価することも必要で、このための試みを非市場評価と呼び、色々な手法の開発がなされている。大きく顕示選好法と表明選好法という手法に分けられて非市場評価が行われている。

1．顕示選好法
　顕示選好法は、既存市場の情報を使用して間接的に評価を行うものである。具体的には代替法、トラベルコスト法、ヘドニック法などが開発されている。財を何らかの形で（現時点あるいは将来）利用することによって得られる満足感を意味する「利用価値」の評価ができる手法である。

1-1　代替法
　代替法（Replacement Cost Method）は、例えば、環境のように市場価格が

---

[127] 興味深い消費動向を知る手がかりとして、米国ビバレッジ・インダストリー社統計がある。人間の摂取可能水分を一定として、所得の増加に応じてミネラル・ウォーターを含むジュース、コーヒー等10種の有価飲料と水道水等のその他飲料のシェアの変化がわかる統計を取っている。米国では1969年に有価飲料が65％、その他飲料35％であったのが、1995年推計では各々80％、20％と変化し、有価飲料のシェアが増加している。

存在しない財を私的財に置き換えた際の費用をもとに環境の価値を評価する手法であり、直感的にわかりやすく、評価も比較的容易である。環境悪化に対抗するために人々が観察可能な形で私的財に費用支出するという回避行動を取るようなケースは日常的にもよく見られ、回避費用アプローチ（Averting Expenditure Approach）とも呼ばれる。

家計生産関数の概念を採用しており、例えば、井戸からの採水と浄化装置と結合させて飲料水を生産しているといったケースを考えてみよう。仮に井戸水の水質悪化が生じた場合、家計として飲料水の質を一定に保つために他の投入要素に対する支出を増加させる、つまり、「防止支出」におけるこうした増加は、環境の質が減少した家計における厚生の損失を測定できると見なすことができる。

この代替法は、政策的にもよく使用された実績があるものの、一方で評価対象に相当する完全代替財としての私的財が存在しない場合には評価できないという制約がある。また、代替するために必要とされる代替財の水準が明確にできる時以外は誤差が大きく出ることが指摘されている。

1-2　トラベルコスト法

トラベルコスト法（TCM：Travel Cost Method）は、旅行費用をもとにレクリエーションの価値を評価する手法である。訪問者の旅費と訪問回数から需要曲線を推定することで、訪問価値を算出でき、例えば、森林公園に遊歩道を新たに整備することによる効果は、遊歩道整備後の訪問者の需要曲線の変化（＝消費者余剰の増加）により計測できるという考え方をする。

基本的な前提は、この事例で言えば、森林公園というサイトの利用価値が人々の間接の消費に依存していることで、旅行に対する需要と森林公園という環境の需要が補完財の関係になっていると仮定している（弱補完性：Weak Complementarity）。レクリエーション需要曲線を推定するシングルサイトモデルと、代替的なレクリエーションサイト間における目的地選択行動をモデル化するマルチサイトモデル等の研究が行われ、これまでも、国立公園の整備、都市公園の整備、緑地整備などに適用されている。

シングルサイトモデルでは、必要となる情報として旅行費用と訪問率など

少なくて済むものの、マルチサイトモデルでは、代替地サイトに関連した全ての環境情報がデータベースとして存在しない等の課題が挙げられている。トラベルコスト法は適用範囲が必ずしも広いものではなく、レクリエーションに関するものに限られるといった限定がある。

1-3 ヘドニック法

ヘドニック法（Hedonic Method）は、例えば、土地市場、住宅市場や労働市場などの代理市場が存在するという前提のもと、交通サービス機能等の価値を評価するものである。投資の便益が全て土地に帰着するというキャピタリゼーション仮説[128]に基づき、地価のデータから、地価関数を推定し、事業実施に伴う地価上昇を推計することにより、社会資本整備による便益を評価する。この事例では、地価を被説明変数とし、説明変数に地価決定要因を用いた重回帰モデルで構成される。地価関数の一般的な形状は、

$y = f(x_1, x_2 \cdots)$

ただし、y：地価、$x_1, x_2 \cdots$：説明変数

の形で表されるが、最も単純な線形型を用いることもできる。

$y = a + bx_1 + cx_2 + dx_3 + ex_4 + \cdots$

ただし、y：被説明変数（地価）、a：定数項、b～e：偏回帰係数、x_1～x_4：説明変数

より一般的には、ヘドニック法は、経済取引される各種の財・サービスの価格が、その財・サービスの品質を表す種々の「特性」に依存していると考え、全体的な品質は各種の「特性」の合成と見なす。品質という主観的な評価に対して、極力恣意性を排し、機能・性能を表す客観的な指標により品質評価の判断基準を求めるアプローチでもある。ヘドニック関数の推計に当たっては、説明変数としてどのような諸特性を組み込むかが問題となる。つまり、製品の技術的な特性を考慮して、価格説明力の高そうな機能・性能指標に目星をつけ、データを収集することになるが、これらの機能・性能指標

---

[128] 一般に、株、土地、などの財のもたらすフローの利益（あるいは税等のコスト）がストックとしての価格に転化するという仮説をいう。

間には、多重共線性が強く生じているケースが多い。

交通サービス、下水道サービス、河川の防災空間、公園空間などの社会資本機能や、騒音、大気、水質[129]、廃棄物などの環境質などに適用されており、また、物価指数における品質調整を行うためにも利用できる。理論的には、地価等に影響を及ぼす全ての財・サービスが評価できるものであるが、実際の便益測定のためには、事業効果が広域的な影響を持つ場合、地価等の関数推計が実務上不可能である。したがって、①ヘドニック法は地域的な影響しかもたらさない事業に限定され、②次に、あくまでもヒトの行動が現れる市場の分析から環境質、社会資本の価値を把握しようとするものであるので、現在、価値あるものと認識されない潜在的な価値は把握されず、③さらに、非常に意識されにくい、例えば、地震防災施設の価値を計測することは難しく、④また、土地と他の財との間に代替性がない場合には測定できるが、このような条件が成立しない場合には評価値は過大であったり過小になったりすると言われている。

2. 表明選好法

消費者が直接的にその評価を表明することを基本とした表明選好法は、消費者の行動に捉われることなく心の中にある支払意思額等を直接引き出すものであり、近時、種々の新たな手法が開発され、利用されつつある。表明選好法では「利用価値」の評価とともに、利用しなくても、その財が存在することで満足感を得るという「非利用価値」も評価できる。

そもそも意識調査によって経済評価値を計測する最大の問題は、果たして回答する個人が現実に存在しない市場で正しい値を表明するかどうかである。この点に関して二つの大きな考え方の流れがある。一つは、本来、人間の行動は情報の非対称性や意思決定自体の不完全さによって正しいとはい

---

[129] 異時点での水質に対する消費者の選好を考慮した Michael et al. [2000] によれば、アンケート調査によってヘドニック法に必要となる水質の代理変数を採用する根拠を検討、この結果、人々は客観的な水質指標とは異なる、景観上の「水の透明度」によって水質のよさを判断していることを紹介している。

えないが、何回もその状況におかれれば合理的なものになるという考え方である。現実の市場での取引を再現することによって、より正確な数値を求めることができるという実験経済学的なアプローチである。もう一つの考え方は、人間の意識は変化するし、われわれの遭遇する多くの状況は一回限りのことが多いから、質問紙などによる意識調査の方法でも正しい値を把握することが可能とする社会調査、あるいは心理学に依拠するアプローチである。

2-1 仮想市場法

仮想市場法（CVM：Contingent Valuation Method）は、後者の考え方をベースとしており、一般に仮想的なシナリオに対して、仮定的な評価額を聞き出す方法である。例えば、ある事業によって環境の改変が予定され、それによる環境悪化を食い止めるためには、事業予定の変更などによって追加的な支出が必要になる。そのための基金への支出として被験者はいくら支払う用意があるのかといった支払意思額を聞く手法である。

最も適用範囲が広い手法で、原理的にはあらゆる効果を対象にできる。これまで河川環境整備、ダム周辺環境整備等多くの評価がなされている。しかし、仮想市場法は実際には金銭取引が行われていないものを対象として、人々の表明選好で金銭評価するため、調査方法に於いて様々な誤差（バイアス）が入り込む可能性があり、アンケート調査表の設計等には慎重な準備が必要となる。

2-2 コンジョイント分析

一方、仮想市場法が評価対象の全体の価値を評価するのに対し、コンジョイント分析は評価対象の価値を属性単位で評価できることが最大の特徴である。すなわち、評価対象を属性の束として捉え、属性水準の違いで表現された選択肢を消費者に複数提示し、それらの比較・選択結果より評価を導くもので、人々の効用を、全体効用と部分効用の両面から捉えようとするものである。

評定・選択データは、①完全プロファイル評定型の質問法（一つずつ製品を提示し、好ましさを採点させる）、②ペアワイズ評定型の質問法（一対比較を

させる。ただし、通常は強制選択ではなくどちらが好ましいかを7件法などで採点させる)、③選択型の質問法(複数の製品を提示し、最も好ましいものを一つ選択させる。選択しないという選択肢を設ける場合もある)、④ランキング型の質問法(複数のプロファイルに好ましさの順位を付けさせる)など数多くの手法がある。

ここで、評定型コンジョイント(Rating-based Conjoint)のうち完全プロファイル評定型と選択型コンジョイント(Choice-based Conjoint)の2種類についての考え方を説明する。

まず、完全プロファイル評定型分析は、それぞれの属性項目がどの程度、目的変数(効用、購入度合等)に影響を与えているかに関して、一つのプロファイルと呼ばれるカードを被験者に提示し、望ましい順に評価させ、各属性項目・水準と望ましい順(効用)との重回帰分析を行うことで評価する。

$$U(X) = \sum_{i=1}^{m}\sum_{j=1}^{ki} a_{ij}x_{ij}$$

ただし $U(X)$ = 選択肢の全体効用

a_{ij} = i 番目の属性 (i, i = 1, 2,‥m) の j 番目の水準 (j, j = 1, 2,‥ki) に関する部分寄与率または効用

ki = 属性 i の水準数

m = 属性数

x_{ij} 1:i 番目の属性の j 番目の水準が存在する場合、0:それ以外

得られた各属性項目・水準ごとの偏回帰係数から加重平均を引いた値を部分効用値といい、この部分効用値の最大値と最小値の差(レンジ)を算出し、レンジ計に占める属性項目ごとのレンジの割合で重要度が示され、これが各属性項目の効用への影響の大きさを表す。

次に、選択型コンジョイントでは、非集計ロジット・モデルによりパラメーターを推計し、支払意思額については主に効用関数を全微分した限界支払意思額により算定する。条件付ロジット・モデル(Conditional Logit Model)による推定では以下のようになる。回答者がプロファイルを選択した時の効用 U_{ij} を次式のようなランダム効用モデルを想定する。

$$U_{ij} = V_{ij} + \varepsilon_j \quad j = 1, 2, 3, \cdots\cdots, J \quad \text{①}$$

$$= âx_{ij} + \varepsilon_j$$

ただし、V_{ij} は効用のうち観察可能な部分、ε_j は観察不可能な部分、x_{ij} はプロファイルの属性ベクトル、$â$ は推定されるパラメーターである。ここで誤差項がガンベル分布（第一種極値分布）にしたがうと仮定すると、プロファイル j が選択される確率 P_j は

$$P_j = \frac{\exp(V_j)}{\sum_k \exp(V_k)} \qquad ②$$

となる。この時の対数尤度関数は以下の通りになる。

$$LL = \sum_i \sum_j d_{ij} \ln \frac{\exp(V_j)}{\sum_k \exp(V_k)} \qquad ③$$

ただし、d_{ij} は回答者 i がプロファイル j を選択した時に 1 になるダミー変数である。部分価値 β のパラメーターは、この式により最尤法により推定する。③の一階及び二階の条件は以下の通りである。

$$\frac{\partial LL}{\partial \beta} = \sum_i \sum_j d_{ij} (x_{ij} - \bar{x}_i) \qquad ④$$

$$\frac{\partial^2 LL}{\partial \beta \partial \beta'} = -\sum_i \sum_j P_{ij} (x_{ij} - \bar{x}_i)(x_{ij} - \bar{x}_i)' \qquad ⑤$$

ただし、$\bar{x}_i = \sum_j P_{ij} x_{ij}$ である。

⑤式より、対数尤度関数は大域的に凹関数であり、最大点は唯一であることを示している。限界支払意思額のために、効用関数に次のような主効果モデルを考える。

$$V(x, c) = \sum_k â x_k + \beta_T T \qquad ⑥$$

ただし、x は属性変数、T は負担額、β はロジット・モデルによって推定されたパラメーターである。ここで上式を全微分すると、

$$\sum_k \frac{\partial V}{\partial x_k} dx_k + \frac{\partial V}{\partial T} dT = dV \qquad ⑦$$

となる。ここで、効用水準を初期水準に固定し（dV = 0）、属性 x_i 以外の属性も初期水準に固定（$dx_k = 0, k \neq 1$）とすると仮定する。この時、属性 x_1 が1単位増加したに対する限界支払意思額は

$$\mathrm{MWTP}_{x1} = \frac{dT}{dx_1} = -\frac{\partial V}{\partial x_1} \bigg/ \frac{\partial V}{\partial T} = -\frac{\hat{a}_1}{\beta_T} \tag{8}$$

となる。

　コンジョイント分析の特徴である評価対象の多次元性を前提として、それらの属性ごとに与えられる社会的評価ウェイトという考え方は大きな意味を持つ。そして、評価対象が単に部分を寄せ集めた実体であると仮定すれば、コンジョイント分析で得られた部分評価の和が全体の評価[130]になる。しかし、評価分析対象として、例えば、環境問題に焦点を当てると、方法論として評価の対象範囲を限定すること自体が疑問視される議論もあり、いわば還元的なコンジョイント分析の手法の適用は万能とは言い切れないことも考えられる。この意味では、コンジョイント分析は、部分への分解可能性の高い対象、あるいは、環境と非環境の間の社会的な評価ウェイトの算定など、より適切な応用分野を考慮することが必要と考えられる。

第4節　顕示選好法と表明選好法の検討

1. 知識構造と関与水準分析

　消費者選好に関し、金銭単位で評価するといっても、実際の運用に当たっては、その根底にある意思決定にまつわる心理学的な面からの考察が必要になる。評価を行う消費者個人にとっては、常に認知上の負担がかかり、消費者の限界ある認知処理能力の範囲内で評価が実施できているのかどうか、さらには仮説バイアス[131]を伴う問題等は仮想市場法や選択モデリング・アプ

---

[130] 部分評価を加算した全体の評価として、場合によっては、仮想評価法で得た全体評価と変わらなくなる可能性もある。

[131] 仮説バイアスとは「人は仮の問いには、仮の答えしか返さない」という反応に代表されるバイアスを言う。

ローチの弱点と言われている。

　高額で購入頻度が少ない耐久消費財の購入とは異なり、今回対象とする飲料水のような廉価、日用品の購入にかかわる意思決定は、一般には消費者としての関与（＝飲料水に対する関心や重要性の程度）が低く、ヒューリスティックス[132]に陥りやすい商品・サービスと言える。

　Hanley, Mourato and Wright［2001］等の先行研究からは、被験者による抵抗回答や戦略的行動表明、追従回答等を避ける必要性が指摘されている。アンケート実施者としては、被験者に過度の負担のないような問題設定に細心の注意を払わねばならないが、被験者としての設問単純化要求と実施者としての設問複雑化要求は常に相反する課題と考えられる。

　Myers et al.［1980］らは、消費者購買行動を促す動機の多様性について、購買決定状況におけるリスクの認知の仕方という点から考察し、①客観的な価値基準に対する楽観的な認知、②知覚されたリスクの最小化、③刺激的な価値の充足を期待したリスクの受容の三つのモデルを示している。すなわち、第一のモデルは、金銭を継続的に出費すれば、少なくともそれに見合った利益を獲得するという楽観的なタイプである。第二のモデルは、消費者が購買決定をする場合、知覚されたリスクあるいは不確定要素をできる限り最小限にとどめようとする合理的なタイプを示している。消費者は、彼らによって知覚されたリスク、すなわち、主観的に知覚されたリスクを基礎に購買決定を行い、金銭以外の面でのリスクをも考慮する。第三のモデルは、購買決定状況において、変化や業績を求める欲求を充足するため、あえてリスクを受け入れようとする、非合理的、不合理的なタイプである。新製品を購入する人は、社会的承認を得る欲求に基づいた刺激的価値を充足するため、あえてリスクの多い新製品を購入しようとすると考えられている。

---

[132] ヒューリスティックスとは、人が、複雑な問題解決等のために何らかの意思決定を行う際に、暗黙のうちに用いている簡便な解法や法則のことを指す。判断に至る時間は早いが、必ずしもそれが正しいわけではなく、判断結果に一定の偏り（バイアス）を含んでいることが多い。例えば、お菓子などのリスクの低い商品を購入する時には、値段がかなり安いと宣伝すれば、消費者はお菓子のその他の属性に関心を持たず、味が多少悪くとも売れるといった事例。

さらに、意思決定過程の心理学上の既存研究では、意思決定の決定プロセスを補償型と非補償型に分けて考察することが多い。全ての選択肢の情報が検討され、ある属性の評価値が低くても他の属性の評価値が高ければ、補われて総合的な評価がなされるのが補償型であり、非補償型は選択肢や属性を検討する順序によって決定結果が異なり、一貫しない意思決定の原因となる。例えば、コンジョイント分析のモデルは、消費者が補償型の意思決定を行っている、つまり、全ての属性についての評価を行っていることを前提としたモデルということができる。補償型でない（＝非補償型である）場合には限界代替率が無限大になってしまい、効用関数を構成できないことになる。竹村［1996］等は、選択肢数が少ない場合には補償型の決定プロセスとなり、選択肢数や属性数が多い場合には非補償型の決定プロセスとなることを明らかにしている。同時に、消費者の意思決定プロセスにおいて消費者「関与」[133]が重要な研究分野として挙げられている。このタイプとして、「認知的関与」と「感情的関与」の二つがあるが、前者は分析的タイプであり、後者は非分析的タイプである。

また、消費者が購買行動に際し、目標を設定した場合と目標を設定しない場合との意思決定プロセスの違いについて、Park and Shith［1989］が実験を行っている。これによると、目標がしっかりと設定されている場合には、過去の経験に基づいて記憶されている情報を用いて、トップダウンで迅速に意思決定が行われる。ところが目標が曖昧な状況では、消費者は選択肢の対象となる製品の間で、まずはそれらの属性を抽象化した上で評価するという。こうして消費者は、目標を明らかにする段階に移り、それから意思決定するという、ボトムアップ型の意思決定を行うこととなる。このようなボトムアップ型の意思決定は、消費者にとって、結果として非常に情報負荷が高

---

[133]　「関与」とは、青木［1989］pp. 35-80 によれば、消費者情報処理における「製品差」、「個人差」、「状況差」を説明するための媒介変数として導入された心理的状況を表す構成概念であり、具体的には、製品それ自体ないしは製品の購買状況や使用状況に対して消費者が持つ「関心」、「重要性」、「こだわり」、「思い入れ」といったものに相当する、としている。この「関与」も、時代や社会環境の変化により個人が影響を受け、関与水準自体が時間経過とともに低下傾向や上昇傾向を示すことも知られている。

いものであり、時間も取られることになると報告している。

　一方、予算制約との関係では、Hauser et al.［1993］により目標・目的の段階を捉えようとした研究が報告されている。消費者がその予算制約の中で最大の効用を得るためには、その消費者にとって最も効用の高い商品から順番に購入し、予算制約がかかったところで購入をストップすると仮定するもので、特に耐久消費財の場合にはこれでうまく説明できるとされている。しかしながら、関与水準が低い非耐久消費財の購買では、消費者はカテゴリー横断的な情報処理を行うことで選択行動を行っているとも言われるが、まだ研究が進んでいないのが現状である。

2. 基数的効用と序数的効用

　さて、個人の行動選択原理について想定する基数的効用と比べて、外側に現れる行動を記述するだけの序数的効用は、より前提が少ないとも言える。もし両効用の説明力が変わらないのであれば、前者は捨てて後者を採用することが、科学の基本である節約原理に合致している。

　この基数的効用と序数的効用は、その数学的性質も異なるが、その発想においても全く異なると言われている。基数的効用では個人の行動選択の原理という位置付けが与えられ、快感や幸福を最大化する行動をとるという前提条件があった上で、効用の数学的最大化がその個人の行動を記述すると同時に説明するとするものである。これに対し、序数的効用が表す選好というのは、個人の行動それ自体であって、その行動の理由であるとか選択基準とは無関係である。序数的効用の存在条件である「選好の順序性」とは、換言すれば、個人の行動の一貫性とも言える。これらのことから、行動と効用の関係では、基数的効用は行動を説明するが、序数的効用は行動を表現すると言える。

　まず、序数的効用についての分析方法を紹介する。例えば三つの選択肢に対し、各個人が序数順位を付けた際に、社会全体としてのこれらの選択肢に対する選考順位を把握する方法としてボルダ・ルール分析（Borda Rule Analysis）が活用される。この事例ではこれら三つの個々の選択肢のボルダ順位との関係を数量的に把握するため、スピアマンの順位相関係数を用い、

これらの相関係数の高い方が選考順位として合理性があると考える。

一方、基数的効用が重要なツールになったのは、期待値という概念を表現する際に必要なことに由来する。基数的効用関数の本質は、単位が存在することであり、したがって効用差の比が変化の望ましさを表す。そして期待効用特性もまた、確率加重平均という線形の特性であり、いずれも正の線形変換によってこの性質は変化しないという意味で共通点が見られる。

Edwards［1971, 1977］は、確率の代わりに各効用の重要性をウェイトした一次式により、効用が計算できることを提案している。つまり、複数の効用を結合した全体的効用のことを多属性効用（Multi-attribute Utility）と呼ぶ。多属性効用が成り立つためには、効用の独立性が必要条件となる。効用の組み合わせによって相乗効果や相殺効果などの交互作用が生じることもある。それにもかかわらず、多属性効用が注目されるのは、交互作用は無視しても支障のない場合が多いためである。多属性効用は、理論的には問題がないとは言えないが、実践的な必要性は高いと言える。

第5節　結論

消費者理論による所得効果・代替効果分析では、その財の代替財の量的制約の有無とともに、財の間の代替の容易さを決める重要な要因として、消費される財の相対価格と消費スタイルを調整・変更するために必要な時間の長さの二つがあり、これらが需要の価格弾力性の大きな決定要因となると言われている。

わが国では水道水の質の維持のため、特に大都市部においては、水道事業者側での対応とともに30〜40倍のコストはかかるものの30％以上もの消費者が浄水器を設置するという補完システムの時代に既に入っている。本来的には、水道事業者が全て画一的にあるレベルまで清浄な水道を供給するために負担する社会的総コストと希望する消費者がこの補完システムを選択することによる社会的総コストとの比較により判断されるべきではある。恐らくより多くの消費者がこの補完システムを選択する方向に進むと予想されるが、この際、補完システム選択にかかわるコスト負担の程度なり、事業者と

消費者との適切なコスト配分そして何よりも地域間格差が社会的・経済的にうまく受け入れられるかということが重要な留意点と考えられる。

　さらに、ミネラル・ウォーターについても、未だわが国における飲料水需要全体に占める量的シェアはごくわずかだが、その消費拡大は今後も同様に続くと思われる。消費者であるわれわれ自身が水道水を巡る品質に対しこれまで以上に敏感になる時代に入れば、飲料水に関しては蛇口からペットボトルへという消費スタイルを採り入れる消費者層が拡大するために調整・変更に要する時間は意外なほど短くなる可能性もあると考えられる。また、水道水を巡る品質に関連し、飲料水に求められる質的な機能変化についても急激に変わろうとしている。例えば、女性向けに美容・ダイエット効果を、シルバー世代向けにミネラル体内摂取による予防効果といった健康志向に適合した飲料製品の開発動向も見逃すこともできない。このような新たな機能追求の流れの中でミネラル・ウォーター、さらには新機能性水の消費拡大の可能性もありえよう。

　一方、消費者選好の中での非市場評価に関し、近年、金銭単位で評価する試みとして色々な手法の開発がなされている。顕示選好法と表明選好法について具体的手法の特徴と応用範囲、課題等をまとめるとともに、およそそれらの手法の前提となる知識構造と関与水準分析等の意思決定心理学、さらに基数的効用と序数的効用の捉え方についてもその動向、課題をまとめた。

　鷲田［1999］は、非市場評価手法の展開として、①関係する個人の選好に依存せずに評価する手法から、個人の選好を基礎にした評価方法へと重点が移行し、②個人の選好を実際に支出されている費用や実際に市場で売買されている財やサービスの価格を用いて間接的に捉える方法から、直接それぞれの個人の選好とそれに基づく価値評価を捉える方法へ重点が移動していると解説している。

　このように消費者選好を把握するため有効な非市場評価手法自体は今日に至るまで継続的に発展している。第6章、第7章では、本章で市場統計等を利用して明らかにした飲料水に対し、応用可能な評価手法を実証的に利用して比較分析することで、消費者にとって毎日の生活に必需である飲料水の非市場評価を行い、より的確な消費者選好に関する示唆を得ることとしたい。

第6章

飲料水にかかわる消費者選好分析[134]

はじめに

　最近の飲料水にかかわる消費者行動は、水道水の質低下への対応、あるいは健康ブームの影響もあり、多くの家庭で浄水器を設置する、あるいは飲料用としてミネラル・ウォーターを購入する等急激に変化している。人々は何らかの評価基準に基づき、このような行動を取っていると考えられないだろうか。考えられる第一としては、飲料水に隠された現実の捉え方や発生するであろう現実の捉え方に対する正確さという意味での基準（自然科学的評価）に基づいた人々の行動であり、もう一つは、より主観的な大切さとか望ましさについての秩序や考え方という意味での基準（社会科学的評価）基づいた人々の行動である。

　本章では、飲料水にかかわる消費者によるこれらの行動について、具体的には、水道水の質低下に対する人々の回避行動と水の質向上に向けての人々の期待行動に分けて考える。水道水の質に関するいくつかの変化に対する人々の自然科学的評価を前提に、回避費用アプローチで説明できる消費者選好と選択モデリング・アプローチで説明できる消費者選好について社会科学的分析を試み、わが国の飲料水市場全般における消費者選択パターンへの影

---

[134] 本章は、拙稿［2009］「飲料水に係る消費者選好分析」『国際公共研究』第20号、pp. 138-153 を加筆修正したものである。

響要因を考察する。

第1節　先行研究

1. 回避費用アプローチと選択モデリング・アプローチ研究のサーベイ

　非市場評価は、市場で取引されない財やサービスの経済価値を明らかにするものであるが、方法論として第5章第3節に示したように大きく二つのカテゴリーに分けられる。すなわち、既存市場の情報を使用して間接的に評価を行う顕示選好法と受益者に直接的に評価を表明してもらう表明選好法である。本分析では、いくつもある手法の中で、回避費用アプローチと選択モデリング・アプローチを活用して分析を行う。

　まず、回避費用アプローチ（Averting Expenditure Approach）は、顕示選好法の一つであり、代替法（Replacement Cost Method）とも呼ばれ、例えば、環境のように市場価格が存在しない財を私的財に置き換えた際の費用をもとに環境の価値を評価する手法である。環境悪化に対抗するために人々が観察可能な形で私的財に費用支出するという回避行動を取るようなケースは現実にもよく見られ、直感的にわかりやすく、評価も比較的容易である。最近の回避費用アプローチの展開については Dickie [2003] が紹介しているが、既存研究として、例えば Bartik [1998] は、環境悪化の負の経済価値を、その影響を避けるための費用で測れるとの想定のもと、家計生産関数の概念をモデル化してその成立要件を明らかにしている。

　一方、選択モデリング・アプローチ（Choice Modeling Approach）は、表明選好法の一つであり、仮想市場法やコンジョイント分析がよく利用され、既存研究として Hanley, Mourato and Wright [2001] 等を挙げることができる。しかし、本章のアプローチでは、そのモデリングの前段階として、選好結果に対し序数的効用と基数的効用で捉える方法の比較を試みた。序数的指数では社会的選好順序としてのボルダ・ルール（Borda）分析を活用したが、これについては Dasgupta [2001] による先行研究がある。また、基数的指数では、多基準分析（MCA：Multi-Criteria Analysis）を活用したが、これについては Edwards [1971, 1977] による先行研究がある。

これらの先行研究の示すところによれば、多くの課題を抱える。まず、回避費用アプローチでは、例えば、回避行動の範囲を定めることの困難性、回避レベルが異常なレベルまで達すれば人々はその場所からの転居という行動選択を取る可能性、環境悪化自体を主観的判断に依存すること、つまり評価の個人差が表出する可能性等の問題がある。さらに、防止支出の変化に際し、モデル化の制約上 Joint Production（結合生産、すなわち、環境の質変化を相殺することから離れて他の追加的な便益、あるいは便益の減少に繋がること）を避けるという条件を課して処理している事例もある[135]。

また、選択モデリング・アプローチでも、被験者による抵抗回答や戦略的行動表明、追従回答等を避けることが必要で、このためアンケート実施者が被験者に過度の負担のないような問題設定に細心の注意を払わねばならない。しかしながら、実際問題として、被験側の設問単純化要求とアンケート実施側の設問複雑化要求は常に相反するものである。

2. 水セクターにおける実証研究のサーベイ

次に、水セクターに注目すると、需要家の支払意思にかかわる既存研究として、海外では Abdalla, Roach and Epp ［1992］、Carson, Mitchell ［1993］、Henshe, Shore and Train ［2004］ 等を挙げることができ、国内では萩原 ［1983, 1984, 1990, 1993, 2004, 2008］、明石・安田 ［1994］、栗山・石井 ［1999］、坂上 ［2000］、Yoshida, Kanai ［2007］ 等を挙げることができる。

Abdalla, Roach and Epp ［1992］ は、南東ペンシルバニアにおける地下水汚染に対応して、家計としてボトル水購入を行ったり、浄水器を取り付けたり、水を煮沸したりといった防止支出を行ったことを、統計的に分析し、その結果、21ヶ月間で6.1万ドルから13.1万ドルの支出を行ったと推計している。そして、汚染情報のレベル、子供の存在等がこの防止支出の確

---

[135] Joint Production（結合生産、すなわち、環境の質変化を相殺することから離れて他の追加的な便益あるいは便益の減少に繋がること）を避ける観点に関連し、Abrahams, N. A. et al. ［2000］ は結合生産についてランダム効用理論をもとに理論的分析を行っている。

率を高めるという興味深い分析を行っている。また、萩原［2004、2008］、Yoshida, Kanai［2007］[136] も、今回の研究アプローチに比較的近い研究内容である。前者は、学生を対象としたアンケートを実施した上で、水質リスクに対する公的投資と私的投資の関連を分析し、水質環境に関する情報が評価に与える影響とリスク認知が評価に与える影響を検討するものである。また、後者は、つくば市民を対象として条件付ロジット・モデルを使用して水質の環境悪化への回避という安全性確保の便益と「水のおいしさの改善」による便益に対する支払意思額を算定するものである。

これまでの経済学的分析では、環境の質が消費者の全体的な厚生水準を変化させるという含意が存在し、環境が消費と代替関係にあるとの想定が組み込まれていることが多かった。そして既存研究では、その多くの問題設定が水道水の水質悪化という環境リスク要因を強調することから出発していた。すなわち、このような環境リスクの増大に対し、まずは水道事業者等による供給側としての公的対策が求められ、この対策を補完する観点から消費者による私的対策としてのミネラル・ウォーターや浄水器を代替財なり補完財と見なして最適化や効率化を追求したものが大半となっている。本章では、水道水の質低下に対する人々の回避行動と水の質向上に向けての人々の期待行動に分けて考えるとともに、人々の所得変化に応じ、飲料水にかかわる消費者選好が飲料水市場全般における消費パターンにどのような影響を与えるのかという点に焦点を当てる。

---

[136] Yoshida, Kanai［2007］は、水質の環境悪化への回避という安全性確保の便益と「水のおいしさの改善」による便益という区分で Abrahams, N. A. et al.［2000］のモデルをもとに水の味の改善効果も含めたモデルを構築している。しかし分析の視点として、「水のおいしさの改善」については、水道水にかかわる塩素削減量、総トリハロメタン類削減量等の環境因子の変化で説明しようとしており、ミネラル・ウォーターや浄水器・アルカリイオン整水器が有する健康機能面のような質の向上を必ずしも積極的に考察していない。

第2節　分析方法とデータ

1. 分析方法

　まずは、飲料水にかかわる既存の市場調査及び消費者行動調査の情報を利活用し、マクロな視点から水道水の環境悪化に対抗するため、人々が観察可能な形で浄水器の設置やミネラル・ウォーターの購入といった私的財に費用支出するという回避行動のレベルを計測する。この際、これら浄水器の設置やミネラル・ウォーターの購入を回避行動だけで説明できるのか、あるいは期待行動もそれなりに大きい要因として把握できないかという問題意識に沿った既存情報の分析を試みる。

　次に、消費者の飲料水にかかわる選好を計測するため、被験者にアンケートを実施する。第一回目の選択モデル・アンケートで3パターン（現状維持、回避行動、期待行動）の質問を行い、この際には単純な択一式選択とする。続く第二回目の選択モデル・アンケートでは3パターンの選択肢全てに対し、被験者として5～1までのランク付評価を付けさせて選好順序の計測を試みる。

　そして第一回目の択一式選択データについては特化係数を用いて分析する。特化係数はマーケティング分析や地域経済分析等で頻繁に使用される統計分析手法であり、ある項目の構成比が全体の同項目の構成比と比べて、その割合が高いか低いかを見た上でこの係数が1を超える場合、その項目に特化していると判断できる。

　また、第二回目のランク付評価データについては①まずは序数的指数と捉えた集計方法で分析する。この際、全ての選択肢について一人ひとりの選好による順位に基づいた点数を付け、それらを全体で合計して社会的選好順序とするボルダ・ルール分析を利用する。さらに、②基数的指数と捉え、このレベルを複数の効用の重要性をウェイトとして捉えて分析を試みる。この際、Edwards［1971, 1977］が提案した複数の効用の重要性をウェイトとして一次式で表す多属性効用の考え方を参考にする。

　なお、被験者が職業区分として学生のみを対象とし、サンプル数も多くな

いことから、世論調査等の広範に実施している先行調査との関連付けを行うことで今回の分析結果がより一般化した分析展望となるよう心がけた。

2. データ

2-1 飲料水にかかわる既存の市場調査・消費者行動調査

まず、飲料水にかかわる既存の市場調査としては、水道事業統計、浄水器出荷統計、ミネラル・ウォーター販売統計等を挙げることができるが、これらについては第5章第1、2節で取り上げた。

次に、飲料水にかかわる消費者行動を探るための関連調査については、官民で比較的数多くの関係者により実施されている。水や節水に関する世論調査として内閣府［2001, 2008, 2010］「世論調査、特別世論調査」、水道水の評価等を継続的に実施しているミツカン水の文化センター［1995-2010］「水にかかわる生活意識調査」を挙げることができる。また、水道事業者による調査では、水道需要関連アンケートとして東京都水道局「水道モニターアンケート」、千葉県水道局「インターネットモニターアンケート」、大阪市水道局「インターネットアンケート」、岡山市水道局「岡山市水道に関する意識調査」等がある。

さらに、関連工業会による調査では、浄水器の普及率や設置理由を隔年で継続調査している浄水器協会［2009］「全国浄水器普及状況調査」、食生活における「水」とのかかわりとミネラル・ウォーター・ニーズをテーマ調査とした全国清涼飲料工業会［2006］「清涼飲料総合調査」等が挙げられる。

2-2 アンケート・データ

本研究においては、都内私立大学に通う75名（有効回答数73名）の大学2～3年生を被験者として、二回のアンケートを実施することによりデータを得た。まず、被験者にかかわる記述統計を概観すると、全体の平均月額生活費は7.48万円（うち、平均月額食費・住居費4.36万円、平均月額飲料・水道代0.26万円）である。飲料水の選好タイプ別で属性を見ると、ミネラル・ウォーターを購入するグループが生活費等の支出額が最大であり、逆に浄水器を設置して飲用するグループが生活費や食費・住居費の支出額が最小と

表13. 記述統計（被験者の支払意思額と経済属性Ⅰ）

	回避行動 支払意思額	期待行動 支払意思額	生活費	食費・住居費	飲料代・水道代
平均値	0.0518	0.0542	7.4795	4.3562	0.2630
中央値	0.04	0.04	6	3	0.2
標準偏差	0.0301	0.0283	3.6328	2.9029	0.1528
最大値	0.1	0.1	18	11	1
最小値	0.01	0.01	2	1	0.05
サンプル数	62	31	73	73	73

(注) サンプル数以外の単位は万円／月・人。

表14. 記述統計（飲料水の選好タイプ別経済属性Ⅱ）

飲料水の選好タイプ別グループ	生活費	食費・住居費	飲料代・水道代
水道水をそのまま飲用するグループの平均（19名）	7.47	4.63	0.26
水道水を一度沸騰させて飲用するグループの平均（18名）	6.83	4.28	0.23 (−11.5%)
浄水器を設置して飲用するグループの平均（31名）	6.55 (−12.4%)	3.89 (−10.8%)	0.27
ミネラル・ウォーターを購入するグループの平均（35名）	8.23 (+10.0%)	4.71 (+8.03%)	0.29 (+11.5%)
総平均（73名）	7.48	4.36	0.26

(注) 単位は万円／月・人。 ■：支出額が最大のグループ、 □：支出額が最小のグループ。

なっている。水道水の質低下への回避行動及び飲料水の質向上への期待行動としての支払意思額は各々平均値では518円／月・人、542円／月・人となる。

　また、飲料水の選好タイプ別グループごとの回避・期待支払費用と経済的属性（生活費、食費・住宅費、飲料・水道代）との相関係数を求めた。その結果は表15の通りであるが、水道水を一度沸騰させて飲用するグループやミネラル・ウォーターを購入するグループはその期待支払費用と生活費や食費・住宅費といった経済的属性との相関が比較的よいが、浄水器を設置して飲用するグループはどの経済的属性とも相関が見出せない[137]。これは各種既存調査でも指摘されているが、マンション等に入居の際、入居者としての飲料水の消費者が強く意図することなく既に浄水器が設置していた等の理由が影響し、入居者自身では利用する飲料水にかかわる回避・期待行動を意識

表 15. 異なる手段を選択したグループごとの回避・期待費用と経済属性との相関係数

	水道水・グループ	沸騰水・グループ	浄水器・グループ	ミネラル・ウォーター・グループ
回避費用―生活費相関	0.491738	0.417833	0.005593	0.121669
回避費用―食費・住宅費相関	0.397678	0.274793	0.099343	0.010746
回避費用―飲料・水道代相関	0.242453	0.329937	0.136136	0.01259
期待費用―生活費相関	0.386963	0.62105	0.005593	0.556774
期待費用―食費・住宅費相関	0.267333	0.642044	0.099343	0.420164
期待費用―飲料・水道代相関	0.285662	0.200629	0.190564	0.025319

(注) ■：相関係数が 0.5 以上のもの、 □：相関係数が 0.4〜0.5 のもの。

するレベルに至っていない等の背景がある。

　さらに、被験者の社会的属性を見ると、性別では男性 78.1％、女性 21.9％で、居住人数では 1 人住まい 34.2％、2 人以上世帯 65.8％、さらに居住タイプでは戸建て 42.5％、マンション 41.1％、アパート等 16.4％となっている。各グループでの特徴としては、例えば、「水道水をそのまま飲用するグループ」では、男性、1 人住まい、戸建てに居住するといった点を、また、「浄

137　浄水器使用グループを外したケースについて、回避・期待費用にかかわる支払意思額（目的変数）と学生の属性情報（生活費とともに水道水・水の消費特性に影響を与える単身・2 人以上世帯、男女、居住地等をダミー変数として変換）を説明変数として重回帰分析を試みた。この結果、期待行動については以下のような比較的よい相関係数が得られた。

目的変数	回避行動にかかわる支払意思額	期待行動にかかわる支払意思額
支払意思があった被験者の金額	説明変数との重相関 R＝0.364199 サンプル数＝35	説明変数との重相関 R＝0.72979 サンプル数＝18

期待行動にかかわる支払意思額 Wtp については以下の回帰式を求めることができた。
　　Wtp ＝ 0.0650 ＋ 0.0024（生活費）－ 0.0287（性別ダミー）＋ 0.0029（世帯数ダミー）
　　　　　－ 0.0098（東京 23 区居住ダミー）－ 0.0060（千葉県居住ダミー）－ 0.0328（埼玉県居住ダミー）
　　ただし、パラメーター：性別ダミー（男＝1）、世帯数ダミー（1 人住まい＝1）、地域ダミー（当該地域に居住＝1）

本回帰式から得られる傾向として、生活費のレベルが高ければ支払意思額は多くなり、性別には男性であれば支払意思額が低くなる。しかし世帯数では、2 人以上ではなく、1 人住まい世帯であれば、期待行動にかかわる支払意思額は増加する。なお、水道需要の所得弾力性について、鷲津［2000］によれば、所得階層別データから水の所得弾力性が高まるとの報告がなされている。

表16. 飲料水の選好タイプ別性別、居住人数、居住タイプ

飲料水の選好タイプ別グループ	性別 男	性別 女	居住人数 1人住まい	居住人数 2人以上世帯	居住タイプ 戸建て	居住タイプ マンション	居住タイプ アパート等
水道水をそのまま飲用するグループ（19名）	16名 87.2%	3名 15.8%	7名 36.8%	12名 63.2%	9名 47.4%	7名 36.8%	3名 15.8%
水道水を一度沸騰させて飲用するグループ（18名）	13名 72.2%	5名 21.8%	5名 21.8%	13名 72.2%	8名 44.4%	9名 50.0%	1名 5.6%
浄水器を設置して飲用するグループ（31名）	24名 77.4%	7名 22.6%	3名 9.7%	28名 90.3%	17名 54.8%	11名 35.5%	3名 9.7%
ミネラル・ウォーターを購入するグループ（35名）	27名 77.1%	8名 22.9%	14名 40.0%	21名 60.0%	12名 34.3%	14名 40.0%	5名 25.7%
総平均（73名）の中での構成人数と構成比	57名 78.1%	16名 21.9%	25名 34.2%	48名 65.8%	31名 42.5%	30名 41.1%	12名 16.4%

(注) ■：総平均構成比より多いもの、□：総平均構成比より少ないもの。

水器を設置して飲用するグループ」では、女性、2人以上世帯、戸建てに居住するといった点を挙げることができる。

なお、今回の被験者サンプルの位置付けと特徴を明確にするため、今回のアンケートに際し、被験者に対して内閣府［2008］「世論調査報告書」[138]で実施した調査項目と同一の質問を行った。内閣府アンケートの被験者数は有効回答1,839人とサンプル数も多く、階層的・地域的・職業的にも幅広く行っている。この比較を通じて、今回の被験者サンプルの位置付けと、今回の考察結果の一般性を考える際の参考とすることを試みた。これによれば、

①今回の被験者は、世論調査の職業区分「学生」とほぼ同じパターンと見なせる。

②今回の被験者は、水道料金のレベル等価格反応性が極めて高い。

③今回の被験者は、世論全体ほど水道水の質について負担増を前提とした志向は低いものの、職業区分「学生」と比べれば、質を現状維持すると

---

[138] 飲み水に関するアンケートでは、水道水をそのまま飲む37.5%、浄水器を設置32.0%、ミネラル・ウォーターを購入29.6%、水道水を沸騰27.7%（複数回答）といった回答となっている。本分析では世論調査で用いたアンケート内容と同一の4問（水を豊富に使用する理由、使用している水道水の質に満足しているか、水道水の質について今後どのようにすべきか、普段、水をどのように飲んでいるのか）に関する回答を求めた。

いう比率は低く、その分、負担増を前提として水道水の質を高めたいと考えている。

等が本グループの特徴として確認できた。

第3節　消費者の回避・期待行動と特化係数分析

1. 回避費用アプローチ分析と消費者行動調査分析

回避費用アプローチは、既存市場の情報を使用して間接的に評価をするというアプローチであることから、まずは、わが国の飲料水市場に関連し、既存市場にかかわる経済指標を用いてマクロ的に概観してみる。

わが国水道事業の2007年度の料金収入総額は2兆8,562億円である。第5章第1節で示したようにわが国の消費者が必要とする飲料水を全て水道水で賄ったとしても、その市場規模は約200～290億円以下と推定[139]される。一方、第5章第2節で示したように2007年時点において浄水器で約2,200億円、ミネラル・ウォーターで約1,900億円、つまり、消費者側として飲用ニーズに合致させるために合算して4,100億円程度の追加費用を飲料水にかけている。つまり、マクロ的には水道水支払費用に比べ14～21倍以上のコストを私的追加費用として投入していることになる。

さて、今回のアンケートの被験者達の飲料水にかかわる使用実態をベースとして、総務省［2008］による家計調査結果等に基づき、飲料水にかかわる消費額を試算した。仮に今回の被験者達が飲料水として水道水のみで満足しているケースでは9.82円／月・人を支払うにすぎないと算定される。しかし、被験者達の実際の使用実態から試算すると292.87円／月・人の費用

---

[139] データとして、ある家庭（横浜市在住、家族人数3名）の2007年水道料金支払実績としての年間3万6,413円（＝3,034円／月・家族＝1,011円／月・人）、年間305m³（＝25.4m³／月・家族＝8.5m³／月・人）を利用した。さらに、飲用に2～2.8ℓ／人・日程度（＝60～84ℓ／人・月）を消費し、水道需要が全て家庭向けと仮定、試算した。このケースでは飲用向け水道料金支払額は7～10円／月・人と計算される。水道需要は家庭需要ばかりでもなく、また、飲用向け需要は0.6ℓ／人・日というデータもあり、実際の市場規模はこれより小さいと考えられる。

をかけており、したがってこの差額の287.05円／月・人、実に約30倍の私的追加負担額を消費者である被験者達が負っていることが判明した[140]。この分析結果は、上記の既存市場にかかわる経済指標を用いたマクロ分析結果である14～21倍以上のコストとして私的追加負担を行っていることとほぼ平仄が合うことがわかる。

さて、これだけの私的追加費用をかけている消費者行動の要因に関連して、既存の市場情報を活用して回避行動と期待行動に分けて分析してみる。まず、浄水器協会［2009］「全国浄水器普及状況調査」では、浄水器の設置理由を全体及び住居形態別に調査している。本分析では、これらの理由を回避行動に基づくもの（安心して水を飲みたいから、水道水が不安だから、水道水の臭いが気になるから等）と期待行動に基づくもの（おいしい水を飲みたいから、身体にいいと言われているから、料理や飲み物に使うとおいしくなるから等）にグループ分けを行ってみたところ表17の通りであった。

すなわち、人々は浄水器を設置する理由として、回避行動に基づくものが

---

[140] この算出根拠は以下の通りである。家計調査［2008］家計収支編、〈品目分類〉1世帯当たり年間の支出金額、購入数量及び平均価格に、2007年の単身世帯と2人以上の世帯に関し、上下水道とミネラル・ウォーターに関する支出金額実績が掲載されている。今回の被験者達の単身世帯と2人以上の世帯は各々25名及び48名であるので、飲料水として水道水のみで満足しているケースの算出では下水道比率43％分を控除した世帯区分ごとの水道水にかかわる費用（単身世帯：1,085.7円／月・人、2人以上の世帯：928円／月・人）を用い、人数でウェイトを掛け、このうち飲料水に使用される量（＝金額）を1％と仮定して9.82円／月・人と算出した。次に回避行動、期待行動も包含された実際の支出金額の計算としてはミネラル・ウォーターについても同様の手法で家計調査［2008］のデータを使用し、単身世帯と2人以上の世帯の支出金額（単身世帯：199.6円／月・人、2人以上の世帯：65.9円／月・人）を人数でウェイトを掛けて111.69円／月・人と算出、家計調査［2008］上のデータ記載がない浄水器についてはアンケートの際用いた564円／月・人、水道水の沸騰にかかわる費用については東京都水道局［2005］のデータ2,400円／世帯・年（＝63.7円／月・人）を活用し、これにアンケートによる被験者達の使用実態を回答選択肢の数でウェイト付け（例えば3種類の選択を行った場合には各々3分の1のウェイトを付けた。計算結果では浄水器使用は19.75、沸騰水対応は10.75、その他3）を行い、171.36円／月・人と算出した。これに水道水支出とミネラル・ウォーター支出を加算して合計292.87円／月・人を算出した。

表 17. 浄水器の設置の理由

	回避行動に基づくもの A	期待行動に基づくもの B	A/B
全体	187	119.9	1.56
うち一戸建て	170.8	118.5	1.44
うち集合住宅（マンション）	236	125.3	1.88

(出典) 浄水器協議会 [2009] の浄水器の設置理由 (全体、住居形態別、複数回答) をベースに筆者が集計。

表 18. ミネラル・ウォーター飲用の理由

	回避行動に基づくもの A	期待行動に基づくもの B	A/B
複数回答	78.7	115.3	0.68
最も強い理由	27.8	55.9	0.50

(出典) 全国清涼飲料工業会 [2006] ミネラル・ウォーター利用の理由 (問26) (複数回答) をベースに筆者が集計。

期待行動に基づくものより遥かに多く、集合住宅の場合にはマンション等の共同貯水槽の汚れ等に起因する理由（集合住宅などの水は汚れていると言われている、水道水が不安だから、水道水の臭いが気になる）が一戸建ての場合と比較して大きく、回避行動に基づく浄水器の設置が期待行動に基づくものの2倍近くとなっている。

一方、全国清涼飲料工業会 [2006]「清涼飲料総合調査」では、ミネラル・ウォーター飲用の理由を調査している。本分析では、同様にこれを回避行動に基づくもの（安全に水を飲みたいから、天然・自然の水を飲みたいから等）と期待行動に基づくもの（おいしい水を飲みたいから、カルシウムなどのミネラル分をとりたいから、美容によい水を飲みたいから等）にグループ分けを行ってみたところ表18の通りであった。

これを見ると、前述の浄水器と異なり水道水からミネラル・ウォーターへの転換は期待行動によるものの方が相対的には大きいと考えられる。これらのことから、14～21倍以上、あるいは30倍に相当する費用を負担する人々の要因として、通常想定される回避行動にとどまらず、期待行動による要因も大きいことが想定された。

2. 水道水の質変化と所得変化に応じた選択行動

今回のアンケートでは、あらかじめ被験者の学生達に対し、基礎的情報[141]

表 19. 水道水の評価が現時点より質低下の場合の回避行動選択

現状より水道料金等の負担が増えても、質の低下を回避するよう水道事業体に求める	21.3%
現状維持（このままでよい）	14.7%
浄水器を設置した上で飲用する	40.0%
ミネラル・ウォーターを飲用する	24.0%
サンプル回答数	75

(注) 現時点の評価：7.2 点、質低下時の評価：6.2 点。

表 20. 水道水の評価が現時点より質向上の場合の期待行動選択

現状より水道料金等の負担が増えても、質を高くするよう水道事業体に求める	6.8%
現状維持（このままでよい）	57.5%
アルカリイオン整水器を設置した上で飲用する	24.7%
硬水やバナジウム水のようなミネラル・ウォーターを飲用する	11.0%
サンプル回答数	73

(注) 現時点の評価：7.2 点、質向上時の評価：8.2 点。

を提供した上で、水道水の質変化と所得変化に応じてどのように選択行動するのかについて調べた。最初に水道水の質変化に焦点を絞って被験者の行動選択を分析した。まず、現在の水道水の質評価について、マイナス1点低下したケースを想定してその回避行動を選択させた。この結果、現状のままでよいとするのが11名、費用負担増を前提に水道事業体への改善要求するのが16名で計27名、36.0％が現行の水道システムへの信頼を置いているものの、残りの48名、64.0％は消費者自らが回避行動するとした（表19）。

今度は、逆に、水道水の質自体が向上した場合であっても、被験者がさらに飲料水の質向上に向け、すなわち、水道水のさらなる質向上への期待行動、あるいは水道代替水（例えばミネラル・ウォーター等）への期待行動を取るのかの選択をさせた。この結果、現状のままでよいとするのが42名、費

---

141 基礎的情報として、ミツカン水の文化センター［2008］「水にかかわる生活意識調査」、全国清涼飲料工業会［2006］「清涼飲料総合調査」、浄水器協議会［2007］「全国浄水器普及状況調査」、全国大学生活協同組合連合会「CAMPUS LIFE DATA 2007 学生生活実態調査報告書」等の情報を提供した。なお、水道水の質評価については、ミツカン水の文化センター［2008］を利用し、水道水10点評価法による1998 〜 2008年での指標を活用した。

用負担増を前提に水道事業体への改善要求するのが5名と計47名、64.3%が現行の水道システムへの信頼を置いており、水道事業体ではなく消費者自らが水機能の向上に向けて水道代替水に投資するとしたのは26名、35.7%にとどまっていた（表20）。

以上の被験者達による水道水の質のみを変化させた際の選択行動をベースとして、次に選択モデルにかかわる2回のアンケートに際し、前提として水道水の質がさらに低下（現時点（7.2点）よりマイナス1.7点＝1998年の東京圏での採点レベル）するとの想定のもと、今度は所得条件を変化させ、予算制約がある場合と所得が20%増加した場合について、現状維持、回避行動、期待行動の3パターンの選択行動[142]を被験者に選択させた。

第一回目の選択モデル・アンケートでは、これらの3パターンの質問に対し単純な択一式選択とし、続く第二回目の選択モデル・アンケートでは3パターンの選択肢全てに対し、被験者として5～1までのランク付評価をさせたところ表21、表22のような回答を得た。

回避行動及び期待行動の選択のいずれにおいても単純択一式選択方法（第一回目アンケート）よりランク付評価方法（第二回目アンケート）の方が高負担による期待行動を多く選択することがアンケート集計で浮かび上がった特

142　アンケートで提示した選択肢は以下の3つのシナリオである。

	選択肢1 現状（既存の水道利用のみのケース）	選択肢2	選択肢3
水道料金支払実績	1,011円／月・人	1,139円／月・人	1,139円／月・人
（うち水道事業体による高度浄水処理導入による負担増分）	0円／月・人	128円／月・人	128円／月・人
需要家として浄水器あるいはアルカリイオン整水器を設置	0円／月・人	浄水器564円／月・人を導入	アルカリイオン整水器957円／月・人を導入
ミネラル・ウォーターを飲用	0円／月・人	通常のミネラル・ウォーターを飲用400円／月・人	カルシウム、マグネシウム分等を多く含む硬水であるとかバナジウム水等、普通の水道水には有さないミネラル等を含有する質の高いミネラル・ウォーターを飲用800円／月・人

表21. 予算制約下で水道水の評価が現時点より質低下する場合の回避行動選択

	第1回アンケート	第2回アンケート
（選択肢1）無負担	27.4%	29.2%
（選択肢2）中負担による回避行動	66.1%	58.5%
（選択肢3）高負担による期待行動	6.5%	12.3%
サンプル回答数	62	65

(注) 表19で現状維持（このままでよい）を選択した者はサンプル対象から外している。

表22. 所得20%増加ケースで水道水の評価が現時点より質低下する場合の期待行動選択

	第1回アンケート	第2回アンケート
（選択肢1）無負担	6.5%	2.4%
（選択肢2）中負担による回避行動	67.7%	53.7%
（選択肢3）高負担による期待行動	25.8%	43.9%
サンプル回答数	31	41

(注) 表20で現状維持（このままでよい）を選択した者はサンプル対象から外している。

徴であった。

3．特化係数分析結果

　まず、水道水の質低下がより厳しい想定（マイナス1点→マイナス1.7点）のもとで、予算制約下のケースの、第一回目の択一式選択データについて特化係数を用いて分析した。具体的には、負担のレベルによる4分類の回避行動と水道水により現状維持するグループ、費用負担の増加を覚悟した上で水道事業体に期待するグループ、消費者が浄水器設置で対応するグループ、そして消費者が水道水からミネラル・ウォーターに転換するグループに分けて分析した。これによれば、図11の通り、ミネラル・ウォーターに転換するグループが高負担と中負担を覚悟し、浄水器を設置するグループも高負担を覚悟し、また現状維持グループは無負担のままであった。

　次に、これと同様に、水道水が質向上（プラス1点）から質低下（マイナス1.7点）という想定のもとで、今度は所得20%増加のケースで、負担のレベルによる4分類の期待行動と四つの対応グループに分けて分析した。これによれば、図12の通り、イオン整水器、浄水器を設置するグループが高負担を覚悟し、中負担を行うものは水道事業体への期待するグループとなり、

160　第 2 部　水道インフラ普及時代の消費者選択

図 11．予算制約下で水道水が質低下する場合の消費者選択（特化係数）

凡例：
・・・・・ 質が▲1.7 の場合に、無負担で質現状維持を選択する人数
──── 質が▲1.7 の場合に、中負担で質回復を選択する人数
──── 質が▲1.7 の場合に、高負担で質向上を選択する人数
・・・・・ 質が現状の▲1.0 のままの場合の選択人数（ベース・ケース）

軸ラベル：現状のまま／水道事業者への期待／消費者が浄水器で対応／消費者がミネラル・ウォーターへ転換

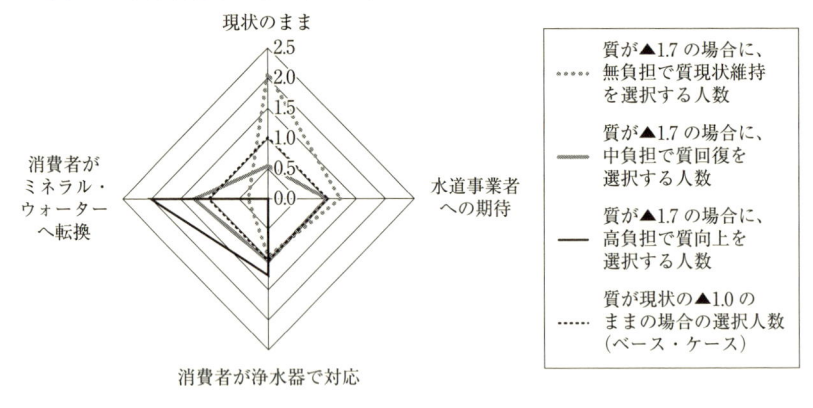

（注）質低下：マイナス 1 点→マイナス 1.7 点。

図 12．所得 20％増加ケースで水道水が質向上から質低下する場合の消費者選択（特化係数）

凡例：
・・・・・ 所得 20％増加の場合に、無負担で質現状維持を選択する人数
──── 所得 20％増加の場合に、中負担で質回復を選択する人数
──── 所得 20％増加の場合に、高負担で質向上を選択する人数
・・・・・ 所得不変の場合の選択人数（ベース・ケース）

軸ラベル：現状のまま／水道事業者への期待／消費者がアルカリイオン整水器で対応／消費者が硬水やバナジウム含有ミネラル・ウォーターへ転換

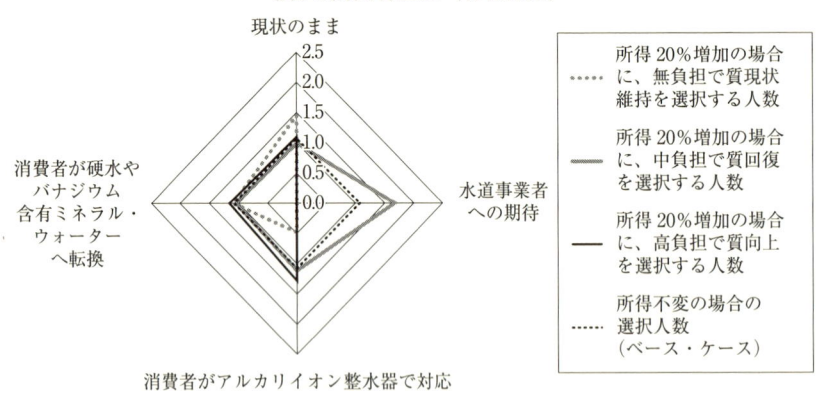

（注）質低下：プラス 1 点→マイナス 1.7 点。

また現状維持グループは無負担のまま他の選択肢に流れることがなかった。以上の特化係数分析の結果から導かれたことは、水道水の質低下という変化に対し、被験者達は①予算制約下では、自身で転換することが容易なミネラル・ウォーターに家計負担を覚悟し、一方で水道水の質変化を評価しない被験者達は、当然のことながら家計負担を変化させることなくそのままの対応

となり、②所得20％増加ケースでは、イオン整水器、浄水器のような贅沢な選択に家計負担を覚悟するとともに、水道事業者による高度浄水処理の導入等にある程度の家計負担を覚悟するという傾向が明らかになったことである。

第4節　消費者選好と序数・基数的効用分析の適用

　ランク付評価方法である第二回目アンケートでは、水道水の質低下を前提に予算制約がある場合と所得が20％増加した場合の選択行動を被験者側に5段階レベル（選好の高さの満点を5として、以下4、3、2、1）でランク付けさせ、以下の二つのアプローチで検討を試みた。

　まず、被験者による5段階レベルを序数的指数と捉えた集計方法で分析し、全ての選択肢について一人ひとりの選好における順位に基づいた点数を付け、それらを全体で合計して社会的選好順序とするボルダ・ルール分析[143]を試みた。

　ボルダ順位と三つの選択肢に対するそれぞれの順位との関係を数量的に把握する際にスピアマンの順位相関係数を利用する。通常の相関係数は直線的関係の強弱がわかるが、スピアマン順位相関係数では単調に増加（減少）する関係の強弱がわかる。表23、表24にその結果を示したが、予算制約がある場合も所得20％増加ケースもいずれもボルダ順位と選択肢2及び選択肢3とが強く相関していることがわかった。そして、この分析結果では、予算制約がある場合には社会的選好順序として選択肢3（期待行動）の方が選択肢2（回避行動）より好まれ、逆に所得20％増加ケースの場合には社会的選

---

[143] Arrow［1963］によれば、「一般に、個人の直接消費に基づく社会状態の順序付けと、その個人が平等に関する彼の一般的状基準（あるいは金銭的な張り合いに関する彼の基準かもしれない）を加味した場合の順序付けとの間には相違があり、前者の順序はその個人の嗜好を反映し、後者は彼の評価を反映している」としている。ボルダ・ルールは常に選択肢の完備な順序付けをもたらし、この基準は「投票者」と考えることができるので、ボルダ・ルールは投票ルールと見なすことができる。多くの人にまんべんなく支持されている人を選ぶための方法とも言える

表 23. 予算制約下でのスピアマンの順位相関係数マトリックス

	選択肢 1	選択肢 2	選択肢 3	ボルダ順位
選択肢 1	1			
選択肢 2	−0.424	1		
選択肢 3	−0.301	0.443	1	
ボルダ順位	0.102	0.659	0.702	1

(注) 順位相関係数の検定結果は、t(両側)=8.43>2.65 (N=73) であり、1%水準で有意。

表 24. 所得20%増ケースでのスピアマンの順位相関係数マトリックス

	選択肢 1	選択肢 2	選択肢 3	ボルダ順位
選択肢 1	1			
選択肢 2	0.004	1		
選択肢 3	−0.227	0.192	1	
ボルダ順位	0.391	0.704	0.555	1

(注) 順位相関係数の検定結果は、t(両側)=8.43>2.65 (N=73) であり、1%水準で有意。

好順序として選択肢2(回避行動)の方が選択肢3(期待行動)より好まれるということを示すことが確認できた。

次に被験者がランク付けしたこの5段階レベルについて基数的指数と捉え、このレベルを複数の効用の重要性をウェイトとして捉えて分析を試みた。貨幣換算が容易でない非市場財の存在を分析評価に組み入れる際、複数の基準をそのままの尺度で評価し、それを何らかの方法で統合しようという多基準分析が注目され、色々な手法が提案されている。本分析においてはEdwards [1971, 1977] が提案した複数の効用の重要性をウェイトとして一次式で表す多属性効用アプローチを参考にする。具体的には被験者が選好の最も高いランクの5を選択した場合には1のウェイトでこの選好を実行し、逆に選好の最も低いランクの1を選択した場合には0.2のウェイトでこの選好を実行すると仮定し、被験者が最も高い評価を与えた時の費用を上限とし、次式によりこの三つの選択肢に被験者がどの程度の費用を負担する意思があるのかを算定した。

$WTP_{i 選択肢 x} = STP_i / (E_{i 選択肢 1} \times M\ cost + E_{i 選択肢 2} \times A\ cost + E_{i 選択肢 3} \times E\ cost)$

ここで WTP i:被験者 i の選択肢 x に対する支払意思額

図 13. 予算制約ケースと所得 20％増加ケースでの多属性
効用アプローチによる支払意思額

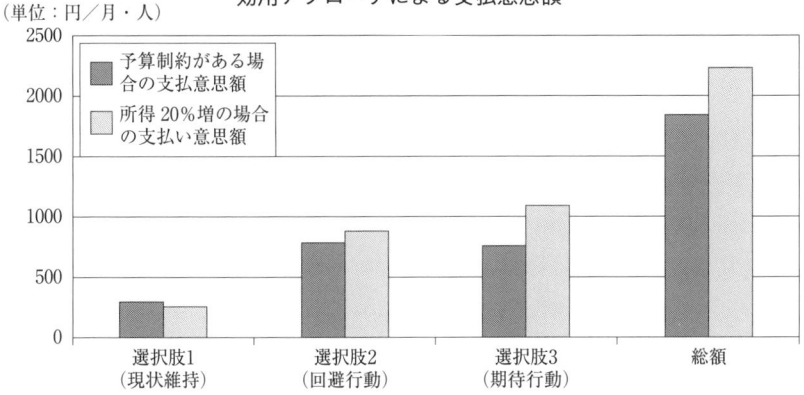

(単位：円／月・人)

STP i：被験者 i が最も高いレベルで評価したランクでの実行費用

E i：選択肢 x：被験者 i が選択肢 x（X = 1, 2, 3）を評価したランクをウェイトで表した係数（5 = 1.0、4 = 0.8、3 = 0.6、2 = 0.4、1 = 0.2）

M cost：水道水を現状のまま使用する際の費用で 1,011 円／月・人

A cost：通常のミネラル・ウォーター転換や浄水器設置等により回避費用をかける際の費用で 2,103 円／月・人

E cost：有用なミネラル分を多く含むミネラル・ウォーター転換やアルカリイオン整水器設置等により期待費用をかける際の費用で 2,896 円／月・人

　この算定では、予算制約がある場合には被験者平均で 1,842 円／月・人、所得 20％増加の場合には被験者平均で 2,230 円／月・人となった。第二回目のアンケートに際し、被験者の中で既に水道水使用からミネラル・ウォーターへの転換や浄水器設置しているケースでも、アンケート回答上は、現状ではベースとして水道水を飲料水として使用していると想定することを求めた。この意味で、これらの金額とベースとして水道水を飲料水に支払うと想定している金額との差額が支払意思額として算定される。したがって、予算制約がある場合には被験者平均で回避行動への支払意思額は 487 円／月・

表25. スピアマンの順位相関係数と多属性効用アプローチによる分析結果比較

	予算制約ケース	所得20%増加ケース
スピアマンの順位相関係数	回避行動＜期待行動	回避行動＞期待行動
多属性効用アプローチ	回避行動＞期待行動	回避行動＜期待行動

人、期待行動への支払意思額は461円／月・人となり、所得20％増加の場合には被験者平均で回避行動への支払意思額は624円／月・人、期待行動への支払意思額は833円／月・人となった。

これらの支払意思額の大きさ順位と、前述のスピアマンの順位相関係数から得られた回避行動と期待行動の選好序列とはいずれのケースも逆転している。

一般に個人の行動選択原理に関し想定する基数的効用と比べ、外面に現れる行動を記述するだけの序数的効用はより前提が少ないと言われている[144]。基数的効用結果と序数的効用結果の説明力が変わらない、あるいは今回のように逆転している場合には、個人の主観的な精神状態のように観測不可能な領域を前提としない序数的効用、すなわちボルダ・ルール分析を採用する方が合理的となる。一方、今回採用した基数的効用を測る尺度としての多属性効用は実践的によく使用される方法ではあるが、全ての効用が他の効用の存在によって影響を受けないという「効用の独立性」が必要条件になるという制約[145]がある。

したがって、この二つの分析結果の結論としては、スピアマンの順位相関係数から得られた回避行動と期待行動の選好の順位による社会的選好序列を採用することになる。しかし同時に、飲料水に関連した被験者達の行動選択が及ぼす消費パターンや市場規模等についてはこれらにかかわるコストレベ

---

[144] ただし、Arrow［1963］によれば、順位付けを用いる集団的意思決定に関し、ボルダ・ルールの下で生じる戦略的投票のような無関係対象からの独立性（AよりもBを選べば、たとえ、Cを含めて考慮しても、やはりAよりもBを選ぶ）に反する戦略的操作に対しては脆弱であることは早くから知られている。これに対し、ボルダの反論は、彼の手続きは正直ものを対象にしたものだということであった。

[145] しかし、奥田［2008］によれば、多属性効用が注目される実践的な理論であるのは、このような交互作用は無視しても支障のない場合が多いからである。

ルも考慮する必要がある。飲料水にかかわる消費者の期待行動自体は社会的選好順序としては低いとしても、通常のミネラル・ウォーター転換や浄水器設置等により回避費用である A cost に対し、有用なミネラル分を多く含むミネラル・ウォーター転換やアルカリイオン整水器設置等により期待費用である E cost の費用が 37.7％も高い水準となる。その前提のもとでは、飲料水にかかわる社会的総費用に対する影響が大きく出ることを排除はできず、特に所得が 20％増加するケースではこれらの二つの選好分析アプローチの結果が両立することも考えられよう[146]。

第 5 節　結論

　2007 年になって厚生労働省より「水道事業の費用対効果分析マニュアル改訂」が公表された。2000 年に作成された日本水道協会の同マニュアル以降の評価手法自体の進展を踏まえ、これまで便益の計測方法として原則、顕示選好法である「回避支出法」や「量－反応法」がベースとなっていたが、今回の改定に際して、事業者が算定根拠を示すという条件のもとで表明選好法も採用できるようになり、特に仮想評価法による算定が追加されている。

　本章では、消費者行動を水道水の質低下への回避行動と水の質向上への期待行動に分けて考え、回避費用アプローチで説明できる消費者選好とともに選択モデリング・アプローチで説明できる消費者選好を組み合わせて説明を試みた。回避費用アプローチでも、被験者達が飲料水として水道水のみで満足しているケースでは 9.82 円／月・人のコストしかかからないところ、実際には 292.87 円／月・人のコストをかけており、その差額の 287.05 円／月・人、約 30 倍の私的追加負担額を消費者である被験者達が負っていると算定された。これは市場データから得られたマクロ分析結果である 14 ～ 21

---

[146] ただし、予算制約があるケースではこのような考え方は適用されない。ボルダ・ルールに基づく選好行動をベースと考えれば、選択肢 3、選択肢 2 の順に選好され、A cost と E cost の費用の差を考えれば図 13 とは異なる消費パターンとなることが想定される。

倍以上の私的追加負担額という分析ともほぼ平仄が合っている。

一方、選択モデリング・モデルでは、ボルダ・ルール分析と多属性効用分析の結果によれば、特に所得20％増加ケースでは、回避行動は期待行動より社会的選好としては大きいものの、期待行動による選好が回避行動以上に飲料水市場に対しより大きな経済的インパクトがありうることを示せた。つまり、飲料水に対する質の向上期待という消費者自身の選択による効用の向上が飲料水市場に対する影響を与える大きな要因の一つである可能性を示した。

また、今回の被験者の意識として、水道水の料金が高いと認識している点は明白である。したがって、水道水の水質悪化という環境リスクの増大に対し、水道事業者等が公的対策を取ればそれだけコスト増に繋がることを意味し、消費者の回避行動負担軽減という観点のみでこのような公的対策の必要性を説明するのは困難と言えよう。

今回の分析に伴う課題も少なくない。「飲料水のおいしさ」あるいは「（物理的・客観的な意味で）飲料水の成分・機能の高度化」について、消費者はあくまでも主観的評価を行っているにすぎないという指摘もある。また、「東京の水」のおいしさを首都圏に居住する消費者が仮に低く評価するとしても、例えば「飲めない水道」として課題を抱えている北京に居住する消費者が、物理的には同じ「東京の水」を社会的に高く評価することは十分にありうる。これらのことは表明選好法による消費者の評価はあくまでも主観的、相対的な位置付けと考えざるをえないかもしれない。

さらに、今回の分析ではアンケート有効回答数も73名と限られことから今後さらに数を増やした規模で情報を得ることが必要である。また、多変量分析の結果も浄水器グループを外した上で、期待行動のみしか活用できず、被験者への事前提供する参考情報内容あるいは選択金額レベルの設定方法等の改善は今後の検討課題である。

昨今の健康ブームの影響も受け、水道水には有さないミネラル等を含有する質の高いミネラル・ウォーターへの代替、アルカリイオン整水器の導入等消費者による水の質向上への期待行動は徐々に大きくなっている。今後、値上げ傾向が続く水道水との相対価格差も小さくなり、また、所得水準が上昇すれば、消費者自身による水の質向上への期待行動はさらに定着したものと

なる可能性もある。その場合には、回避行動による消費者行動変化も含め、飲料水の利用形態としても蛇口からペットボトルへという水道水代替の消費スタイルを採り入れる消費者層が短期間にさらに拡大することも考えられよう[147]。

---

[147] このような新たなパラダイムの中で、水道事業者自身が膜技術等の水道関連技術進歩を取り入れ、新たなビジネスモデルを構築することも求められよう。

第7章

「おいしくなった水道水」PR で水道水需要の増加に繋がるか
—— コンジョイント分析による飲料水の消費者選択課題[148]

はじめに

わが国の消費者は、健康志向の高まりや水道原水の悪化等もあって、蛇口からの水道水を飲料水として利用せず、ミネラル・ウォーターを購入する等の行動を採るようになっている。このような状況の下、オゾン使用の高度浄水施設導入に伴いカルキ臭をほぼ除去し「おいしくなった水道水」を供給する水道事業体は、おいしさを消費者に実感してもらうために各種の広報活動を行っている。

日本水道協会［2009b］によれば、アンケート回答の過半の事業体は広報予算を計上し、4.1％（39事業体）の事業体では年間1,000万円以上広報予算をかけており、具体的にはホームページ開設、広報誌発行等とともに11.1％（106事業体）の事業体でペットボトル水・アルミボトル水等の水道 PR グッズを頒布している。しかし、ほとんどの水道ボトル水事業では、製造・販売コストとしての職員人件費を賄っていないという意味で、コスト割れの中で販売・頒布を実施している。したがって、水道事業体としては、ボトル水の販売・頒布について、水道水の営業活動ではなくあくまでも広報活動の一

---

[148] 本章は、拙稿［2010］「『おいしくなった水道水』PR で水道水需要の増加に繋がるか——コンジョイント分析による飲料水の消費者選択」『公益事業研究』第62巻第2号、pp. 11-22 を加筆修正したものである。

環としての位置付けと強調（大阪市、岡山市）する。さらに、ペットボトル容器による「おいしさPR」ではなく、長期保存に向くアルミボトル容器に目的を変更して「家庭備蓄用」として販売・頒布（さいたま市）する事例や、そもそも水道水ボトルの製造を終了（名古屋市）する事例が出ているのが実態である。こうした中、例えば、大阪市の水道事業体は、消費者が「水道管の蛇口から水を飲んでいない実態」をいかにもとに戻すかということこそが広報活動の眼目であると認識し、同市のボトル水「ほんまや」の営業に努力を傾注している。しかし、インターネット調査を実施した結果、回答者の17.0％が「ほんまや」を認知しているものの、この「ほんまや」を購入した者は5.2％にとどまっていた[149]。

飲料水の消費者選択について、本章では、消費者選好に関する非市場評価手法である表明選好法の中で、近時、種々の新たな手法が開発されつつあるコンジョイント分析、具体的には、完全プロファイル評定型と選択型という二つの異なるコンジョイント分析を利用する。それはアンケート時の被験者に対する選択プロファイルについて付与のレベルや条件を変えることによる影響と、各々のモデルとしての有効性、さらには限界性を比較する実証分析である。これらを通じて、飲料水市場を対象としつつ、水道事業体によるボトル水にかかわる非市場評価上の課題を検証し、以上のような水道水需要の増加に向けた水道事業体のおいしさPR活動のあり方を考察するものである。

第1節　先行研究

水道事業体による広報・販売努力が消費者の飲料水購入に結び付くために、飲料水にかかわる消費者選好を的確に把握する必要がある。本章では、消費者が直接的にその評価を表明することを基本とした表明選好法、特にコンジョイント分析を活用する。

---

[149] 2009年2月の「ほんまや」購入経験有無に関するインターネット調査では、最多の購入理由は「どんなものか試したいと思ったから」（45.2％）、最多の非購入理由は「『ほんまや』の存在を知らなかったから」（54.1％）となっている。

第5章第3節でも先行研究について触れたが、コンジョイント分析は、評価対象を複数の属性の束として捉え、人々の効用を、全体効用と部分効用の両面から捉えようとするものである。一方、顕示選好法の中のヘドニック法は、経済取引される各種の財・サービスの価格が、その財・サービスの品質を表す種々の「特性」に依存していると考え、全体的な品質を各種の「特性」の合成と見なす考え方であり、アプローチとしては類似している。これらの分析手法の最大の相違点は、ヘドニック法を含む顕示選好法が市場で売買される「利用価値」のみを対象に評価するのに対し、表明選好法では「利用価値」の評価とともに、利用しなくても、その財が存在することで満足感を得るという「非利用価値」も評価できるところである。今回は、飲料水に対する消費者選択分析の対象として、支払金額とともに、健康不安に対する回避行動、健康増進に向けての期待行動という、「利用価値」のみにとどまらない「非利用価値」も評価の対象とすべきと考え、コンジョイント分析を活用する。

　そして、コンジョイント分析についても、2種類の手法、具体的には、完全プロファイル評定型と選択型という二つの異なるコンジョイント分析を利用して比較検討を行う。このような比較検討自体の先行研究としては、Elrod et al.［1992］及びOliphant et al.［1992］を挙げることができる。やはり評定型コンジョイントと選択型コンジョイントの評価比較しており、具体的には、賃貸アパートやサービス・パッケージ商品を対象として実施し、評価結果を比較した結果は比較的近い値で、信頼性も変わらなかったと報告している。しかし、今回対象とした飲料水のような商品・サービスに対する非市場評価アンケートでは、日用品、低価格といった特徴から一般的には人々の関与が低く、アンケートの実施に際し、消費者個人に対して、逆に認知上の負担がかかり、消費者の限界ある認知処理能力の範囲内で評価できない場合や仮説バイアスやヒューリスティックス等の課題が生じる可能性が高い。また、Szymanski and Henard［2001］は、属性レベルで測定された満足を集計したものと全体レベルで測定された満足を研究し、これらの満足の集計結果に差異があることを報告している。すなわち、消費者自身が属性レベルでの満足を強く意識しない場合には、その測定自体の意味合いが疑問視

された。

なお、このような認知処理能力との関連で、消費者の購買行動を情報処理過程として捉えた先行研究ではBettman［1979］が挙げられる。そこでは消費者個人が有する製品の重要度や知識、パーソナリティ特性、デモグラフィック特性といった要因とその情報処理様式を明らかにしようとした試みが行われている。

以上を踏まえ、本章では完全プロファイル評定型分析と選択型分析においてアンケート時の被験者に対する選択プロファイルの付与についてのレベルや条件の影響と、各々のモデルとしての有効性と限界性を実証し、併せて情報処理時間との関係を考察する。

第2節　分析方法とデータ

1. 分析方法

まず、被験者に対し、水道事業体が飲料水としてペットボトル等に詰めた水道水をPRや販売している活動について五つの質問を行い、以下のコンジョイント分析で得られたデータをもとに各々の項目に対応した被験者グループの属性レベルの分析と支払意思額を算定する。

次に、コンジョイント分析では、被験者が飲料水を購入する際の意思決定において、支払金額とともに、健康不安に対する回避行動、健康増進に向けての期待行動という三つの属性項目から成り立つものとした。すなわち、被験者を含む消費者は、その評価属性の対象項目として、まず、飲料水に対し、水質悪化リスクに対して水道水を沸騰させる行為や浄水器を利用したり、水道水の代替としてミネラル・ウォーターを購入するといった回避行動を取るという側面からの評価を行う。一方、消費者自身の健康増進のため水道水ではなく健康飲料水を購入したり、おいしさ追求といった質的向上・転換といった期待行動を取るという側面から評価も行う。このようにプラス・マイナス二つの属性と支払金額の3属性項目を有する商品・サービスとして飲料水を捉えるものと仮定した。これに各々の程度を示す3種類の水準[150]を組み合わせ、$3^3 = 27$通りの個人の選択行動の把握を試みた。

図14. プロファイル・カード（完全プロファイル評定型）の例

カード1

属性項目	属性水準
飲料水への支払意思額	826円／月・人
環境問題に起因する飲料水への健康面での不安回避	回避行動を必ず取る
飲料水に対する健康増進面での期待	期待行動を全く取らない
順位得点	（　　）点

カード2

属性項目	属性水準
飲料水への支払意思額	485円／月・人
環境問題に起因する飲料水への健康面での不安回避	回避行動を全く取らない
飲料水に対する健康増進面での期待	期待行動を時々取る
順位得点	（　　）点

カード3

属性項目	属性水準
飲料水への支払意思額	10円／月・人
環境問題に起因する飲料水への健康面での不安回避	回避行動を全く取らない
飲料水に対する健康増進面での期待	期待行動を全く取らない
順位得点	（　　）点

カード4……

　属性と水準を組み合わせた27通りの選択行動について被験者が判断するのは一般的に複雑すぎる[151]ことから、交互作用を無視できる直交計画法にしたがった9種類のプロファイルを準備した。このうちの三つを全ての選択プロファイルから非復元抽出（3分の1の付与レベル）し、これにどの案も選択しない選択離脱項目も加えて設定した「絶対的評価」の選択型分析と、九つ全ての選択プロファイルを一つのセットとし一覧できる状態（フルの付与

---

[150] 3種類の水準として、飲料水への支払金額という属性項目に対しては10円／月・人、485円／月・人、826円／月・人、環境問題に起因する健康面の不安回避と健康面の増進期待という二つの属性項目に対しては回避（期待）行動を全く取らない、回避（期待）行動を時々取る、回避（期待）行動を必ず取るという設定とした。支払金額の3水準レベルは平均的な世帯での回避（期待）行動水準の三つのレベルに相当する。

[151] Miller［1956］によれば、人間の短期的な情報処理能力の限界として7±2チャンクとされており、例えば、選択肢数が10以上あると最適な情報処理が困難とされている。なお、知識をネットワーク構造で記憶することを「スキーマ」といい、このスキーマによって関連付けられた要素をいくつかまとめて構成する高次の単位を「チャンク」という。

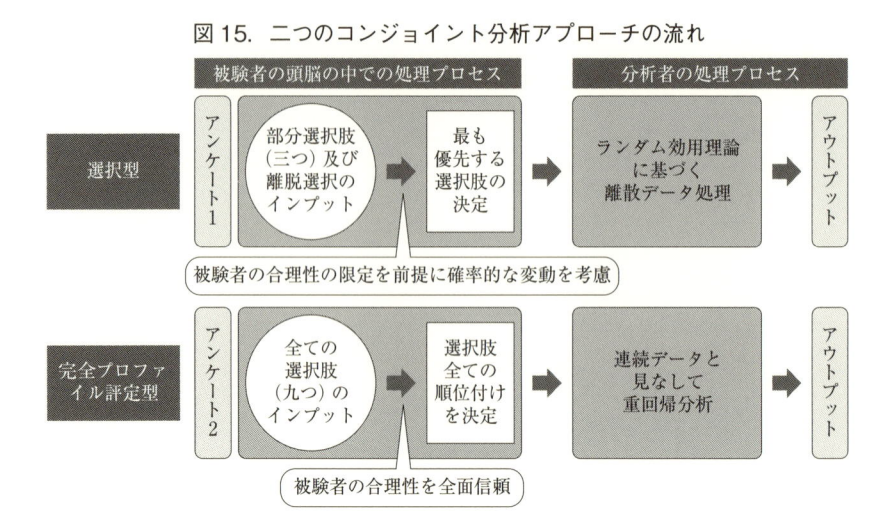

図15. 二つのコンジョイント分析アプローチの流れ

選択型: アンケート1 → 部分選択肢（三つ）及び離脱選択のインプット → 最も優先する選択肢の決定 → ランダム効用理論に基づく離散データ処理 → アウトプット
（被験者の合理性の限定を前提に確率的な変動を考慮）

完全プロファイル評定型: アンケート2 → 全ての選択肢（九つ）のインプット → 選択肢全ての順位付けを決定 → 連続データと見なして重回帰分析 → アウトプット
（被験者の合理性を全面信頼）

レベル）で効用の優先順位を付ける「相対的評価」の完全プロファイル評定型分析を、一週間という期間を開けた上で2回連続実施した。アンケート実施に際しては、予算制約を強く認識させる観点から、被験者の所得が現状より20%減少するケース、現状と変わらないケース、20%増加するケースという三つの所得変化を外生的に付与した上で各々のケースでの回答を求めた。

なお、分析処理として完全プロファイル評定型での重回帰分析等はExcel等を利用することで対応できる。一方、選択型分析は回答データを条件付ロジット・モデルで分析するが、今回の分析では、合崎［2007］が開発した最新の農研機構［2008］『MS Excelを利用した選択実験データの統計分析マクロ・プログラム』の提供を受けて、これを利用した。

さらに、二つの実験モデルにかかわる情報処理時間の関係を考察するために、被験者に対して二つのコンジョイント分析のアンケート回答時間を各々報告させた。

2. データ

本研究においては、東京都内私立大学に通う88名（有効回答数87名）の大学2年生を被験者とした。地域的には東京23区・都下52名、神奈川県18

名、埼玉県 12 名、千葉県 4 名、茨城県 1 名で、また、単身世帯 35 名、家族同居世帯 52 名、男 73 名、女 14 名となっている。さらに被験者全体の平均月額生活費支出は 8.3 万円（うち平均月額食費・住居費 5.3 万円）である[152]。

なお、選択型分析では、直交計画法にしたがった 9 種類のプロファイルのうちの 3 種類を非復元抽出で組み合わせた九つの異なるプロファイル・セットを準備し、87 名の被験者を九つのグループに分けて各々のセットで実施した。

第3節　アンケート回答とコンジョイント分析の結果

1. 水道事業体によるボトル水 PR 活動にかかわるアンケート回答結果

上記の水道事業体が飲料水としてペットボトル等に詰めた水道水を PR や販売している活動についての五つの具体的項目と質問にかかわる選択肢、回答結果は表 26 の通りである。

2. コンジョイント分析上のモデルとの適合性確認

続いて 87 名の被験者全員を対象とした二つのコンジョイント分析を実施したが、いずれもモデル適合度等ではあまりよい結果とならなかった[153]。

---

[152] なお、これらの被験者にも 2008 年に内閣府が実施した「水に関する世論調査」と同一のアンケートも実施し、世論調査全体（N = 1,839）傾向との比較も行った。例えば、水道水の質への満足感に関しては今回の被験者は飲み水以外の用途には満足している比率は 64.1％と高い。これは世論調査の「年齢区分 20 〜 29 歳」（N = 145）や「職業区分学生」（N = 19）と比較的近い傾向ではあるが、世論調査全体（N = 1,839）は 39.9％にすぎず、飲料水向け水道に対する不満度が大きく出るグループと考えた方がよさそうである。

[153] 選択型コンジョイント分析では、モデル適合度を判断する材料となる修正 McFadden 決定係数は最も高い所得 20％減少ケースでも 0.098 にすぎず、他の所得変化ケースも 0 に近い数値で、適合度は低いと判断された。また、完全プロファイル評定型コンジョイント分析では、モデル適合度を判断する材料となる全体効用値と評定順位との単相関係数は三つの所得変化ケースとも 0.364 〜 0.408 にとどまり、これらも分析精度としては必ずしもよい結果とならなかった。

176　第2部　水道インフラ普及時代の消費者選択

表26. 水道事業体によるボトル水PR活動にかかわるアンケート回答結果

水道事業体のボトル水販売に関する認知の有無	知っていた	44 (50.6%)
	知らなかった	43 (49.4%)
水道事業体のPR活動に対する受け止め方	水道事業体は水道管による供給が本務であり、ペットボトル等による販売活動は不要	39 (44.8%)
	地元の町おこしや地産地消の一環からペットボトル等目に見える商品化が必要	35 (40.2%)
	ボトル水は「安全でおいしい水のPR」より、地震のような水道供給途絶に役立てるという趣旨ではないか	4 (4.6%)
	その他	9 (10.4%)
消費者行動の変化見通し	水道水が安全だとPRしたところで飲料水のような体に入れる飲み物は特別であり、消費者は浄水器やMWを利用するといった負担を継続	44 (50.6%)
	水道事業体によるPR活動も認知範囲が拡がらず、したがって消費者の浄水器やMWの利用規模も変わらない	22 (25.3%)
	「安全でおいしい水のPR」の結果、消費者は当然浄水器やMWの利用規模を減少させる	9 (10.4%)
	「安全でおいしい水のPR」効果が波及、むしろ高度浄水処理等が導入されない場所で消費者は浄水器やMWの関心を拡大	7 (8.0%)
	その他	5 (5.7%)
水道事業体のボトル水を購入するか	もともとMWを飲まないので購入しない	34 (39.1%)
	おいしさはともかく価格が他の輸入・国産MWと比べ、例えば半額等廉価であれば購入する	29 (33.3%)
	おいしさも価格もほぼ同じレベルであれば水道水のペットボトル等を購入する	14 (16.1%)
	地元のおいしい水であるので地産地消等の理由から他の輸入・国産MWと比べ価格が高くても購入する	3 (3.5%)
	その他	7 (8.0%)
水道事業体のボトル水のマーケットの見通し	東京や大阪で販売人気が出ているのは「まずい」と思っていた水道水が意外と「おいしい」と思ったから。北海道や九州のような地方ではもともと水がおいしいので水道局ボトル水はそれほど販売拡大しない	24 (27.6%)
	昨今低迷していると言われる自治体の水道需要を増加させるためにもこのようなボトル水販売活動は必要	22 (25.3%)
	今後の水道水の質はこのままでよいと考えるので水道事業体がこのような努力を行うのは無駄	21 (24.1%)
	水道事業体がこのようなマーケット努力をしたところで需要増加に繋がらない	14 (16.1%)
	その他	6 (6.9%)

(注) MW：ミネラル・ウォーター。□は積極・肯定的判断、■は消極・否定的判断、□はその中間的判断。

表 27. 選択型と完全プロファイル評定型の実験時に選択・優先順位が
二つ以上一致した被験者数の状況

	所得 20%減少ケース	所得不変ケース	所得 20%増加ケース	(参考) 3 ケースとも全て二つ以上一致
A. 被験者総数	87	87	87	87
B. 二つ以上一致	39	45	35	18
B/A	44.8%	51.7%	40.2%	20.7%

図 16. 選択・優先順位が二つ以上一致した被験者データを利用したモデル適合度

選択型分析精度
(修正 McFadden 決定係数)

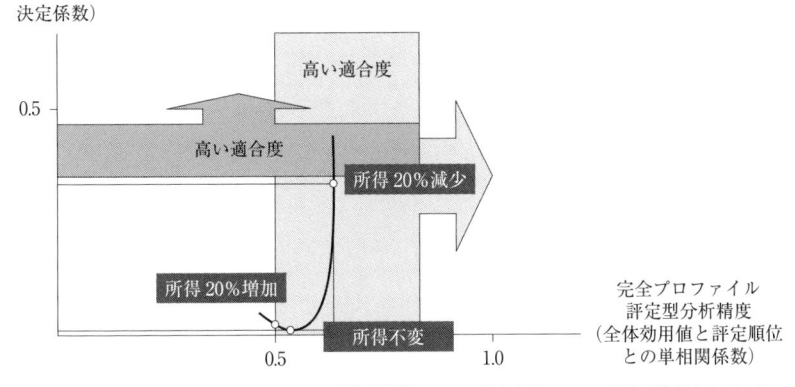

高い適合度
高い適合度
所得 20%減少
所得 20%増加
所得不変

完全プロファイル評定型分析精度
(全体効用値と評定順位との単相関係数)

(注) 修正 McFadden 決定係数では 0.4〜0.5 が、単相関係数では 0.5 以上が高いモデル適合度と言われている。

そこで選択型で非復元抽出した三つのプロファイルと、完全プロファイル評定型で九つのプロファイルに付けた効用優先順位との間で少なくとも二つ以上一致[154]したものを、87 名の被験者個人データごとに三つの所得変化ケースで個別にチェックしたところ表 27 のような結果となった。

続いて、表 27 の B の選択・優先順位二つ以上一致した被験者のデータを利用して再度三つの所得ケースごとに二つのコンジョイント分析を実施、分

---

154 選択型コンジョイント分析では、三つの選択肢に加え、どの案も選択しないという選択離脱できる項目も加えて組み合わせて設定している。この一致・不一致の判断としては、被験者が完全プロファイル評定型の九つの選択肢の優先順位で、上位の 5 位までの選択肢が一つ以上あるにもかかわらずドロップアウトした場合に不一致と見なした。

析精度を各々算出したところ図16のように完全プロファイル評定分析では三つの所得ケース全てで高い適合度が確認できたが、選択型分析ではほぼ高い適合度（修正 McFadden 決定係数 = 0.340）となったのは所得20％減少のケースのみであった。

3. 選択型分析、完全プロファイル評定型分析と情報処理分析の結果

以上のようなコンジョイント分析上のモデルとの適合性に関するマクロ・ベースでのスクリーニングを経て、本章では所得20％減少というケースを前提として分析を行った。

表28では選択型モデルに関し、被説明変数としての効用関数を表す四つの説明変数（固有定数、支払金額、回避行動、期待行動）の係数等と回避行動・期待行動への支払意思額の推定結果を示している。有意水準に関しては、固有定数、支払金額、回避行動は1％水準で有意であるが、期待行動については10％水準で有意となっている。

また、完全プロファイル評定型モデルに関しては、被説明変数としての（全体）効用関数も四つの説明変数（固有定数、支払金額、回避行動、期待行動）から成り立ち、各々の属性水準にかかわる部分効用値から推定する。具体的には以下の推定式となる。

$$U = 4.2735 + \begin{bmatrix} 10円／月・人 & 1.7435 \\ 485円／月・人 & 0.1945 \\ 826円／月・人 & -0.19401 \end{bmatrix} + \begin{bmatrix} 回避行動取らず & -1.1794 \\ 時々回避行動 & 0.2393 \\ 必ず回避行動 & 0.9401 \end{bmatrix} + \begin{bmatrix} 回避行動取らず & -0.4359 \\ 時々回避行動 & 0.1623 \\ 必ず回避行動 & 0.2750 \end{bmatrix}$$

（全体）効用値と評定順位間の単相関係数を算出することで本モデルの分析精度が確認でき、このケースでは単相関係数は0.6108と高く、また1％水準で有意である。なお、回避行動・期待行動への支払意思額の推定結果は表29の通りである。

表28、表29の推定結果から言えることは、回避行動に対する支払意思額は両モデルでほぼ一致し、また期待行動に対する支払意思額に関しては、選択型分析ではプラスで、完全プロファイル評定分析ではマイナスと推定されたが、支払意思額のレベルではほぼ同じである。

なお、今回のアンケート調査を実施した2009年11月とほぼ一致する2009年10～11月に全国大学生活協同組合連合会（東京）が調査した報告

表28. 所得20%減少ケースでの選択型分析の結果（N＝39）

変数	定義		t値	p値
選択肢固有定数		2.032354	4.399773	2.47E－05
支払金額係数推定値	円／月・人	－0.0418	－7.11288	1.1E－10
回避行動係数推定値	取らない＝0 時々取る＝1 必ず取る＝2	0.927107	4.401188	2.45E－05
期待行動係数推定値	取らない＝0 時々取る＝1 必ず取る＝2	－0.30947	－1.62307	0.10736
観測値数		117		
選択肢数		4		
説明変数		4		
初期対数尤度		－162.196		
最大対数尤度		－103.081		
修正 McFadden 決定係数		0.33981		
回避行動への支払意思額	円／月・人	221.80		
期待行動への支払意思額	円／月・人	▲74.04		

表29. 所得20%減少ケースでの完全プロファイル評定型分析の結果（N＝39）

変数	定義	
回避行動への支払意思額	円／月・人	227.96
期待行動への支払意思額	円／月・人	76.29

によれば、大学生への仕送り額が減少し、25年前の水準になり、支出を切り詰める傾向も続き、住居費以外の支出は全て減少と、首都圏の私大生の生活費が過去最低になったと公表されている。今回の分析では被験者の所得ケースを三つに分けて検討したが、このような所得・生活費動向の実態から見れば、そもそも所得20%増加や所得不変というケース想定自体の現実性が乏しく、この意味で所得20%減少ケースのみが被験者の日頃の予算制約実感に合っていたと考えられる。

さて、続いて二つの実験モデルの両方で高い適合性が期待できる39名の被験者グループによるボトル水PR活動にかかわるアンケートの選択グループごとでコンジョイント分析を行った。

まず、各アンケートに対する選択型と完全プロファイル評定型の分析結果は表30の通りである。アンケートの選択肢で積極・肯定的判断、消極・否定的判断、及びそれらの中間的判断というグループ分けは表26のカテゴ

180　第2部　水道インフラ普及時代の消費者選択

表30. 所得20%減少ケースでのアンケート回答に対応した選択型と完全プロファイル評定型分析の結果

アンケート項目	選択肢でグループ分けした回答	選択型分析 回避行動への支払意思額(円/月・人)	選択型分析 期待行動への支払意思額(円/月・人)	選択型分析 修正McFadden決定係数	完全プロファイル評定型分析 回避行動への支払意思額(円/月・人)	完全プロファイル評定型分析 期待行動への支払意思額(円/月・人)	全体効用と評定順位との単相関係数
水道事業体のボトル水販売に関する認知の有無	有り(17名)	166.87	▲55.65	0.426	246.35	54.70	0.625
	無し(22名)	325.57	▲96.22	0.300	211.95	89.95	0.585
水道事業体のPR活動に対する受け止め方	積極・肯定的判断(16名)	225.28	2.97	0.365	261.60	120.15	0.640
	中間的判断(2名)	—	—	—	277.75	25.25	0.861
	消極・否定的判断(18名)	211.84	▲127.22	0.242	126.45	42.7	0.478
消費者行動の変化見通し	積極・肯定的判断(2名)	▲201.17	▲201.19	0.352	160.05	▲160.00	0.635
	中間的判断(3名)	434.40	▲57.70	0.124	358.80	179.35	0.761
	消極・否定的判断(33名)	230.66	▲81.30	0.377	226.95	77.45	0.601
水道事業体のボトル水を購入するか	積極・肯定的判断(11名)	268.40	▲33.70	0.457	276.51	121.21	0.695
	中間的判断(13名)	237.60	▲138.80	0.237	162.72	25.69	0.510
	消極・否定的判断(13名)	153.64	▲17.06	0.263	202.86	128.12	0.593
水道事業体のボトル水のマーケットの見通し	積極・肯定的判断(11名)	274.0	▲2.85	0.371	306.65	132.75	0.675
	中間的判断(10名)	▲8.28	▲207.90	0.366	39.25	3.60	0.529
	消極・否定的判断(15名)	309.66	▲79.46	0.353	132.75	68.30	0.640

(注) 決定係数、単相関係数での色分けは以下に拠った：□：かなり高いモデル適合度、▨：高いモデル適合度、■：モデル適合度は高くない。

リーに拠った。

　モデル適合性上の観点からは、両分析について全ての選択肢で比較検討可能なアンケート項目は「水道事業体のボトル水販売に関する認知の有無」と「水道事業体のボトル水のマーケットの見通し」の2項目である。これらに加え、水道水需要の増加に向けた水道局のおいしさPR活動のあり方を考察する際に重要な項目と考えられる「水道事業体のボトル水を購入するか」に

関しては、積極・肯定的判断グループについてはモデル適合度も高く比較検討可能である。

また、支払意思額推定では、全ての選択肢を比較検討できる2項目も含め、全般的な特徴としては、回避行動への支払意思額レベルが期待行動のそれより大きいこと、回避行動への支払意思額はほとんどがプラスで、行動を取ることにより効用を増すことがわかる。なお、期待行動への支払意思額については、完全プロファイル評定型分析ではプラスとなっているが、選択型分析ではほとんどがマイナスという結果となっている。

次に、二つの分析モデルにかかわる情報処理時間の関係では、平均回答時間で比較すると完全プロファイル評定型分析では平均9.38分／人かかったのに対して、選択型分析では平均6.79分／人となった。今回のアンケートでは選択離脱項目が入ったとは言え、「絶対的評価」の選択型分析は「相対的評価」の完全プロファイル評定型分析に対して、付与プロファイル数では約56％少なくなっている。したがって単純に考えると、被験者の選択にかかわる情報処理時間もその増減に応じるはずである。しかし、所要時間ではわずか約28％の短縮化のみが観測された。

この背景・要因として、完全プロファイル評定型分析にかかわる情報処理時間の短縮化の観点から説明を試みる。①完全プロファイル評定型分析が第2回目実施であり、被験者によるアンケート学習効果がある可能性があること、②多くの「相対的評価」事例では、同じ欲求や動機に基づきながらそれを満足させる手段や対象としての商品・サービスが種々の性質のもので比較評価の基準が明確でなくなり、判断に手間取ることが多いが、今回は比較の評価基準が明確であるので、判断時間が短くなったと考えられること、③購買要因として価格要素が大きなウェイトとなる「絶対的評価」に対して、「相対的評価」では商品・サービスにかかわる他の質的な要素が加味されると価格要素は相対的に小さくなり、したがって今回の完全プロファイル評定型分析では、被験者は回避行動と期待行動という二つの質的な要素項目を中心に判断できた可能性があるといった3点を挙げることができる。

次に、ボトル水PR活動にかかわるアンケート結果に対応した選択判断時間を比較するため、水道事業体のPR活動に積極・肯定評価を行うグループ

と、消極・否定評価を行うグループに分けて、設問ごとに二つのコンジョイント分析のアンケート回答に必要な所要時間の差異を確認した。この結果、消極・否定評価を行うグループは積極・肯定評価を行うグループよりも全般的に短時間で判断しており、分析タイプ別には、完全プロファイル評定型では約20％、選択型分析では約10％短縮化していた。この背景・要因として、①被験者にとって関心の薄い、あるいは重要度の低い問いに対しては、消極・否定評価を行う方が慎重に熟慮する積極・肯定評価より一般的にはその意思決定に時間をかけないという可能性が考えられる。さらに、②完全プロファイル評定型分析の方が、付与プロファイル数は多くなったとしても「相対的評価」としてより迅速な意思決定が可能であったと考えられる。

第4節　重要度分析と支払意思額の推定

　以上のような分析を踏まえた上で、水道水需要の増加に向けた水道事業体のおいしさPR活動のあり方を考察する際に重要な項目と考えられる「水道事業体ボトル水を購入するか」に対するアンケート結果に関して詳細な分析を試みた。

　表26のグループ分けとは分類は異なるが、どのレベルの設定価格を提示すればマーケット拡大が期待できるかという観点から検討するため、もともとミネラル・ウォーターを飲まないのでボトル水道水に見向きもしないというグループを外して検討した。そして積極・肯定評価グループと一括りしていたグループを、地産地消意識等に基づき「価格にかかわらず購入するグループ」とおいしさや価格が他の輸入・国産ミネラル・ウォーター程度であれば購入するという「購入意思があるグループ」に分けた。さらに、おいしさはともかく価格が他の輸入・国産ミネラル・ウォーターの半額等廉価であればボトル水を購入するという「価格次第で購入するグループ」の三つにグルーピングして比較を試みた。

　さて、完全プロファイル評定型の重要度分析結果によれば、図17のように地産地消意識等に基づき「価格にかかわらず購入するグループ」は、飲料水の質の向上・転換等の期待行動が効用に対し相対的に大きな比重をかけて

表31. 3グループに該当する被験者数

所得20%減少ケース	該当被験者数	二つの実験で選択が二つ以上一致した被験者数
価格にかかわらず購入するグループ	3名（3.4%）	3名
購入意思があるグループ	14名（16.1%）	8名
価格次第で購入するグループ	29名（33.3%）	13名

図17. 完全プロファイル評定型の重要度分析

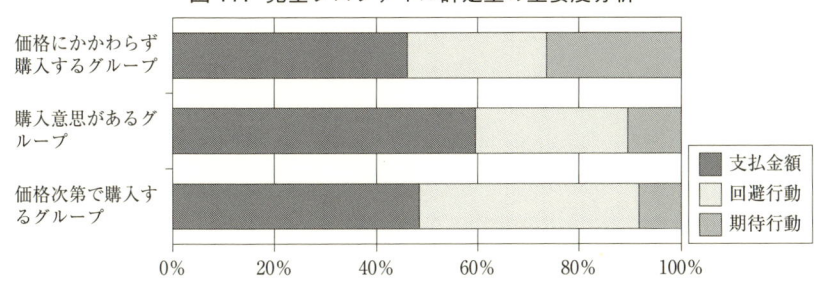

凡例：支払金額、回避行動、期待行動

図18. 選択型分析と完全プロファイル評定型分析による支払意思額推定結果の比較

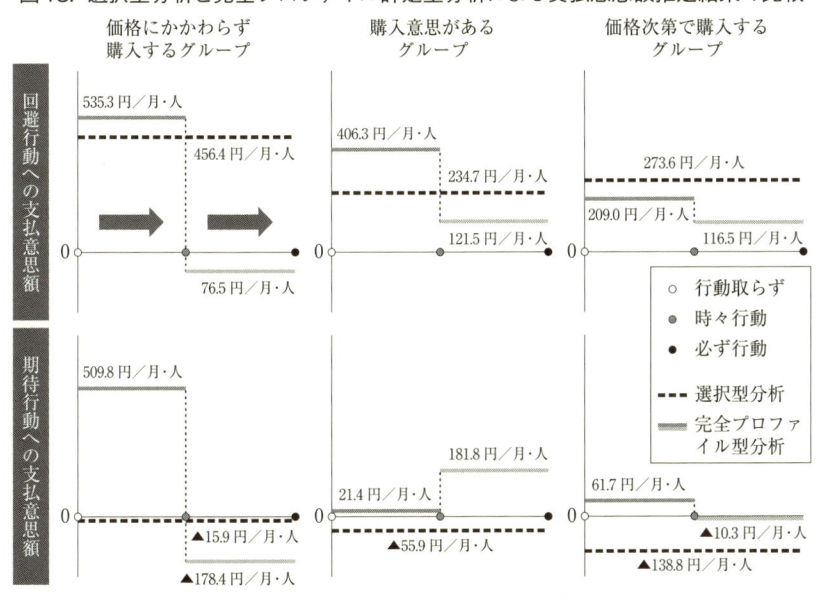

回避行動への支払意思額

- 価格にかかわらず購入するグループ：535.3円／月・人、456.4円／月・人、76.5円／月・人
- 購入意思があるグループ：406.3円／月・人、234.7円／月・人、121.5円／月・人
- 価格次第で購入するグループ：273.6円／月・人、209.0円／月・人、116.5円／月・人

期待行動への支払意思額

- 価格にかかわらず購入するグループ：509.8円／月・人、▲15.9円／月・人、▲178.4円／月・人
- 購入意思があるグループ：181.8円／月・人、21.4円／月・人、▲55.9円／月・人
- 価格次第で購入するグループ：61.7円／月・人、▲10.3円／月・人、▲138.8円／月・人

凡例：○ 行動取らず、◐ 時々行動、● 必ず行動、‐‐‐ 選択型分析、── 完全プロファイル型分析

（注）完全プロファイル評定型の分析精度は左から順に R = 0.7384、0.7175、0.5098。
選択型の分析精度は左から順に修正McFadden決定係数 = 0.526352、0.35152、0.237099。

おり、おいしさや価格が他の輸入・国産ミネラル・ウォーター程度であれば購入するという「購入意思があるグループ」は、支払金額が効用に対する最も大きなファクターであった。また、「価格次第で購入するグループ」は水質面の健康不安を避ける回避行動が効用に対し相対的に大きな比重をかけていることがわかった。

さらに、3グループごとで回避行動・期待行動への支払意思額を算出し、両分析の比較を行い金額にかかわる一致の程度を確認した。図18のように「価格にかかわらず購入するグループ」は両分析の結果はうまく一致し、「購入意思があるグループ」は回避行動のみ両分析の結果が一致した。二つの行動への支払意思額が不一致である「価格次第で購入するグループ」では、選択型分析結果は回避行動をよりプラスに強調し、期待行動をよりマイナスに強調していることがわかる。

また、被験者による二つの分析モデルの選択にかかわる情報処理としては、ボトル水道水の購入にかかわる質問に対して選択型では、消極・否定評価を行うグループがより時間をかけた判断処理（5.06分に対し6.00分と約19％増）を行っていること等が特徴として挙げられた。この背景として、例えば、今回の属性水準上の提示価格水準が各々の被験者にとって程度の差があるとしても、想定より低いと判断したとすれば、消極・否定評価グループは購入しないという意思決定を即断できず、逆に積極・肯定評価グループは迅速に購入するという意思決定を行ったと考えられよう。

第5節　結論

今回、完全プロファイル評定型と選択型のコンジョイント分析を比較して飲料水の消費者選択について実証分析した結果、次のような三つの結論を得た。

第一に、モデルの有効性として①外生的に所得水準を変化させたが、適切な所得条件下でモデルが適合することを確認でき、②完全プロファイル評定型の方が多くの状況で有効であるという意味で、対象とする範囲が広いことが確認できた。逆に③完全プロファイル評定型でモデル適合性が低い場合に

は、選択型でも低かった（表30の水道事業体のPR活動に対する受け止め方―消極・否定的判断（18名））ことが挙げられた。また、逆に、モデルの限界性としては、①両モデルの期待行動について支払意思額で換算した効用のプラス・マイナスがほとんど不一致であるが、これは選択型モデルにより推定した期待行動の有意確率が9～10％以上と低い水準であることも一因と考えられ、②選択型ではモデルの厳密性が高いためか本分析では適合度が低く算定される傾向が確認でき、結果的にモデルとして不適用となったケースが多かった。

　第二に、意思決定にかかわる被験者の情報処理時間からの分析結果では、「消極・否定評価を行うグループ」と「積極・肯定評価を行うグループ」の間で、被験者の情報処理所要時間が異なり、二つのモデルでその乖離幅が異なった。したがって、①選択プロファイルの付与レベル、絶対的や相対的といった評価条件の他に加えるべきファクターが存在し、具体的には、②被験者にとっての関心あるいは重要度のレベルの因子や属性水準としてのアンケート実施者側からの提示価格の付与水準と被験者側の想定価格水準間のギャップ・レベルの因子等が必要と考えられた。

　第三に、水道事業体のおいしさPR活動のあり方との関係では、モデル適合度として選択型でやや低くなってしまうものの、人数比率的に多い「価格次第で購入するグループ」が、水質面の健康不安を回避する行動が効用に対し相対的に大きな比重を掛けていることが判明した。したがって、水道事業体のPRの方向性として、期待行動より回避行動を重視、すなわち「おいしさ」より「安全・安心」を中心として、水道水需要の増加に向けて、PRの軸足を置くことが必要[155]と考えられる。また、価格面でもこのグループについては、支払意思額が116.5～273.6円／月・人[156]と相対的に低く、ボトル水の価格設定[157]を低くする方向の検討も併せて必要と考えられよう。

---

[155]　奥田［2008］によれば、消費者はすぐれた商品を選ぶことよりも、劣った商品を避けることに主眼を置くため、個性的商品はマニア向けとなりやすく、多くの消費者の心を掴むのは難しいと言われている。その結果、個性的な商品開発よりも大きな欠点のない80点商品の方が、結局は市場に受け入れやすいとしている。

なお、二つの分析モデルのアンケートに関し、本章では、選択・優先順位が二つ以上一致した回答を行った整合性のある被験者を確定させた上で、これらの被験者を対象として両モデルの比較分析をするアプローチを取った。この作業過程で3,393という数多くのデータ処理を行うことになったものの、モデル分析上の被験者数としてはやはり87名にすぎない。デモグラフィックな観点からの偏りもあり、本分析結果をもっての一般論化は慎重にせざるをえない。しかし、本モデルをベースとして地域別調査の実施は可能であり、その際には被験者数の増加等を試みたい。

シングル・サービス、シングル・チャージを基本とした水道事業の特異性もあることから、水道事業体の営業活動としてボトル水販売にどこまで関与すべきかという議論は残るものの、このような形で消費者選好を把握、反映させた上で、水道事業体としてボトル水の販売・頒布活動にかかわるPR事業方針を転換すれば、引いては水道水自体の需要回復にも繋がると期待できよう。

---

156 消費者の支払意思額が116.5～273.6円／月・人であれば、ボトル水販売価格を100円／本とすると～14.6本／人・年、半額の50円／本とすると潜在的には～29.2本／人・年まで販売可能と計算される。例えば、さいたま市の給水人口121万4,743人のうち「価格次第で購入する層」が今回のアンケートと同じく33.3%と仮定し、この潜在販売可能量から試算すると、～1,181万本／年（ただし50円／本の売価）となり、これまでの同市の水道事業体の約5～6万本／年の販売実績を遥かに超えることになる。

157 ボトル水の「値ごろ感」の想定は難しいが、全国の水道事業体によるボトル水の販売価格は60円／本から120円／本と幅がある。ミネラル・ウォーター事業者間の競争も激化し、販売価格の低下を招いている状況から60円／本といった下限値をベースとして販売促進を図るということも一つの選択肢と思われる。

第8章

水道事業の経営組織比較[158]

はじめに

　水道供給サービスは、消費者の生活に直結するものであり、世論調査等でも、この供給サービスについての多岐にわたる項目が幅広い観点から取り上げられる。一方、水道供給サービスそのものに関しては、この供給サービスの特性からもともと一律ではなく、その質、量、価格等の面での差異もあり、さらに地域性も強く、したがって供給側の視点による評価結果が出たとしても、それらを一般化することは自ずと限界がある。

　本章では、水道事業のライフサイクルではいずれも『成人期・転換期』にあるという意味で共通する日欧の水道供給サービスに対し、世論調査を活用した需要側からの横断的な評価を行い、地域を超えたユニバーサルな評価を試みる。具体的対象国として、わが国と欧州の中で主要国であるフランス、イタリア、英国、ドイツの4ヶ国を取り上げた。次に、各国の水道供給サービスにかかわる最近の価格水準・変化や将来へ向けての投資資金需要も参考指標の一つとしつつ、日欧5ヶ国の水道事業体と消費者との情報共有システムや需要側からのフィードバック関係も分析し、水道事業者としての形態の

---

[158] 本章は、2010年10月にEUIJ関西アカデミック・ワークショップ「社会インフラ整備のための官民連携手法——EUと日本の比較に基づく政策提言」で発表した「世論調査国際比較から得られる日欧水道事業形態への示唆」の内容を加筆修正したものである。

差異と世論調査評価による地域的な差異との関係を重ね合わせて論考する。

第1節　先行研究

　Van Dijk et al.［2004］は、欧州全体を網羅する公的な世論調査であるEurobarometerによる2000年と2002年の水供給サービス調査を利用し、上下水道にかかわる顧客満足度の比較を試みている。当時の15ヶ国（これに東独と西独のデータも加わっている）を対象として全般的満足度（及び不満足度）に加え、価格、質、顧客サービスといった主なサービス・レベル、さらには追加サービス条件としての情報開示度、契約の公平性も含め比較を行っている。

　表32は、このうちフランス、イタリア、英国、ドイツの4ヶ国を対象に2002年のデータを紹介した。全般的に、満足度では英国のみがEU平均より高く、不満足度ではイタリア、フランスがEU平均を超えている。価格面では不公平感が高いイタリア[159]やフランスの位置付け、さらに顧客サービスの悪さに対する不満が極めて高いイタリアといった特徴を知ることができて大変有用な先行研究である。しかし、本章が目指す日欧を対象としたものでもなく、上水道に絞った調査でもないこと、また、利用データ自体も古く、その後の欧州の水供給を巡る変化を考えると、最新のデータを使った満足度比較が求められるところである。

　さて、顧客満足度（不満足度）を構成する主な要因としてVan Dijk et al.［2004］は、表32のように価格、質、顧客サービスの三つを挙げているが、特に、最近の特徴として日欧で水需要が全般的に減少傾向にあることに留意する必要がある。日欧のこれらの国々では水道事業の成長プロセス上、『成人期・転換期』に突入し、例えば、ドイツでは1990年から2004年にかけて水供給ベースで24％減少（需要ベースで15％減少）しており、フランス、わが国でも各々1995年、1997年から水消費量が減少している（図19）。各

---

[159] フランスとは異なり、イタリアは価格レベルが低い水準にあるにもかかわらず価格面で不公平感が高い。

表32. 欧州諸国の上下水道サービス供給に対する顧客満足度
(Eurobarometer, 2002)

	全般的満足度		アクセス困難性	主なサービスレベル					追加サービス条件	
	満足	不満足		価格が不公平で高い	(参考)価格	質はまずまず/最悪	顧客サービスはまずまず/最悪	情報開示状況のよさ	契約の公平性
フランス	69%	22%	6%	49%	€1.3	7%	8%	70%	63%
イタリア	59%	29%	10%	49%	€0.4	7%	14%	59%	44%
英国	83%	10%	3%	25%	€1.3	4%	4%	86%	84%
独	69%	18%	9%	40%	€1.7	6%	7%	71%	67%
EU平均	71%	18%	7%	37%	n.a.	7%	8%	72%	65%

(出典) Van Dijk, M. P. et al. [2004] "Water Liberalization Scenarios" Final Report for Work Package 2 (Phase 2) p. 13.

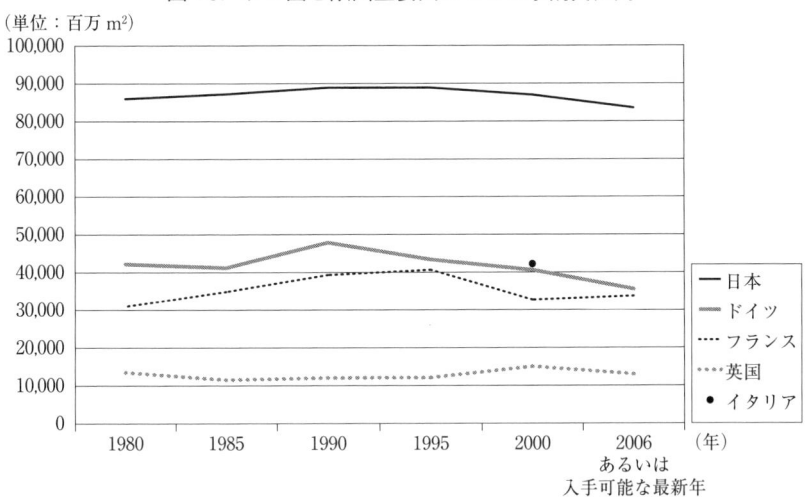

図19. わが国と欧州主要国における水消費傾向
(単位：百万 m^2)

(注) 水消費と訳したが正確には Water abstractions であり、再利用水も二重計算されている。
(出典) OECD Factbook 2009: Economic, Environmental and Social Statistics.

国が未だ経済発展過程であって、水道普及率も低いという水道事業の『成長期』にある場合には、住民にとっては、水の質、顧客サービスといったサービス・ファクターより物理的な水へのアクセスのためにどれだけの対価を支払う用意があるかという価格、所得要因が水需要上大きな影響を与えると考えられる。しかし、経済発展に伴う人々の所得水準も向上し、水道インフラ

の普及の面でもほぼ行き渡っている中で、昨今のような水需要が全般的に減少傾向となった場合には、顧客の満足度（不満足度）を構成する主な要因も、価格や所得より、やはり水の質、顧客サービス（言い換えれば、必要な時に必要な量の水を継続的に供給できるかという量的な要因）により軸足を移すと考えられよう。

次に、水道事業運営上の組織形態については、Van Dijk et al. [2004] によりEUを対象とした水道水の生産・配水サービスにかかわる管理組織の分析が行われている。このアプローチでは、水道事業を自ら管理・実施するのか第三者に委託して実施させるのかという直接経営・委託経営という分類と、サービス提供を実施する際の組織形態として公的あるいは民間的な経営という分類に分け体系化を試みている（図20）。

まず、直接経営・委託経営では、上水道のような公益性のある物・サービスの事業については責任当局として一般には公的機関が含意されるものの、物・サービスにかかわる事業管理執行を別の主体に委任することは可能である。英国のイングランド・ウェールズのように責任主体が完全に民間企業に引き継がれる場合には、責任も管理も民間企業に移管してしまうが、自治体業務の中で、ある範囲までの管理業務を委任する委託経営という選択もある。

また、公的な経営・民間的な経営では、サービス提供を実施する際の組織的な分類として公的機関により提供されるのか、民間機関により提供されるのかという区分となるが、民間機関が管理運営させる場合にはよりビジネス的な対応振り、外部の資金やノウハウを伴った活動も期待できよう。

Van Dijk et al. [2004] は、さらに、これらの4形態（直接経営・公的な経営、委託経営・公的な経営、委託経営・民間的な経営、直接経営・民間的な経営）ごとに独立性、人事、予算、料金設定への関与、投資活動等上水道事業にかかわる具体的な項目ごとの代表的なイメージを以下のように表している。

直接経営・公的な経営：①地方自治議会になり代わって通常自治体そのものが事業実施、②管理主体は経営者の選択、雇用に主体性はない、③管理主体は責任当局の一部門であるので従業員の雇用・解雇はケース・バイ・ケースである程度、④料金設定はほとんどの場合責任当局により決定、⑤自治体全体のより大きな予算編成過程の一部となるため管理主体

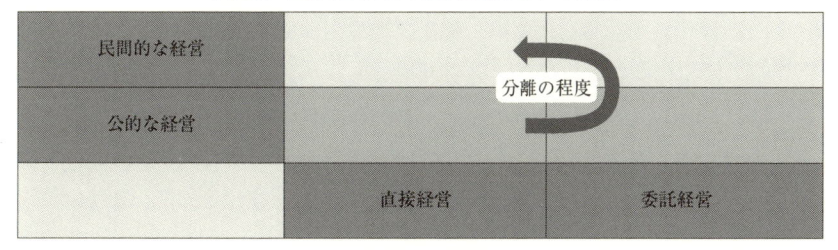

図 20. 上水道事業の運営組織上の 4 形態

民間的な経営		
公的な経営	分離の程度	
	直接経営	委託経営

（出典）Van Dijk, M. P. et al. [2004] "Water Liberalization Scenarios" Final Report for Work Package 2 (Phase 2) Figure 5.

はその予算編成に主体性はない、⑥自治体予算からの資金調達が可能なので魅力的な外部資金調達に主体的ではない、⑦自治体そのものの投資計画予算と強く関連付けられてしまい、投資活動の質的、量的な細目の意思決定に主体性を発揮できない、⑧管理主体そのものはインフラ施設の所有者ではない、⑨責任当局による規制とコントロールが管理主体に及ぶため管理主体に裁量権はほとんどない。

委託経営・公的な経営：①隣接する複数の自治体から公的機関に管理業務を委託、②管理主体は公的ではあるか操業上は自主的に実施可能、③管理主体の経営者は責任当局から指名されることが多い、④従業員の雇用・解雇は管理主体で主体的に決定、⑤料金設定が多くは管理主体に委任、⑥料金設定に最終的に影響を与えかねないので責任当局が発言することはあるものの管理主体がその予算編成上は自主的に動く、⑦大型の投資案件に対し通常は責任当局からの補助を仰ぐものの半公的機関としての管理主体は責任当局を超えて資金調達することが可能、⑧管理主体は投資項目の質的、量的な細目について主体的に意思決定可能、⑨責任当局がインフラの所有権を有するが、過半でない部分を民間に売却可能であり、このようなケースも委託経営・公的な経営と呼ぶ（ただし、過半以上を売却する場合にはこの分類から外れる）、⑩責任当局は影響力行使のため通常管理主体の株主である（ただし、民間資金導入のために過半のシェアを有さないことも稀にある）。

委託経営・民間的な経営：①民間企業が責任当局から独立した存在でコン

トラクターとして活動、②管理主体が経営者の指名、採用、雇用を主体的に行う、③従業員の雇用・解雇は管理主体で主体的に決定、④料金構造の設定は契約上ほぼ折り込まれている、⑤管理主体は予算編成を主体的に行える、⑥投資項目の質的、量的な細目に関しては契約上の制限を受ける、⑦責任当局がインフラの所有権を有するが過半でない部分を民間に売却可能である、⑧規制は契約上織り込み済みであり、協議できない事項や係争事項は裁判所の裁定を仰ぐことになる。

直接経営・民間的な経営：①規制事項を除き民間主体が独立して全ての責任を負う、②管理主体が経営者の指名、採用、雇用を主体的に行う、③従業員の雇用・解雇は管理主体で主体的に決定、④責任当局により規制がかかるものの料金構造の設定は管理主体により決定、⑤管理主体は予算編成を主体的に行える、⑥民間企業として選択する資金調達が可能、⑦投資項目の質的、量的な細目を主体的に決定、⑧管理主体がインフラの所有権を有する、⑨公益性の観点から広範な規制・コントロールが準備されている。

これらは、基本的にはEU諸国の上水道事業の組織分析のための道具立てであり、これらの例示あるいは定義がわが国の上水道事業にそのまま当てはまるものではないものの、概ねの区分概念自体は適応できるものとして以下の分析に活用した。

本章では、このような欧州主要国とわが国を結び付けて世論調査等による水道事業体に対する横断的な住民評価の比較分析を行う。日欧の水道事業体間のパフォーマンス比較を行った研究[160]は見られるが、このような日欧間の横断的な住民評価の比較分析についての先行研究事例はない。

第2節　世論調査の分析

1. 水道事業サービスにかかわる欧州の世論調査

前述のように、欧州全体を網羅する公的な世論調査として Eurobarometer

160　天野［2008］。

がある。1973年以来、EU委員会がEU加盟諸国の横断的な調査を行うために実施している。1990年から開始され、毎年秋と春の二回実施しているStandard Eurobarometer Survey（通常の世論調査）、特定のテーマについて深く調査を行うEurobarometer Special Surveys（特別世論調査）とやはり1990年代からアドホックベースでEU委員会からの要請に基づき特定のテーマに焦点を当て電話等によるインタビュー調査により実施されるFlash Eurobarometer（緊急世論調査）等がある。

本章では、水道にかかわる緊急世論調査であるFlash Eurobarometer 261 "Flash Eurobarometer on water" と電磁波分野のリスク分析の一環として水の健康影響を扱ったEurobarometer Special Surveys 347 "Electromagnetic Fields Report" を活用した。

まず、"Flash Eurobarometer on water" はEU委員会の環境総局の要請に基づき2009年1月に調査実施され、同年3月に公表されている。水関連問題の認知レベル、水関連問題の深刻さ、水質の変化への知覚、水関連の分野・活動への影響に対する意見、水環境に関する脅威、水問題解決に向けた個人レベルの行動等を調査している。実際の調査は、2009年1月26日から31日に実施、15歳以上の2万5,500人を無作為抽出し、EU加盟各国1ヶ国当たり1,000人に対し電話インタビューにて行われている。

次に、"Electromagnetic Fields Report" はEU委員会の健康・消費者問題総局の要請に基づき2010年3～4月に調査実施され、同年6月に公表されている。15分野の健康への潜在的脅威を取り上げ、電磁波分野のリスク分析を最終目的として調査しているが、具体的には化学物質、食料品の質、外気の質、廃棄物、騒音等に加え、飲料水・水道水の質が人々の健康に与える影響レベルを調査している。2010年3月12日から4月1日に15歳以上の2万6,602人を対象に無作為抽出し実施されている。

この中で、"Flash Eurobarometer on water" 調査報告からは水供給量問題と水の質問題に関して4ヶ国とEU27ヶ国平均との比較を行うとともに、"Electromagnetic Fields Report" 調査報告からは飲料水・水道水の質が人々の健康に与える影響レベルに関して4ヶ国とEU27ヶ国平均との比較を行ってみた。

図21. 欧州の世論調査（質問）：あなたの国で水供給量問題は深刻だと思いますか？

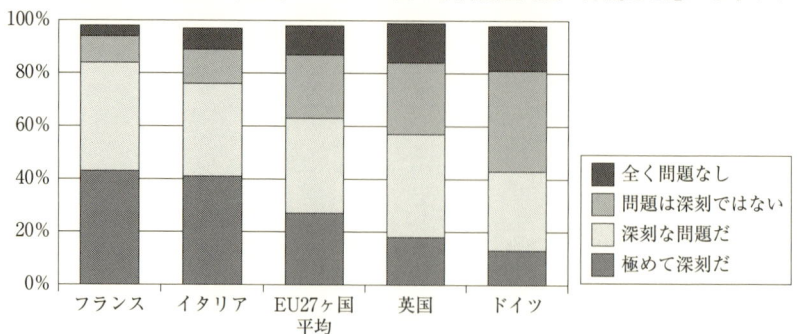

凡例：
- 全く問題なし
- 問題は深刻ではない
- 深刻な問題だ
- 極めて深刻だ

横軸：フランス、イタリア、EU27ヶ国平均、英国、ドイツ

（出典）The Eurobarometer [2009] "the Flash Eurobarometer on water report".

図22. 欧州の世論調査（質問）：あなたの国で水の質問題は深刻だと思いますか？

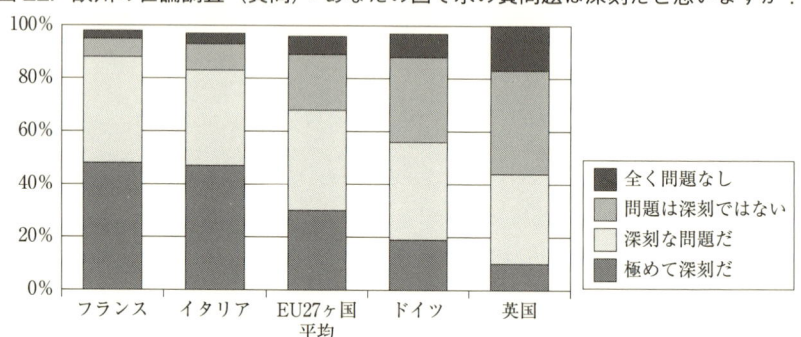

凡例：
- 全く問題なし
- 問題は深刻ではない
- 深刻な問題だ
- 極めて深刻だ

横軸：フランス、イタリア、EU27ヶ国平均、ドイツ、英国

（出典）The Eurobarometer [2009] "the Flash Eurobarometer on water report".

図23. 欧州の世論調査（質問）：飲料水・水道水の質問題はあなたの健康にどの程度影響があると思いますか？

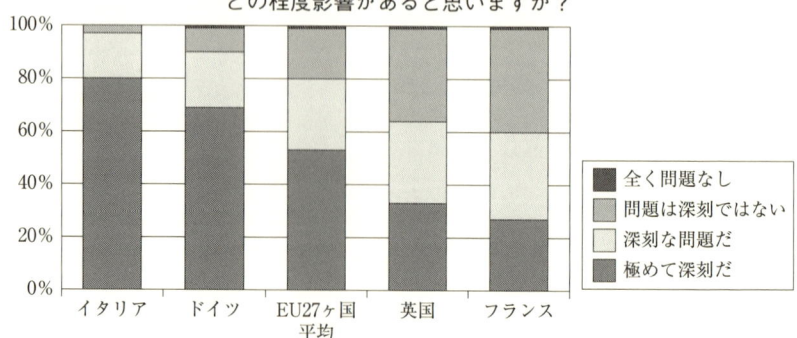

凡例：
- 全く問題なし
- 問題は深刻ではない
- 深刻な問題だ
- 極めて深刻だ

横軸：イタリア、ドイツ、EU27ヶ国平均、英国、フランス

（出典）The Eurobarometer [2010] "Electromagnetic Fields".

この三つの世論調査項目の国別比較から導かれる事項として、水にかかわる量的・質的な問題の深刻さのレベルについてはイタリア・フランス・グループと英国・ドイツ・グループは明確に対極的なレベル判断をしていることがわかる。しかし、飲料水・水道水の質問を健康影響という人体への直接的なインパクトという質問に変えると上記二つのグループの組み合わせが異なった結果となっている。イタリアと英国については相対的な評価は変わらないものの、フランスが健康影響への深刻さを軽く評価し、逆にドイツが健康影響への深刻さを重く評価していることがわかった。

2. 水道事業にかかわるわが国の世論調査

　政府の施策に関する国民の意識を把握するため、日本の公的な世論調査は内閣府により実施されている。調査は、全国から統計的に選ばれた数千人を対象に、調査員が訪問して面接によって行っている。通常の世論調査と特別世論調査、有識者アンケート調査等がある。また、民間ベースでは、ミツカングループが社会貢献活動の一環としてミツカン水の文化センターを1991年に設立し、「水」と「人々のくらし」との深いかかわりを「水の文化」として捉え、「水の大切さ」を啓蒙するとともに、「水」に対する意識の向上を目指して研究活動を核に出版事業、ライブラリー事業、イベント事業活動を行っている。1995年より毎年「水にかかわる生活意識調査」を実施している。

　本章では、内閣府による「水に関する世論調査」とミツカン水の文化センターの「水にかかわる生活意識調査」を活用した。

　まず、「水に関する世論調査」は、内閣府により2008年6月に調査実施され、同年8月に公表されている。水環境に関する意識、水の利用に関する意識、地球規模の水問題に対する意識、行政に力を入れて欲しいことという項目を調査している。実際の調査は2008年6月12日から22日に実施、全国20歳以上の者3,000人を対象に層化2段無作為抽出法で実施、有効回答1,839人となっている。これらの中で、"Flash Eurobarometer on water"での水供給量問題と水の質問題の深刻さという問いに相当する設問として、各々、「普段の生活での水の使い方」（＝水供給量問題）と「水道水の質の満

図24. 日本の世論調査（質問）：普段の生活で、どのような水の使い方をしていますか？

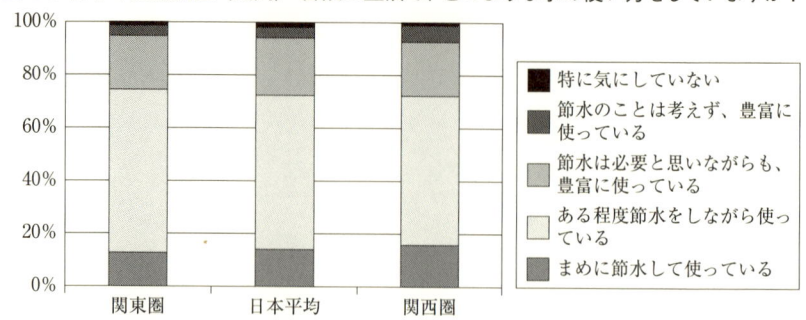

凡例：
- 特に気にしていない
- 節水のことは考えず、豊富に使っている
- 節水は必要と思いながらも、豊富に使っている
- ある程度節水をしながら使っている
- まめに節水して使っている

（出典）内閣府［2008］「水に関する世論調査」。

図25. 日本の世論調査（質問）：現在使用している水道水の質について満足していますか？

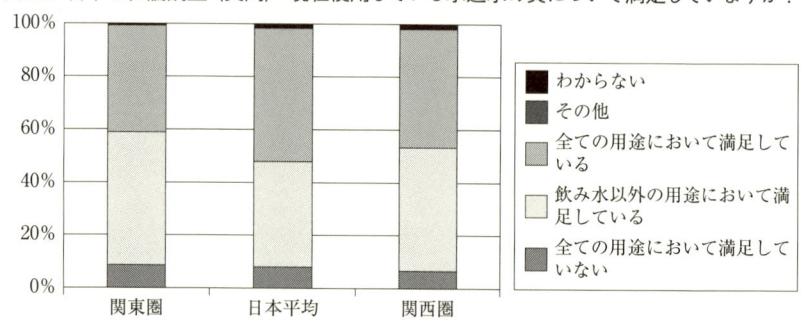

凡例：
- わからない
- その他
- 全ての用途において満足している
- 飲み水以外の用途において満足している
- 全ての用途において満足していない

（出典）内閣府［2008］「水に関する世論調査」。

図26. 日本の世論調査（質問）：水道水について不満を感じていることは？（健康影響）

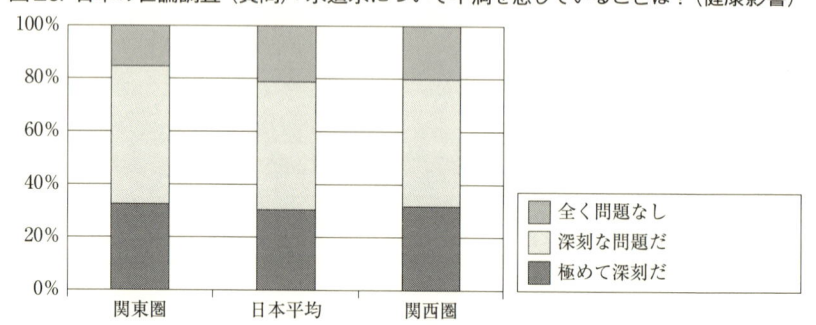

凡例：
- 全く問題なし
- 深刻な問題だ
- 極めて深刻だ

（注）健康への影響度問題に合わせるためにもともとの回答を以下のようなグループとした。
　極めて深刻だ：①塩素などが体に良くない②貯水槽・水道管の汚れを懸念③水源の汚染を懸念
　深刻な問題だ：①おいしくない②臭いがある③水道料金が高い
（出典）ミツカン［2010］「水にかかわる生活意識調査」。

足度」（＝水の質問題）を選んだ。

　次に、「水にかかわる生活意識調査」は 2010 年 6 月に調査実施され、同年 7 月に公表されている。継続的に実施している水道水の評価とイメージ（東京・大阪・中京圏）と特別調査として熊本市民の水にかかわる生活意識調査を調査している。具体的には東京圏（東京、神奈川、埼玉、千葉）、大阪圏（大阪、兵庫、京都）、中京圏（愛知、三重、岐阜）に居住する 20 歳代から 60 歳代の男女、1,500 人を対象にインターネット調査を実施している。"Electromagnetic Fields Report" での飲料水・水道水の質が人々の健康に与える影響という問いに相当する設問として、「水道水に不満を感じていること」を選び、本調査のもともとの個別の選択回答を健康影響の視点から分類、「極めて深刻」、「深刻」、「全く問題ない」、「知らない」と再整理してまとめた。

　この三つの世論調査項目から導かれる事項として、わが国では欧州各国と比較すると水にかかわる量的・質的な問題に関する深刻さのレベルは低いが、飲料水・水道水の質問を健康影響という人体への直接的なインパクトという質問には深刻さのレベルが欧州各国と同程度に高くなっている。関東圏と関西圏という地域別の特徴を捉えてみるとそれほど大きな差異は見られないものの、関東圏の方が三つの世論調査項目全てについて関西圏より深刻に考えていることがわかる。

　以上のように、欧州各国とわが国を対象に三つの世論調査項目を比較した結果は表 33 の通りである。

　表 33 から導かれる特徴として、イタリアはこの 5 ヶ国の中で極めて深刻さのレベルが高く、逆に、英国は深刻さのレベルが低く消費者の満足度が高いと特徴付けられる。また、三つの世論調査項目が同じ深刻さのレンジとなっているのは日本（関東圏）とドイツとなっている。

第 3 節　日欧 5 ヶ国の水道事業の形態比較

　さて、国民生活を営む上で必要不可欠な公益性の高い上水道供給に関する責任主体が一体どこにあるのかという視点は極めて重要である。安心・安全

表 33. 水に関する日欧世論比較の結果

	水の量問題	水の質問題	公衆衛生上の問題
フランス	極めて深刻だ	極めて深刻だ	深刻、あるいは問題は深刻ではない
イタリア	極めて深刻だ	極めて深刻だ	極めて深刻だ
英国	深刻、あるいは問題は深刻ではない	問題は深刻ではない	深刻、あるいは問題は深刻ではない
ドイツ	問題は深刻ではない	深刻、あるいは問題は深刻ではない	極めて深刻だ
日本	深刻、あるいは問題は深刻ではない	問題は深刻ではない	極めて深刻だ
（参考）日本（関東圏）	問題は深刻ではない	深刻、あるいは問題は深刻ではない	極めて深刻だ
（参考）日本（関西圏）	問題は深刻ではない	問題は深刻ではない	極めて深刻だ

（出典）著者。

にかかわる消防のような排除不可能性、消費の非競合性がある公共財は民間市場では十分な量が供給されないので政府による資源配分機能が正当化される。上水道によるサービスは、排除不可能性を有するが、便益の波及する程度がそれほど大きくなく地域を限定することで実質的に排除原則を適用できる準公共財[161]として位置付けられる。

伝統的な地方分権論によれば、経済安定化と所得再配分は主として中央政府が担い、地方政府はこのような資源配分機能を中心に担うべきと一般に言われている。そして公共サービスの受益地域と負担地域を一致させ、負担との関連において公共サービスの供給水準を決定することが地方自治であると経済学的に解釈されている。Oates［1972］は、中央政府に比べて地域住民に身近な地方政府の方が、地域に密着した公共サービスへのニーズ・選好について、より正確な情報を有しており、したがって効率的に公共サービスを提供できるとしている。ただ、このような地方分権論の欠点は、各地方政府

---

161 このようなある特定の地域に便益が限定されるような公共財は、「地方公共財（＝クラブ財）」と呼ばれ、図書館や公園などは、ある一定の範囲の近隣居住地域に住んでいる住民にとっては純粋公共財であるが、遠くに住んでいる住民には利用するのにコストがかかりすぎる公共財である。

が公共財のスピルオーバー効果を考慮に入れないことが多く、その結果、社会全体から見れば公共財は過少供給に陥るおそれがあるとも指摘されている。

今回、取り上げた日欧5ヶ国における上水道事業については、日本、フランス、イタリア、ドイツの4ヶ国については上記のような伝統的な資源配分機能としての地方政府による行政サービスとの位置付けを行っている。一方、英国（イングランド・ウェールズ）では、この資源配分機能自体を民営化移行という変革の中で、地方政府に全く関与させず、したがって中央政府のみに最終責任当局としての位置付けを付与している。このように今回の対象5ヶ国は、地域における政府責任のあり方についてベクトルの方向性が全く異なる二つのグループと分けることができる。以下、国ごとに水道事業の特徴と事業形態をまとめてみた。

1. フランス

フランスでは行政区画と地方団体を兼ねる州（region）、県（department）、コミューン（commune）という三つのレベルと行政区画としての郡（arrondissement）、カントン（canton）という二つのレベルで分類される。水資源等の広域的な水管理全体行政については本土に26ある州の業務とされ、一方、上下水道事業については、本土に約3万7,000ある地方自治体としての各コミューンの担当責任事務となっている。

コミューンは上下水道事業にかかわる個別契約を事業体と締結することにより管理、監督を行っている。小規模のコミューンの場合は共同して一部事務組合を形成していることも多く、したがってこのような水道事業体数はコミューンの数より少なく、実際には1万3,500である。上水道事業の組織形態を給水人口比で分類すると地方自治体直営は21％であり、79％に相当する事業（コミューン数では55％）は民間に委託した上で、サービス提供が行われる。

歴史的には19世紀初めよりこのような方式は採用されており、この意味でフランスは既に150年の民間委託の実績を有する。民間委託の導入時の19世紀後半は自治体の財政逼迫という背景があったものの、20世紀後半は、

むしろこのような財政問題ではなく民間企業である水道オペレーターの技術的な専門知識を活用したいという自治体側のニーズが背景にあると言われている。

さて、民間企業としては10社程度あるが、Veolia Eau、Suez Environment、Saurの3社による寡占状態となっている。各コミューンでは、各々コンセッション契約（concession）、アフェルマージュ契約（affermage）、業績連動委託契約（regie interessee）、単純業務委託（gerance）を締結しており、国レベルでの料金規制やサービス水準規制を行う機関もない。毎年約800程度の契約が期限満了を迎え、更新しているが、約8割が同一のオペレーターとなっていた。つまり、新たな契約時に異なるオペレーターになるのは約2割にすぎず、実質的な競争不在のもと、固定化傾向にあった。

2. イタリア

イタリアの地方行政区画は20の州（regione）、103の県（provincia）、8,101のコムーネ（comune）という3段階のレベルに分類され、水資源及びエネルギー資源の保全等の所管は県の業務とされ、上下水道業務はコムーネの担当となっている。上下水道事業者は細分化されており1990年代央には約8,100の事業者[162]が活動していた。

1994年の水道システム改革法と位置付けられるGalli法の導入[163]と最適供給単位水盆としての92のATO（Optimal Territorial Areas）システムの採用で集約化が進行した。2007年では、92のATOの中で67のATOで委託契約が結ばれ、これは人口比では78％を占める。これら67のATOでは106のオペレーターが業務に携わっているが、このうち64のオペレーターが公営で、31のオペレーターが官民出資の第三セクター、5のオペレーターが民間企業となっている。

---

[162] 1987年には1万3,503の上下水道事業者が活動していた。

[163] Galli法の目的は、①消費者サービスの改善、②設備設計から維持管理に至るまであらゆる分野で経営効率を向上、③環境の保護、④上下水道料金を通じて全ての事業コストを回収の4項目である。

3. 英国

　上下水道事業に関しては、「イングランド・ウェールズ」、「スコットランド」、「北アイルランド」の三つの異なる制度が存在する。イングランドとウェールズにおいては、事業組織形態では民営100%となっている。すなわち、1989年のWater Industry Actに基づき許可を受けたThames WaterやSevern Trent Water等の上下水道を行っている10の民間企業と上水道のみを行っている12の民間企業が事業活動を行っている[164]。経済規制機関で消費者保護も第二義的な対象業務を行う機関としてOfwat（Office of Water Service）がある。2006年に上下水道サービス規制局（Water Service Regulation Authority）に改組されたが、Ofwatの名称は継続されている。上下水道会社に対し、物価上昇率をもととした5年間という期間のプライスキャップ制を導入している。

　一方、スコットランドでは民営化は行われていない。政府保有会社のScottish Waterが上下水道を独占していたが、一般家庭以外の事業者に対する需要家向け業務（検針、料金徴収、カスタマーサービス）が民間に開放され、2009年時点で4社の民間企業が参入している。また、北アイルランドでは国有企業のNorthern Ireland Waterが上下水道を独占している。

4. ドイツ

　ドイツは連邦州政府制度を取り入れ、地方行政区画ではこの州（Lander）の下に郡があり、さらにこの下に116の郡独立市と1万3,416の郡所属市町村（gemeinder）というレベルに分類される。上下水道事務は基本的には郡独立市と郡所属市町村が責任を有する。地方自治体ベースで6,400の上

---

[164] 英国では、20世紀初頭にはイングランドとウェールズだけでも2,000余りの供給事業者がいたが、その後事業者間の合併がなされ、1970年代初期には、64の単一地方自治体事業者、101の広域公営水道事業者、33の民間水道事業者により運営されていた。1989年の民営化直後は、上下水道を行っている10の民間企業と上水道のみの29の民間企業という構成となった。英国水管理公社の民営化に伴う株式取得に際して国境を越えたフランスの水企業が多くの企業の株式を取得した動向については野村［1998］に詳しい。

表 34. わが国の水道事業体の経営別分類

	公営				私営・その他	合計
	都道府県経営	市営	町村営	組合・企業団営		
上水道事業	5	885	572	48	9	1,519
簡易水道事業				6,276	876	7,152
専用水道事業						7,957

(注) 上水道事業にはこの他用水供給事業もあり、その事業者数は 101 である。
(出典) 厚生労働省 HP 統計を編集 (2009 年 3 月 31 日現在)。

水道事業体と 7,000 の下水道事業体が存在し、小規模な事業体となっている。事業組織形態を給水人口比で分類すると公営 1％、公的機関への業務委任 85％、民間企業への業務委託 14％という比率になっている。水道事業の民営化問題に関しては地方政府が環境・健康問題と対立する民営化（＝経済効率化）に極めて慎重な姿勢を維持したことから、2005 年からは民営化・自由化ではなくベンチマーク・システム等による近代化の道が選択されている。上水道については 2007 年度までに 750 事業体（ドイツ全体の水供給量の 60％を占める）が 27 のベンチマーク・プロジェクトに参加している。

5. 日本

わが国では、水道法に基づき、水道事業体は国の認可が必要であり、原則として市町村が経営するものとし、市町村以外の者は、給水しようとする区域をその区域に含む市町村の同意を得た場合に限り、水道事業を経営できる。給水人口 5,000 人超の「上水道事業」、給水人口 5,000 人以下の「簡易水道事業」、水道事業以外の自家用等の水道としての「専用水道」が最終需要家へ水供給を行っている。上水道事業は 1,519、簡易水道事業は 7,152、専用水道は 7,957 で計 1 万 6,628 の事業体が水供給を行っている（表 34）。

上水道、簡易水道についてはほとんどが公営であり、私営は上水道で 9 事業者にとどまる。

一方、水道サービスの最適経営形態としての地方公営水道については、地方公営企業法が適用され、地方公共団体が公共の福祉増進のために経営する企業の中で、上水道を含む 8 現業業種が現在指定されている。この法令に基

図27. 日欧5ヶ国の上水道事業の運営組織形態

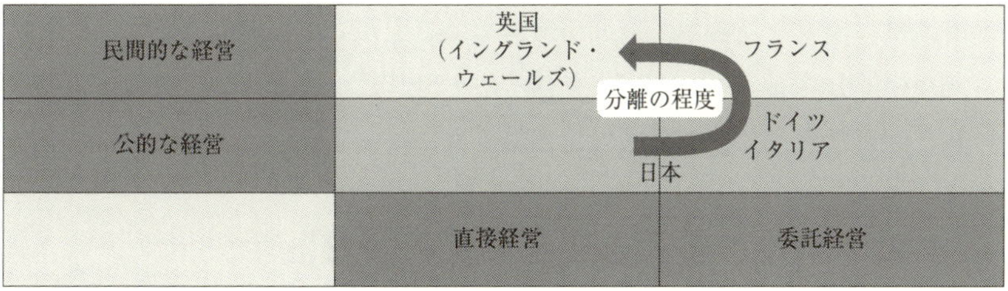

民間的な経営	英国（イングランド・ウェールズ）	フランス
公的な経営	分離の程度　日本	ドイツ　イタリア
	直接経営	委託経営

(出典) Van Dijk, M. P. et al. [2004] "Water Liberalization Scenarios" Final Report for Work Package 2 (Phase 2) Figure 12 に著者が日本を追加。

づき、地方公営水道は、組織、財務及びこれに従事する職員の身分取り扱いその他企業の経営の根本基準、企業の経営に関する事務を処理する地方自治法の規定による一部事務組合及び広域連合に関する特例ならびに企業の財政の再建に関する措置が規定され、一般行政事務とは切り離された形で行政サービスが実施されている。また、水道事業に民間的経営手法を導入するため、2010年現在で第三者委託は145件、PFIは8件となっている。

6. 日欧5ヶ国の水道事業の組織形態の体系化

以上、日欧5ヶ国の水道事業の特徴と事業形態から、直接経営・委託経営という分類と組織形態として公的・民間的な経営という分類に分け体系化をして見る。既にEU4ヶ国の位置付けをVan Dijk et al. [2004]が体系化図上にプロットしているが、これにわが国の上水道事業運営状況を加えると図27のような位置付けとなろう。

わが国の場合、地方公営企業法の適用を受け、特別会計を設け、地方公共団体の中で一般会計から独立した独立採算の原則が取られている。市役所等から物理的にも人事的にも離れ、独立した組織として、いわば市から付託を受けて供給サービスを行っていると見なすこともできる。しかし、地方公営企業法の非適用の水道部（局）という組織で地方自治体内部の一部局として直接業務として供給サービスを行っている場合もある。また、石井等 [2008] も指摘しているように、事業を縮小したり黒字にするために支払い能力を超えて料金を年々上げたりできる性格の事業ではないことから、妥当な負担額

によりサービス提供が維持できるよう一般会計繰り入れ制度が取られる等の現実の運営実態を見ると、地方公営企業の理念が完全に達成されているとは言えない部分もある。したがって日本のケースは、むしろ委託経営・公的な経営と直接経営と公的な経営の折衷的位置付けとした。

第4節　満足度評価と支払負担・情報開示

1．価格・将来投資ファクターと世論調査結果の関係

　ここでは、日欧5ヶ国の上水道事業にかかわる近時の価格・将来投資ファクターと第2節の世論調査結果との比較検討を行う。水道サービス・レベルの参考指標の一つとして、まずは各国の最近の価格水準や価格変化を見てみる。OECD［2010］のデータを利用して表35、表36のような日欧5ヶ国の家庭用水道料金の3時点での比較と最近における料金変化を比較してみた。Van Dijk et al.［2004］は2002年の価格を参考指標としていたので表35のOECD（2003）の料金レベルに近いもので比較をしていたことになる。

　表35のOECD（2003）とOECD（2010）を比較するため、満足度が低いイタリアについてこれらの2時点の比較参照点とする。すなわち、各々0.39ドル／m^3、0.82ドル／m^{3}という水道料金を100とした時に他の4ヶ国が相対的にどのレベルに位置付けられるのかという評価を行った。比較可能なフランス、英国（イングランド・ウェールズ）、ドイツの3ヶ国で各々レベルが低下しており、イタリアとこれら3ヶ国間での価格差が縮小化傾向にあることがわかる。これと図36の料金変化を合わせて検討すると、相対レベルの低かったイタリアの水道料金は上昇、英国（イングランド・ウェールズ）の水道料金もそれなりに上昇、ドイツ、フランスは下降あるいはほぼ横ばいのレベルを維持、そして、わが国は、フランス、英国（イングランド・ウェールズ）のレベルで概ね推移しているという評価となる。

　次に、料金水準とも密接に関係するが、各国の水道事業が質的・量的にサービス水準を維持・向上させるために必要な将来へ向けての投資資金需要も水道サービス・レベルのもう一つの参考指標として考慮した。日欧の水道事業の投資予測額については Ashley & Cashman［2006］による見通し（た

表35. 日欧の家庭用水道料金の3時点比較

		引用年	OECD (1999)	引用年	OECD (2003)	引用年	OECD (2010)
フランス		1995	1.50	2000	1.16	2005	1.86
イタリア		1996	0.51	2001	0.39	2007	0.82
英国	イングランド・ウェールズ	1998-1999	1.42	1998-1999	1.12	2006	1.79
	スコットランド	1997-1998	0.84	n.a.	n.a.	2007	2.60
ドイツ		1997	1.69	2001	1.52	2007	2.53
日本		1995	1.50	2001	1.19	2003	n.a.

(単位) 公的機関による水道料金　US$/m^2
(出典) OECD [2010] "Pricing Water Resources and Sanitation Service", pp. 90-91, Table A3.

表36. 日欧の家庭用水道料金の変化

		期間	実質年平均変化率（上水道）	実質年平均変化率（上下水道計）
フランス		2000-2005	0.07	2.12
イタリア		2005-2007	2.44	3.33
英国	イングランド・ウェールズ	2001-2006	2.73	2.87
	スコットランド	2004-2007	0.41	0.41
ドイツ		2000-2007	−0.63	n.a.
日本		2000-2005	n.a.	0.24

(出典) OECD [2010] "Pricing Water Resources and Sanitation Service".

だし、上下水道両方を含めている）がある。これによると表37の通り、年間投資額については、わが国が飛びぬけて多く、これにドイツ、英国が続くが、対GDP比で見るとイタリアも高い水準の将来投資が必要と考えられている。

以上の水道事業にかかわる価格水準・変化と、水道事業の質的・量的なサービス水準の維持・向上のための将来投資の二つの事項を重ね合わせて横断的な比較を行うと以下のようになる。

フランス：将来投資が必要[165]だが、料金レベルは相対的には抑えつつ推移している。

イタリア：過去の投資不足を行いつつ、併せて水道事業の質的・量的な

---

[165] フランスでは、上水部門に2003年には16億ユーロ／年の投資費用が投下されたとの報告がある。

表37. 日欧の上下水道事業の投資予測額

	GDP (10億ドル)	1人当たり GDP (ドル)	水道インフラの現在までの投資額 (10億ドル)	対GDP 水道インフラ投資予想額比率 (%)		平均年間投資額 (10億ドル)	
				2015年まで	2025年まで	2015年まで	2025年まで
フランス	1,724	27,736	12,900	0.75	0.83	16.86	25.84
イタリア	1,620	27,984	12,150	0.75	0.92	16.83	25.23
英国	1,736	28,938	12,499	0.72	0.86	19.14	27.96
ドイツ	2,391	28,986	17,932	0.75	0.83	23.36	35.84
日本	3,817	29,906	28,627	0.75	1.26	46.96	63.41

(出典) Ashley, R. and Cashman A. [2006] "The Impacts of Change on the Long-term Future Demand for Water Sector Infrastructure" table 5.16, *Infrastructure to 2030: Telecom, Land Transport, Water and Electricity*, OECD.

サービス水準向上のために料金レベルをかなり上昇させている。

英国（イングランド・ウェールズ）：将来投資が必要であり、料金レベルも相対的に上昇させつつ推移している。

ドイツ：相当の将来投資が必要だが、料金レベルは相対的には抑えつつ推移している[166]。

日本：かなりの将来投資が必要であるが、料金レベルは相対的には抑えつつ推移している。

さて、上水道事業にかかわる価格・将来投資ファクターと第二節の世論調査結果を重ね合わせると、例えば、イタリアは、過去の投資不足を行いつつ、併せて水道事業の質的・量的なサービス水準向上のために料金レベルをかなり上昇させるが、消費者にとってはサービスの質的・量的な満足感を得ないまま負担感だけが重く感じている事例であり、英国（イングランド・ウェールズ）では、消費者にとっては将来投資が必要な中で、料金レベルも相対的に上昇させ推移しつつも質的・量的な満足感を得ている事例であろう。また、ドイツや日本の消費者は、それなりの質的・量的な満足感を得、現時点ではむしろ将来投資のための料金の潜在的上昇可能性については消費

---

166 Wackerbauer [2009] によれば、ドイツでは25億ユーロ／年の投資コスト（65%は配水管改修・拡張、10%が水資源開発、10%が浄水施設改修・拡張）のため、表35で示されるように水道料金の上昇に繋がっていると報告している。

者側の認識の中では顕在化していない事例と考えられる。

2. 水道事業体と消費者との情報共有システム及び消費者側からのフィードバック

消費者による評価は、購入する財・サービスの量的・質的な要素に加え、供給者としての水道事業体との情報共有システムや消費者側からのフィードバック・システムが制度的にも実態的にもうまく整っているのかどうかでその満足度評価は大きく異なることが常である。国ごとに情報共有システムや消費者側からのフィードバック・システムを概観してみる。

2-1 フランス

1980年の水道水質向上に関するEU指令（後に1998年に改訂）に大きく影響を受けた。

この指令に対応すべく、フランスでは民間委託が主流という背景もあり、1990年代には水質向上に必要な設備投資にかかわる資金調達は水道料金値上げという手段で需要家の直接負担を求めるアプローチを取った。実際、1990年から1994年までの5年間に47％も値上げがなされている。特に、大半の水道料金の値上げが民間委託の後に行われていたことから、競争の不在とともに各コミューンと需要家との情報欠如が度々指摘されるようになった。

このような背景もあり、環境保護強化に関する通称バルニエ法（Loi Barnier）が1995年に導入された際に、水道料金と水道サービスの質に関する年次報告を自治体に義務付け、利用者に対する透明性を図られることになった。具体的には、地域住民の利害を代表する地域の監査委員会によって監査を受ける制度として導入されることになった。

フランスでは、2003年に99.2％の人口が公的水道にアクセスしており、98％の家屋が配水管に接続している。飲料水は全消費量のうち1％程度とわずかで、ボトル水へと消費代替が起こっている。この状況に関してBauby[2009]は、フランスの上水道事業が水質や安全性の面で信頼性を得ていないと見ている。

2-2 イタリア

イタリアでは、1994年のGalli法導入の際、水道サービスに対し監視機関を通じて関連情報のフィードバック・システムが導入される条項も加えられた。環境面ではイタリアもフランスと同様にEU指令に大きく影響を受けている。2006年には318条と付属文書からなる新しい詳細で多岐にわたる環境規制法が導入された。イタリアでは、かつての水道料金体系のもとで操業コストは十分賄えたが、投資コストは地方政府、中央政府の資金に依存せざるをえなかった。Galli法の導入以降、関連コスト回収を図ろうとしているが、インフレ阻止等のための政策により抑制された低価格の料金による赤字と地方自治体の財政難から、将来の設備投資・改修費用が十分に捻出できていない[167]。

2007年には95.8％の人口が上水道に接続している。Istat［2007］によれば、飲料水の関係ではオペレーター及び保健当局も水質面で基準を遵守しているものの、70％以上の国民は毎日0.5ℓ以上のミネラル・ウォーターを飲用し、明らかに飲用向けとしての上水道の質をほとんど信用していないとしている。また、Istat［2006］では、35.8％の国民が飲料水サービスに対し信用していないとし、断水、需給調整、配水源の変更等の特別変更に対する不満は13.8％もあると報告している。

2-3 英国

消費者保護の監督責任は、Ofwat及び消費者委員会（Consumer Council for Water）が担っている。Ofwatは、毎年上下水道会社のサービスの質を監視事項[168]として横並びで評価した上で結果を公表している。また、Ofwatによる2010～2015年の料金上限設定に際しては、消費者委員会が4,694名の消費者を対象に本原案決定にかかわるアセスメント調査を実施している。消費者委員会は2005年に設立され、以来7万5,000件の要望を水道事業者

---

167 Comitato per la vigilanza sull'uso delle risorse idrichi: Coviri［2008］によれば、イタリアでは2006年には計画投資額の46％しか実施されなかったと報告されている。

等に投げかけ、960万£相当の改善（最新の2009/2010年度では1万5,000件、350万£相当の改善）に結び付いたと報告している。さらに2009/2010年度のAnnual Tracking Survey of Consumer's Viewsによれば飲料水の質に関し93％が満足しているとしている。

また、上水道の水質については、環境・食料・農村地域省（Defra）の中の飲料水検査局（DWI：Drinking Water Inspectorate）が規制・監督している。飲料水検査局は1990年に設立され、38名の職員で構成されている。

2-4 ドイツ

ドイツの水道事業は、1957年の連邦水道法により規制を受ける。自治体の資本のみの公的機関や過半を超えない民間資本も入った第三セクター等の実施団体に主に委託されて事業実施が行われている。これらの委託元の市町村は、水道事業のモニタリングや監査機能を有する。ドイツはEUの中で最も水質基準等が厳格で、この方面では世界のリーダー国を自任しており、EU指令より厳しく運用していることからにEU指令等にほとんど影響を受けていないと言われている。ドイツ国内の世論調査結果[169]も水道の質について比較的高い満足度が得られている。

ドイツでは、英国のように連邦で統一的に水道サービスにかかわる消費者保護がなされていない。しかし、水道利用者としての消費者が、水道サービスにかかわる不満がある場合には、2000年11月に設立された消費者センター（Verbraucherzentrale）が苦情窓口、仲介、支援を行っている。同センターは、連邦食料・農業・消費者保護省の資金支援を得た非営利団体で、41の消費者団体、社会・消費者関連団体を代表し、100名ほどの職員を擁し、ベルリンに本部がある。金融サービス、住宅・エネルギー・環境、健康・栄

---

[168] 監視事項としては、例えば、主要な配水管の水圧に関しては、十分な圧力が維持されているのか、水サービスの中断に関しては、工事等により、一定時間以上断水する世帯比率はどの程度かといった内容で、さらには電話での問い合わせの容易さに関して、電話はすぐ繋がるかといった監視事項まである。

[169] BDEW2007 "customer barometer"によれば、非常に満足している41.6％、満足している50.2％と回答の91.6％が満足している。

2-5 日本

わが国の水道事業体は、水道法に基づき、水道の需要者に対し水質検査の結果その他水道事業に関する情報提供を義務化されている。特に2004年の水道水質基準の見直しに合わせ水質検査計画やその検査結果を公表することになっている。厚生労働省［2010］「2009年度水道事業の運営状況に関する調査結果」によれば、図28のように水質にかかわる情報と水道料金その他需要家の負担についての情報を提供している比率は高いが、水道事業の実施体制についての情報提供は半数程度にとどまり、水量（安定的供給）に関する情報提供は20～30％にとどまっている。

一方、需要家側から水道事業者への問い合わせや苦情を受け付けるシステムとしてわが国の水道事業体も各種の創意工夫を行っており、水道事業審議会への住民代表委員の参加やインターネットによる顧客満足度調査等を行っている。ただし、英国のように中央政府として消費者保護のための特別な組織を設置しているわけではない。

以上のような日欧5ヶ国の水道事業体と消費者との情報共有システムや需要側からのフィードバックも勘案しながら、第3節で得られた水道事業形態の差異と第2節で得られた世論調査評価の地域的な差異を検討してみたい。

まず、公的・民間的経営という視点で比較してみる。ドイツ、イタリア、日本のように主に公的な経営がなされている国では、公的だからと言って消費者による評価レベルが低いわけではなく、消費者は公衆衛生上の課題に関心が高いものの、むしろ、ドイツ、日本では公的な経営のもと水の量的・質的問題について高い評価レベルとなっている。さらに、イタリアの評価レベルが低いことを公的な経営に起因することと考えることは十分ありうるが、同国で必要な投資が投入されてこなかった過去の負の資産による影響が大きいことは明らかで、民間的な経営を導入したとしても、料金水準を低く抑えざるをえない状況の中でのサービス活動が消費者による評価レベルを急激に

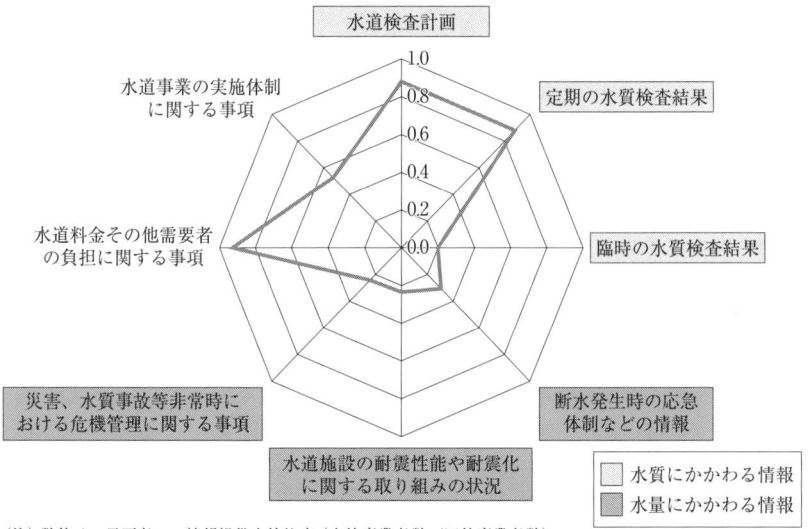

図 28. 日本の水道事業体による消費者への情報提供

(注) 数値は、需要者への情報提供実施比率（実施事業者数／回答事業者数）。
(出典) 厚生労働省［2010］『2009 年度水道事業の運営状況に関する調査結果』を筆者が再編集。

上昇させる可能性は少ない。なお、わが国の公的な水道事業体のように消費者向け情報提供が項目的に偏りがある場合には、水道供給上、何か深刻な供給障害等が発生した際に、消費者による評価が大きくマイナスに影響する可能性はありえよう。

　次に、英国（イングランド・ウェールズ）は民間企業による経営がなされているが、英国で消費者による評価レベルが高い理由として個別の民間上下水事業者のパフォーマンスのよさが挙げられることに加え、消費者保護にかかわる機能や特別の組織がイングランド・ウェールズとして備わっていることも挙げることができよう。しかし、フランスにおける民間的な経営は必ずしも消費者による評価レベルが高いわけではなく、したがって民間的な経営だからと言って消費者による評価レベルは一定ではない。

　次に、直接経営、委託経営のという視点で比較してみる。英国（イングランド・ウェールズ）のように民間企業による直接経営でパフォーマンスのよさが挙げられ、消費者の評価レベルもよい事例が確認できた。

　一方、委託経営を行っていると位置付けられるドイツ、イタリア、日本は

公的な機関に委託しているが、評価レベルの高いドイツ、日本とは異なり、イタリアでは公的な機関による事業の評価レベルが低く、特に、飲料水のように消費者に身近な商品・サービスに関し、顧客離れが起こっているのが実態である。また、同じ委託経営で民間企業に委託しているフランスでも評価レベルは低く、通称バルニエ法（Loi Barnier）導入を契機に消費者の監視強化、1993年にサパン法による民間事業者への委託事業期間の限定化等改善のために政府が各種の政策的な手段を導入している。したがって、委託経営形態も国あるいは地方公共団体として適切かつ慎重な制度設計が必要である。

第5節 結論

本章では、Van Dijk et al.［2004］の先行研究をもとに最新のデータを活用しつつ、わが国の水道事業についても比較対象に加えて研究したものである。日欧5ヶ国の最近の価格水準・変化や将来へ向けての投資資金需要も水道サービス・レベルの参考指標の一つとしつつ、各国の水道事業体と消費者との情報共有システムや需要側からのフィードバックも勘案しながら、水道事業形態の差異と第一節で得られた世論調査評価の地域的な差異とを重ね合わせて検討した。

結論として、EU4ヶ国に関する相対的評価自体は先行研究と今回の分析結果とで差異がなかったが、わが国をこの比較対象に加えたところに意義がある。日本はドイツと比較的類似の事業形態であるとともに消費者による評価レベルの高さも共通していた。昨今、わが国では水ビジネスや民間参入といった動きが報道等でも活発化している。EU4ヶ国との比較から得られる知見として、わが国の上水道分野で個々の水道事業体が個別に民間的な経営形態を目指すことだけを目標とすべきではなく、消費者保護の観点から消費者との情報共有や消費者からのフィードバック・システムを確保する等の政府あるいは地方自治体としての慎重な制度設計を準備することの重要性を再確認することができた。

第9章
住民による水害対応 [170]

はじめに

　水が有用な資源と位置付けられるには、人々の長い歴史の中で営々と築き上げることによって達成された水を取り巻く自然的、社会的環境が十分に整っていることが前提となる。わが国は、年間降雨量1,700mmで世界平均と比較してもその量は7割も多く、河川の縦断勾配が急で、頻発に災害を起こしている。森林地帯は、このような災害を減らす大きな役割が期待され、裸地に比べて雨水を3倍も土壌にしみ込ませ、水源涵養林としての機能を果たす。しかし、わが国では、近年、累積債務、林業従事者の減少・高齢化等の問題があり、森林施業が立ち行かなくなっている。これに伴い、森林による重要な保水機能も脆弱化し、そして水害リスク・ポテンシャルが高まることに繋がっていく。

　また、水害リスク、損失の軽減のため、水害から生活再建を進める上でのリスク・ファイナンスとしての水害保険制度の活用や住民・消費者へのリスク情報の提供や避難手段の共有といった情報システム基盤等の社会的環境の整備推進も重要である。しかし、水害リスクが担保された住宅総合保険普及

---

[170] 本章は、拙稿［2006］「日米比較を通じたわが国の水害リスクに対する住民側の効率的対応のあり方」『国際公共経済研究』第17号、pp. 8-22 を加筆修正したものである。

率は4割程度にとどまり、未だ多くの住民・消費者が利用している状況ではない。リスク情報の提供や避難手段の共有といった情報システム基盤整備については、2010年末時点で全国の7割弱にも及ぶ1,158の市町村により洪水ハザードマップが公表されるまでになり、このうち1,002でインターネット公開され、誰でもどこでもこの情報を入手できることになっている。

　本章では、水害発生を未然に防止すべき者（行政等）の存在を前提とし、安全性確保のためにハザード・コントロールとリスク・コントロールが主な手段として活用される中で、水害保険の普及とリスク情報の認知手段としての洪水ハザードマップ供給にかかわる消費者選択問題に焦点を当て、日米比較も踏まえながら検討を行うものである。住民・消費者に対し、地域の水害リスクに応じた保険負担システムという保険数理的な公平さを求める考え方に立つのか、あるいは地域の水害リスクの差異は考慮せずに社会的連帯という意識に基づき一律の保険負担とする考え方に立つべきかという異なる制度設計の考え方がある。このような水害保険と消費者選択問題に関し、住民・消費者としての水害リスク回避に向けた効率的、公平な対応について検討する。

第1節　日本の治水整備、水害と保険制度

　豪雨や融雪などによって、河川の水位と流量が異常に増加する現象を洪水といい、洪水によって河川の堤防が破れたり、また、低地などに豪雨が比較的長くとどまって河川の方へと円滑に流れないために、住居や田畑などが浸水被害を受ける現象を水害という。わが国では、国土面積の約10％を占めるにすぎない沖積平野の想定氾濫区域に総人口の約50％、資産の約75％が集中している[171]。

　わが国の河川の特徴として、流域面積が小さい割には、洪水流量が大きく、河川の縦断勾配が急で、河川規模が小さいことが挙げられる。明治以降のわが国の急速な近代化、あるいは第二次大戦後の高度成長は、世界史にも例を見ないほどの急成長で、国土の旺盛な開発、沖積平野への大都市や産

171　国土交通省河川局治水課［2005］「洪水ハザードマップの手引き」。

業の立地は、治水事業の連続的施行を促し、新しい河道を開削したり、自然河道を人工的に整正するなど、河川改修事業が引き続き実施され、どの河川も極めて人工的になっている。これらの治水事業は、1960 年に制定された「治山治水緊急措置法」による治水事業 7 〜 10 ヶ年計画に基づき実施された[172]。

　気象的要因による自然現象としての洪水に対し、社会現象としての水害を最小限に食い止めることが防災の課題である。植木 [1991] によれば、河川において未然に水害を防止するために、①当該河川の自然環境的特質に対応した地域開発（都市計画）が必要であるが、今日の都市開発の現状では、既存の都市計画に合わせられた治水対策が余儀なくされており、このため計画高水流量に依拠した堤防至上主義が採用[173]されていること（立地政策上の問題）、②河川流域には災害防止のための緩衝地帯が必要で、さらに乱開発に伴う危険地帯への警告、災害危険区域の指定及び建築制限を行い、緩衝地帯をなるべく多く確保しておく必要があること（開発規制上の問題）、③水害を防止する手段としての治水ダムの効用に期待すること、④施設には施設としての限界が存在し、河川施設が本来の機能を発揮できるようにするため不断の管理を行っておくべきこと（管理対策）、⑤河川の物理的対策のみでは限界があるので、避難対策が必要なことといった多元的損害回避手段があるとしている。

　わが国では、堤防、ダム等に代表される治水設備整備の進展により水害

---

[172] 1997 〜 2003 年間の第九次 7 ヶ年計画が「治山治水緊急措置法」での最終計画となった。現在はこれに代わり 2003 年に施行された社会資本整備重点計画法に基づく社会資本整備重点計画（第一期 2003 〜 2007 年度、現在は 2008 〜 2012 年度）の一つとして治水計画が立てられている。

[173] 明治以降の治水対策として、洪水流を安全に流過させるため河道を固定し河道の両側に連続的に高堤防を築き、洪水流を一刻も早く海まで流し去ろうという高水工法が取られている。植木 [1991] は、わが国における治水対策史において高水工法主義が採られ、計画高水流量説に依存することになったが、わが国における雨量観測網も戦後になってようやく一応の体制を整えたにすぎず、統計の絶対的不足を覆うべくもない。したがって、計画高水流量概念は、一定の留保付きで使用されなければならないとしている。

被害額は長期的には低下傾向にある。佐藤[174]によれば、明治初期、そして、第二次大戦後は、国民所得の4〜10％にも達する水害が数年に一度の割合で発生した。しかし、大規模な河川構造物による効果的なハザード・コントロールの結果、大河川氾濫は近年ほぼなくなり被害も国民所得の1％以下になったものの、ここ10年間の水害被害額は5.7兆円（1995年価格）である[175]。

水害リスク、損失の軽減に向け、水害からの生活再建を進める上でのリスク・ファイナンスとして、建物や家財などの物的な被害の修理・再建のための水害保険は重要な役割を果たす。しかし、洪水や地震等の大規模な自然災害では、強い集中性（時間、場所）や連鎖性（地震によって生じる火災など）によってリスクの独立性が本質的に侵され、被害が強い相関性を持って現れることが少なくなく、大数の法則が成立しない。このため、期待損害額に等しい保険料を徴収するような保険数理的に公正な保険料率を採用しても、保険を提供する企業の経営が破綻するリスクが少なからず存在し、自然災害リスクのファイナンシングを行う際には、保険システムが経営上持続可能となるような仕組みが不可欠となる[176]。わが国では、水害リスクは民間損害保険会社により幅広く担保されているが、一方、米国においては国営洪水保険制度により国の強力なイニシアティブのもと洪水リスクの軽減化が図られており、両国で全く異なった対応となっている。

第2節　日米の洪水・水害保険制度比較

わが国では、民間損害保険会社による火災保険が広く普及し、世帯加入

174　佐藤照子［2005］p. 26及び国土交通省河川局「水害統計」による。
175　国土交通省河川局「水害統計」の最新の5ヶ年データとして2004〜2008年が公表されており、この期間の平均年間水害被害額は6,400億円である。
176　すなわち、この種の保険を提供することは、保険会社にとっては経営が破綻するリスクを負うことを意味する。そこでわが国の民間損害保険会社は、将来の保険金の支払いに備え、契約者から受け取る保険料の一定額を責任準備金として積み立てておくことが保険業法等で義務付けられている。

表 38. わが国の風水害で支払われた保険金額

風水害名	発生年月	保険支払い総額（億円）
台風 19 号　　（全国）	1991 年 9 月	5,679
台風 18 号　　（全国）	2004 年 9 月	3,823
台風 18 号（熊本、山口）	1999 年 9 月	3,147
台風 7 号　　（近畿）	1998 年 9 月	1,600
台風 23 号　　（西日本）	2004 年 10 月	1,292

（出典）日本損害保険協会［2007］。

率は 2002 年で 53.5％となっている。普通火災保険では水害危険を担保しないが、住宅総合保険、店舗総合保険等といった火災保険に水害危険も担保する総合化した商品とすることにより水害リスクが担保されている[177]。Hausmann ［1998］によれば、わが国の住宅総合保険は 40％を超える普及率であり、わが国の火災保険商品の中で主力商品と位置付けられている。

　併せて、わが国では住宅新築の際、住宅金融公庫融資を受けることが多いが、この際、通常は特約火災保険[178]の強制加入が求められる。この特約火災保険は、いわゆる共同保険として民間損害保険会社 20 社が引き受けるもので、水害危険についても、住宅総合保険と同様な内容で担保している。新築住宅で公庫融資を受けた際に住宅所有者にとって、水害リスクを分散できるシステムであるとともに金融機関側の資金回収リスクを低下させる効果がある。保険契約数は公庫融資件数とほぼ同じとすれば約 700 ～ 800 万件相当と考えられる。

　わが国の民間損害保険会社としても、台風や大火事など異常災害（地震を除く）に対し巨額の保険金を支払いつつ、企業としての経営が破綻するリスク回避することが必要である。わが国では、法律に基づき自然災害リスクに対する責任準備金を積み立てることになっている。例えば、異常危険準備金については、70 年に 1 度と言われる既往最大規模の台風である 1959 年の伊

---

[177] なお、自動車車両への水害については、車両保険により台風、洪水、高潮等による車の損害は補償されるが、エコノミー車両保険では他車との接触事故のみしか補償されない。

[178] 住宅金融公庫契約時には特約火災保険に代えて住宅金融公庫により特約火災保険と同等と確認された「選択対象火災保険」を選ぶことも可能である。

勢湾台風相当の自然災害を想定した支払保険金の額を予測して積立計画を定め、累計の積立額がこれに不足する場合は積み増しを行い対応している。

次に、米国の洪水保険制度に目を転じよう。まず、米国では連邦と州、市、郡などのコミュニティとでそれぞれ治水事業の役割が異なり、連邦の役割は、洪水防御対策及び資源保全に対する全米的な統一目標を設定するとともに各々の役割を明確にし、地方政府に対する財政面での補償も提供している。州政府は、治水のための氾濫原管理の主役を担っている。

米国の水害保険は、歴史的にはわが国と同様、近年に至るまで、民間の標準火災保険証券では洪水リスクを除外し存在しなかった。ところが1964、65、67年の広範囲かつ莫大なハリケーン被害に直面し、連邦政府による新たな洪水保険の創設への行動を促すことになり、1968年に国家洪水保険法（National Flood Insurance Act）を制定し、治水施策の一環として土地利用規制と国家洪水保険制度により洪水リスクを軽減化することになった。

連邦政府が運営する全米洪水保険制度（NFIP：National Flood Insurance Program）では、保険加入単位は個人ではなく、NFIPに地方自治体として参加する。当該地方自治体の中で特別洪水危険区域に建てられる建物に対して洪水の危険性を軽減する措置[179]を取るならば、当該地方自治体内で初めて個人として洪水保険に加入でき、NFIPへの参加は地方自治体の任意である[180]。氾濫原管理の対象となるのは100年確率洪水に見舞われると見られる地域（毎年1％発生する可能性のある洪水によって水没の危険のある地域）で、特別洪水危険地域（SFHA：Special Flood Hazard Area）と呼ばれる。

179　Burby［2006］は、地方自治体による建物に対する洪水危険軽減措置としてはたかだか個別建築規制を行うレベルにとどまっており、むしろ洪水被害の最小化に向けて土地利用規制まで行うべきとの提言を行っている。

180　例えば、ハリケーン、カトリーナ被害を受けたニューオーリンズの例では、SFHAに指定されると住民側の取るべき措置として建物の土台を高くするといった単純なものから、高い脚柱を深く埋めて補強した上に家を建てるといったケースまである。米国では連邦政府によるNFIPの他に、フロリダ州政府によるハリケーン・リスクに対する元受保険機構及び再保険機構を創設、支払限度額年間10億ドルのFlorida Hurricane Catastrophe Fund（FHCF）により補償がなされている等の損害保険も存在する。

NFIP に参加した地方自治体は連邦危機管理庁（FEMA：Federal Emergency Management Agency）による法的な基準をベースとした各々の氾濫原管理活動基準を策定、実施することが求められ、特に特別洪水危険地域内の開発については許可制で、洪水保険への加入が強制される。

このように、地方自治体単位のプログラムで連邦政府により洪水被害に対する財政支援を行う制度として開始されたが、任意でインセンティブもあまりなく3,000程度の地方自治体が参加したにすぎなかった。そこで、1973年に洪水災害防止法（Flood Disaster Protection Act）を制定、この法によりNFIP の実施のための国家洪水保険基金（National Flood Insurance Fund）を設置するとともに金融機関が SFHA に位置する建物に対する融資を行う場合には NFIP に地方自治体として参加し、洪水の危険性を軽減する措置が取られなければ、当該建物の担保を取ることを禁ずる規則を関係金融管理当局が制定することを求め、土地利用規制や住宅ローンの融資条件と洪水保険を関連付けることになった。

その後の 1994 年に、国家洪水保険改正法（National Flood Insurance Reform Act）を制定し、新たに国家洪水緩和基金（National Flood Mitigation Fund）を設置した。地方自治体による洪水緩和計画策定に必要な資金支援を行うために、この国家洪水保険基金からの原資が活用された。さらに、これまでの単純な間接金融市場から米国の住宅金融市場の太宗を占めてきたモーゲージ担保証券（MBS）市場を包含する資本市場と密接な金融市場への構造変化を踏まえ、MBS 市場でも関係金融管理当局に対し同様の洪水保険と関連付けた制度の確立要請を行う等、国家洪水保険基金の積み増しに向け、NFIP への参加地方自治体数を増加させ、連邦政府の財務負担軽減、納税者の負担軽減、洪水被害者の減少を狙った[181]。

なお、保険対象となる住宅に対する米国の政策では、公的部門が住宅の建

181　国家洪水保険改正法（National Flood Insurance Reform Act）は、2004 年にも改正され、これまでの地方自治体による洪水緩和計画策定に必要な資金支援を年間 2,000 万ドルまで増加、新たに再発洪水被害に対処するため連邦政府による地方自治体の反復被害物件に対する減災パイロット・プログラムへの財政支援が用意され、2004 〜 2008 年に年間 4,000 万ドルの支援がなされた。

図 29. 米国の水害で支払われた NFIP 保険金実績

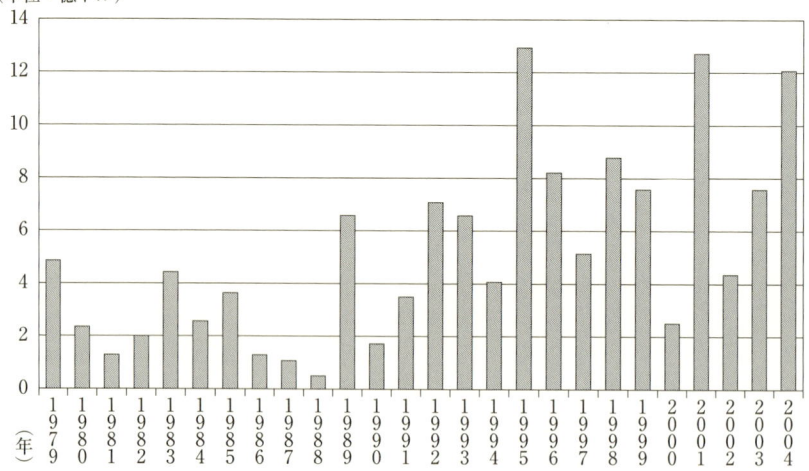

(単位：億ドル)

(出典) Flood Insurance Library、FEMA ホームページ。

設を直接的・積極的に担うシステムではなく、むしろ、持家取得促進を目的とした住宅金融市場の整備・コントロール（民間金融機関が行う住宅ローン融資への政府保証等）及び税制面での各種優遇措置を講じている。このような政策支援のもと、昨今の金融市場への構造変化を踏まえつつ、これまでの単純な間接金融市場からモーゲージ担保証券（MBS）市場を包含する資本市場と密接な金融市場へシフトし、今や MBS が米国の住宅金融市場の太宗を占めるに至っている。米国の住宅ローン市場規模は 2001 年末で 5.7 兆ドル（約755 兆円）と日本の 191 兆円と比較しても格段に大きい。また、持家ではなく賃貸住宅に住居している低所得者層に対しては米国では家賃補助制度（74年からのサーティフィケート制度、85 年からのバウチャー制度）を導入している。

2004 年時点で、NFIP に参加する地方自治体は約 2 万で、NFIP に基づく洪水保険契約数は 467 万件、保険でカバーされる金額は 7,645 億ドル、1978年から 2004 年までに NFIP に基づいた支払保険金額は 137 億ドルとなっている。NFIP に基づく氾濫原管理基準にしたがえば洪水被害の頻度と程度は従前の基準と比較し 80% も減少しているという。

FEMA で準備される洪水保険料率地図（FIRM：Flood Insurance Rate Map）では NFIP で用いられる料率ゾーニングは 10 種に上り，水害危険度に応じた料金設定を行い逆選択の弊害を防止している。また，1968 年に本保険が創設された当初は FEMA を窓口とする直扱い契約のみであったが，1983 年からは民間保険会社も窓口となるようになり，現在では 94％が民間保険会社扱いとなっている。なお，NFIP は財源的に FEMA に依存し，国際的な再保険市場を活用するには至っていない。

　ここで，日米での洪水・水害保険制度の相違点と保険制度が果たしている社会・経済的位置付けを見てみる。わが国では，水害保険は住宅総合保険，店舗総合保険等として火災その他のリスクと総合化した基本担保危険と位置付けているのに対し，米国の洪水保険では，主契約の火災保険とは独立別個の契約となっている。米国の NFIP の基づく洪水保険契約数は 467 万件で，Hausmann［1998］によれば，NFIP の普及率は洪水危険指定地区で 15 ～ 20％にとどまっているという。一方，わが国では，火災保険全般の世帯加入率は 2002 年で 53.5％（契約数では約 2,500 万件に相当）に達しており，この中で主力商品として水害保険も担保する住宅総合保険，店舗総合保険等により普及率 40％以上（契約数では約 1,800 万件に相当）と広く水害保険の購入者が存在し，地域的な逆選択の危険を解消し，保険料も低く抑えることができている。また，わが国の水害保険は純粋に民間ベースのものであり，政府関与もないが，米国の洪水保険は政府運営保険で，この意味から制度設計上も社会政策的色彩を強く有するものとなっている。そして，米国の洪水保険では当該地域が洪水保険の存在を証明するのでなければ，特別洪水危険があると認定された地域における財産に抵当権を設定することを禁じており，水害保険と間接金融と開発規制がパッケージとなっており，民間損害保険会社による保険の大半が独立した形で導入されているわが国の場合と全く異なる。さらに，洪水リスクと洪水減災対策に応じた地域別料金制度を導入し，連邦政府による保険料助成も行っている米国の洪水保険制度と，料率も全国一律で政府助成のないわが国の水害保険制度はそもそも保険構造が異なっている。

　水害危険に関し，両国の洪水・水害保険制度上の差異を生じている背景と

して、黒木［2003］は、水害や洪水損害に対し両国で根本的な捉え方の違いから生じていると考え、すなわち、米国では洪水被害が破局的な広範囲にわたる大災害というイメージで捉えられているのに対し、わが国では、例えば地震被害ほどの脅威を水害には感じておらず、広域的な大災害となる危険性を水害に対して抱いていないという、見解の相違に基づくものと見ている。確かに、わが国では米国との比較では年間降雨量も多く河川の縦断勾配が急で、水害もいわば頻発瞬間災害型であり、同時に河川流域面積も小さく局所災害型という時空間的特徴も備えている。これと比べれば米国では偶発長期大規模型災害となると思われる。さらに、米国の洪水保険は制度設計上も社会政策的色彩の強い政府運営保険で、この点はむしろわが国の地震保険の制度設計に近いが、一方で、わが国の地震保険の世帯加入率が23.0％（2009年度末）という低い水準にとどまっているのと同様に、米国の洪水保険の普及率は洪水危険指定地区で15〜20％であり、国の関与が強く社会的に幅広く必要とされる保険事業であるはずにもかかわらず、実際には保険活用の水準が低いという社会システム上の矛盾が生じている。

第3節　住民にとっての水害リスク軽減化分析

　住宅の水害リスク軽減のためには、まずは住民が実物資産としての住宅資産の購入前にリスクの少ない物件を選択し、借家の場合にも同様な選択をすれば住宅内家財等の動産にかかわる被害も最小限にとどめることができる。新築、中古住宅というフロー市場とストック市場の市場としての流動性が高ければ、水害リスク情報による事前のリスク回避行動（よりリスクの少ない土地確保、水害に強い建築工法の選択、さらには洪水・水害保険への加入等）が見られ、一方、ひとたび水害が発生した際には、水害による資産被害額が同じであっても被災者の収入や資産によって、また、被災地域の経済力や地域における被災者の割合等によって、被災後の資産回復・形成過程が異なってくる。本章では、守るべき住宅の資産流動性、水害リスク情報が及ぼす保険加入行動、そして水害発生を未然に防止すべき者と住民間の水害リスクにかかわる不完備契約という三つのアプローチで日米比較を通じ、水害リスク軽

減化のための住民側の効率的なリスクマネージメントについて検討する。

1. 守るべき住宅の資産流動性からのアプローチ

　最初に、日米における住宅資産の位置付けの差異を明らかにしたい。日米の住宅市場では、多くの相違点が指摘されている。住宅供給フローで比較すると、米国の新築住宅では建売住宅が多く、買い替え市場が発達している。住宅購入者は、次の売却を考えて物件購入を意思決定するという消費者行動を取ることになり、これは結局、住宅物件の標準化が進むことに繋がり、住宅購入価格の低廉化にも繋がっている。一方、わが国では、新築住宅は注文住宅が多く、一生に一度の買い物で、標準化も進まず、したがって、住宅購入価格も米国の2倍にもなっている。また、住宅ストックで比較すると、1970年以前に建築された住宅の比率は米国では6割だが、わが国では3割にすぎず、住宅の耐用年数も相対的にはわが国は短い。

　次に、日米における持家と借家にかかわる関係に注目すると、社会全体の持家率はわが国では62.8％、米国では64.7％と米国の方が比率は若干高くなっている。ホリオカ・浜田［1998］によれば、日米では、年齢別で持家率に顕著な違いがあり、わが国では若年者世帯では極めて持家率が低いが、加齢とともに上昇し、世帯主年齢70歳以上の世帯で持家率がピークに達する。一方、米国では、若年者世帯でも持家率はそこそこ高く、加齢とともにゆるやかに上昇するが、世帯主年齢50歳代でピークに達し、あとは加齢とともに持家率は減少するという。事実、わが国では、住宅価格が高く、住宅購入のためにある程度の頭金が必要であるといった理由から、持家需要が高まるのは30歳以降であると言われているが、米国では、一般的に持家需要が高まるのは、子供が親元から独立する20歳代半ばからと言われる。また、石川［2005］は、持家と借家の面積に関する国際比較をし、わが国では借家の面積は持家の4割にも満たないが、米国では7割程度とさほど変わらない居住空間となっているとし、この意味からわが国の借家は、同じ住宅であっても、持家を代替する存在として認識されず、少々無理をしてでも住宅ローンを利用し持家取得を進めていると考えている。

　ホリオカ・浜田［1998］は、貯蓄習慣について日米で大差はないが、わ

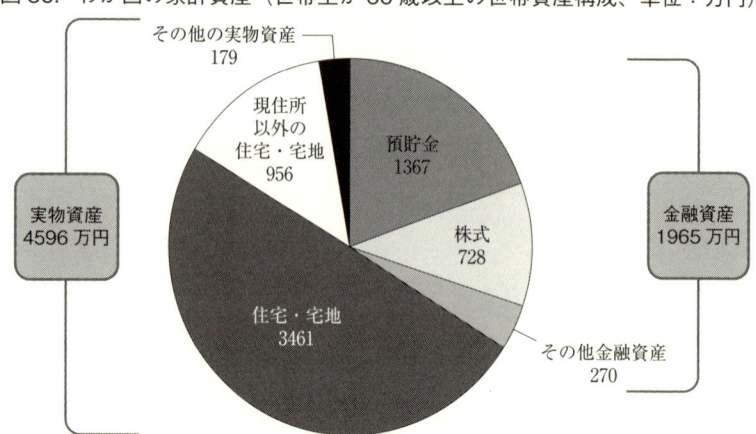

図30. わが国の家計資産（世帯主が60歳以上の世帯資産構成、単位：万円）

その他の実物資産 179
現住所以外の住宅・宅地 956
預貯金 1367
株式 728
住宅・宅地 3461
その他金融資産 270
実物資産 4596万円
金融資産 1965万円

(出典) 総務省［1999］「全国消費実態調査家計資産編」より作成。

が国では、不動産価格が高水準のため若年者世帯での持家取得が米国より困難であること、わが国では一旦持家を取得するとそれを処分、換金することが少なく、そのまま子供に相続することを反映し、相続資産については、わが国では居住用土地、建物であるが、米国では金融資産が中心となっていると報告している。確かに、総務省統計を用いて家計資産の中での住宅資産の位置付けを調べてみると、わが国の場合には住宅・宅地を含む実物資産比率が高く、住宅ローン返済が終了する世帯主が60歳以上の世帯資産構成でも1999年に7割にも及び、特に住宅・宅地だけで過半となっている。

石川［2005］は、わが国では世界で例を見ないほど急速に高齢化が進み、社会全体の持家世帯に占める高齢持家世帯の比率が急速に大きくなり、1978年には9.9％であったものが、2003年には31.7％に達していると報告している。そして、米国の高齢持家世帯の行動とは異なり、わが国の高齢持家世帯は実物資産としての持家の取り崩しをあまり行っておらず、持家世帯としての数や保有資産額という意味では、わが国の高齢者世帯は影響力の大きい存在であるが、直接的な住宅市場取引の表舞台には登場していないというのが現状とも報告している。

フローとしての住宅資産、つまり新築住宅の場合には、水害リスク情報の

事前入手、災害危険地域指定、建築制限等の開発規制により水害リスクのより少ない土地への立地、さらには水害対策を施した建築工法の採用等が可能である。しかし、所得水準が低いにもかかわらず持家促進に向け金融機関を通じて長期のローンを組ませて住宅購入を政策的に誘導しつつ、仮に資金的制約の中で適切な水害リスクの管理ができない場合には、むしろ、これらの住民は生活を破壊するリスクを孕むことを意味する。

また、ストックとしての住宅資産では、これらの資産形成がなされた後に治水対策等が取られることがあれば事後対策として始めて水害リスクの軽減化が図れることになり、さらに米国のように買い替え市場が発達していれば、水害リスク情報に何らかの影響を受けた形で取引がなされる可能性もある。しかし、買い替え市場が小さく、わが国のように持家資産として子供に相続するといった固定的なケースが多い場合には、住宅資産の水害リスク管理上取りうる選択肢の幅は狭く、したがってその所有者のリスク・ファイナンスとしての水害保険は有力なリスク回避手段となりうると考えられる。一方、日米で4割を占める借家の場合には、住宅という不動産所有に伴う様々なリスクへの対処は多くの資産を有する家主に任せることになるが、借家の選択に際しては新築の持家世帯と同様に水害リスク情報の事前入手が可能で、かつ選択の幅もある。しかし、問題点として持家の4割の床面積もないわが国の借家の現状は、持家を代替できる住居と位置付けられず、この意味で床面積の拡充、水害リスク管理も含めて一層良質で安全な多くの借家の供給が求められよう。

なお、ホリオカ・浜田［1998］が1996年に金融資産保有総額の日米比較を行ったところでは、わが国は1,039万円、米国は978万円と平均的にはほぼ同じレベルであると報告しているが、この中で特に不時の出費（病気、災害、その他）のための負担保有割合、現在残高とも米国の方が高い点が目立つとしている。この大きな要因として、わが国と異なり公的な医療保険制度が整備されていないことが影響されていると言及しているが、米国において、洪水保険の普及率が低い実態を踏まえれば、この影響に加え風水害といった災害への対応で負債を余儀なくされていることも考えられよう。また、わが国の1,039万円という金融資産保有総額はあくまでも平均であり、

年齢階層ごとに見ていくと50歳未満の年齢階層において借入金残高が金融資産残高を上回り、特に20歳代では借入金残高が金融資産残高の7倍程度の規模となっており、金融資産の形成を犠牲にして実物資産の蓄積を進めていることも報告されている。住宅資産を保有しない若年層、高齢層の中で多くの金融資産を有さない層になると、相対的には費用が嵩むと考えられる水害リスクの少ない借家を借りる余力もなく、さらには住宅内家財等の動産保全のリスク管理を行う余裕もないことも容易に想定されよう。

結局、水害のような自然災害という不確実性がある中で、住宅という実物資産を保持・所有することはそれだけ長期のリスクを背負い込むことになる。米国のように住宅ストックの買い替え市場が形成されていれば、水害リスク情報の供給は、よりリスクの少ない方に住宅取引を誘導することになろう。一方で、わが国のように、住宅ストック市場が固定的である場合には、水害リスク情報の供給に対して水害リスク管理上取りうる選択肢は少なく、この意味で水害保険はリスク回避上残された有力な選択肢と考えられる。このことは、わが国が米国より水害保険の普及率が相対的に高いという差異の背景理由に一つとも考えられよう。一方で、わが国では上述のように若年層、高齢層の中で特に金融資産が少ない層では彼らの住宅という実物資産に対する水害リスク管理のための資金的余裕もなく、したがって潜在的な水害リスクの顕在化にもかかわらずリスク分散できないという社会的脆弱性に繋がる要因を形成すると考えられる。

2. 水害リスク情報が及ぼす保険加入行動からのアプローチ

水害リスクの認知とリスク・ファイナンスとしての水害保険による対応を検討する。住民は、伝統的な経済学が仮定するほど合理的な行動を一般的には取らないと言われる。特に、保険商品の購入、数年に一度しか行うことのない耐久財の購入等では意思決定者としての経験不足により非合理的行動を取る可能性がある。翟ら［2003］は、郡山市を事例として、水害保険の加入行動及びその規定要因に関する研究を報告している。これによれば、加齢にしたがって水害保険加入率が増加するが、70歳以上になるとこれが逆転すること、500～700万円／人の世帯が最も加入率が高く、所得がこれより

低い世帯は家計の制約により、また、所得がこれより高い世帯は水害の受けにくいところに住んでいると推測している。さらに、持地持家の世帯の加入率は、借地持家、借地借家の世帯の加入率の2倍を超えていること等、水害保険の加入行動を環境要因、世帯差要因さらには心理的プロセスに分け分析している。この報告による要因分析結果として、以上の要因に加え、ハザードマップの作成・公表、被害経験等の水害リスク認知が保険加入行動に最も影響を与え、さらに50年に1回の浸水確率が住民の防備行動を取るか否かの分岐点であり、個々の水害防備対策が保険加入とは代替関係ではなく、相乗関係にあるとしている。

　郡山市の事例では、洪水ハザードマップの作成・公表、被害経験等の水害リスク認知が保険加入行動に最も影響を与えるとの報告であるが、このような水害リスク情報が、全ての経済主体が情報として共有する「公的情報」か、あるいは特定の主体のみが保有する「私的情報」かによっては保険市場や金融市場における取引も差異が生ずることとなろう。

　わが国では、2005年7月から施行された水防法等改正法で地域の水災及び土砂災害の防止力の向上を図るため、浸水想定区域を指定する河川の範囲の拡大、中小河川における洪水情報等の提供の充実等が図られた。そして、洪水ハザードマップの取り扱いも、これまでの222の大河川に約2,200の主要な中小河川を加え、さらに浸水想定区域の市町村に洪水ハザードマップの作成義務を課すこととなった。国の認識としては、特に当該地域に新たに移転して住む新住民は地元リスクに疎いと指摘している[182]。

　このような洪水ハザードマップの形で、「公的情報」としての水害リスク情報供給の充実は、住民側と金融機関や民間損害保険会社との間で果たして洪水リスクにかかわる情報の非対称性の格差を縮小するのであろうか。一般的には、企業としての損害保険会社は個々の住民より多くの洪水リスクにかかわる情報を有し、それらを処理する能力に長けていると考えられる。したがって、彼らにとってこのような「公的情報」の供給を受けることで、より不確実性の少ない保険サービス販売が可能になり、また、金融機関による融資事業も同様であろう。

　一方で、住民の限定合理性を前提とすれば、浸水想定区域に現在住む、あ

るいは将来住もうとする住民は、一部の関心を有する住民を除いて、多くはこのような「公的情報」の供給を少なくとも自発的に受け取らないことも十分に想定され、そうすると、公的に供給される洪水ハザードマップという「公的情報」の供給は、むしろ、これらの関係者間の洪水リスクにかかわる情報の非対称性の格差を増長する可能性すらありうる。そして、住民の中でも氾濫がある一定期間の後複数回繰り返す土地に持家として継続的に住居を構える住民や（選択の余地があるにもかかわらず）転居選択といった他の洪水リスク回避行動を起こさない住民については、公的サービス供給があれば、一層水害保険に加入するインセンティブを有し、これに呼応してリスク中立的な民間損害保険会社側が保険料率を高めにする等逆選択の可能性も考えられる。さらに、わが国の住宅金融公庫による融資時には、入居者である債務者の負担により特約火災保険を付けることになっている。これと同様に、一般の個人向け住宅融資においても、水災被害も含んだ保険により債務者の資産価値の維持を図っている。つまり、住宅資産への融資者である金融機関側は、その債権保全のため水害リスクの回避に向け債務者である住民に対し水害保険に加入することを求め、あるいはこれを拒否する住民への住宅への融資を拒否するインセンティブが生ずることになる。

　以上のような視点に立って、米国とわが国との比較を試みたい。

182

	現行	改正
洪水ハザードマップについての記載	記載なし（※次の事項について住民に周知させるように努めるものとするが、その方法は記載がない） ・洪水予報の伝達方法 ・避難場所その他洪水時の円滑かつ迅速な避難の確保を図るために必要な事項）	次の事項を記載した印刷物 ・洪水予報等の伝達方法 ・避難場所その他洪水時の円滑かつ迅速な避難の確保を図るために必要な事項 ・浸水想定区内に地下街等または主として高齢者、障害者、乳幼児その他特に防災上の配慮を要する者が利用する施設で当該施設の利用者の洪水時の円滑かつ迅速な避難を確保する必要があると認められるものがある場合にあっては、これらの施設の名称及び所在地
洪水ハザードマップの作成義務	—	洪水ハザードマップの作成を義務付け
洪水ハザードマップ作成の対象河川	大河川（洪水予報河川）のみを対象（222河川）	大河川に加えて、主要な中小河川を対象（約2,200河川）

Hausmann［1998］によれば、米国の洪水保険では制度的に指定された洪水危険地域しか NFIP ではカバーされないが、洪水危険地域指定はこれまでの実際の洪水事故地域の 50％にとどまっているという[183]。米国の洪水保険では地域認定を受けた既存住宅に対して引受拒否ができず、件数比では 2％にすぎない契約案件の再発洪水被害に 68 億ドル（1978 ～ 1995 の支払額）のほぼ 40％を充当しているという[184]。

　ここで、水害リスクの認知を高めるインセンティブを与える経済的手法で、NFIP の中で注目すべきシステムとして 1994 年に制定された国家洪水保険改正法に基づき導入されたコミュニティ料率システム（CRS：Community Rating System）を挙げる。これにより、コミュニティ内の公共図書館に水害関係の資料を整備するなどして住民にリスクを知らしめる等のリスク低減努力により 9 段階のプレミアムを得ることができ、最大 45％もの保険料割引（Class 9）が可能となる。2005 年 10 月現在 NFIP を利用している約 2 万のコミュニティのうち、1,028 のコミュニティが本プログラムに参加しているという。

　しかしながら、Hausmann［1998］は、洪水危険指定地区で NFIP の普及率が 15 ～ 20％にすぎないことは制度設計上大きな問題と指摘する。例えば、ハリケーン「カトリーナ」による洪水被害も含めた経済的損失は、歴史的に見ても巨額で、最大 1,350 億ドルにも及ぶ。住宅保険については NFIP とわ

---

[183] 2005 年 10 月に行われたハリケーン「カトリーナ」を扱った連邦議会の上院金融・住宅・都市問題委員会での Association of State Floodplain Managers, Inc. による証言では、ハリケーン「カトリーナ」等の洪水被害境界が FEMA で準備された洪水保険料率地図で示された地域とはほとんど一致せず、洪水保険の対象から外れている点を問題点として挙げている。そして、彼らによる数ある提案の一つとして、特別洪水危険地域として氾濫原管理の対象の前提としている 100 年確率洪水を 500 年確率洪水に変更と提案した。

[184] 2005 年 10 月の連邦議会の上院金融・住宅・都市問題委員会での証言によれば、450 万件の洪水保険契約数のうち、5 万件の契約事案に 3 割の資金が配分されており、83％が NFIP の洪水保険料率地図が出される以前（Pre-FIRM）に契約した物件であった。そしてこのうちの 1 万件の物件は 4 回以上も被害に遭う、あるいは保険価額を超えた被害を約 2 回出しているという。

が国の火災保険に相当するホームオーナーズ保険でカバーされるが、保険損害としては450億ドルにとどまると推定され、大きな社会問題となっている。Hausmann［1998］は、結論として逆選択を回避し保険普及率の向上を目指し、連邦政府は火災保険自動付帯の洪水保険制度の創設や地震等の他の自然災害との総合保険化も検討すべきとの提言を行っている。つまり、火災保険に水害危険も担保したわが国の住宅総合保険、店舗総合保険等のような総合化した保険商品とすることより普及率の向上が図れるとの考えに基づいている。

　この提言の背景にある消費者行動さらには企業行動に関しては、Gabaix, Laibson［2003］により興味深い研究がなされている。すなわち、消費者にとって多くの商品、サービスに対する細かな差異を判断することは困難で、限定合理性の理由から、より複雑な商品、サービスほど消費者にとって、その商品、サービスが有する正確な効用を判断することはできないという仮定のもとで行動経済学研究を行っている。この結論として、①商品が複雑であるほど、消費者の価格弾力性が小さくなり、結果として高めの価格設定が行われ、②競争が激化するほど企業は商品の複雑性を強めるという。また、Ellison［2005］も同様の分析を行っており、例えばレンタカー会社が単純な車のリースに加え損害保険と事前支払済み満タンガソリンというサービスを付加する際、高めの価格設定を行っているとしている。

　このような研究成果の延長線上の具体策として、火災保険自動付帯の洪水保険制度の創設や地震等の他の自然災害との総合保険化については確かに検討に値しよう。しかし、米国の洪水保険として総合化した保険商品としてのわが国の住宅総合保険、店舗総合保険等が目指すべきゴールかと言えば短絡的であり、Hausmann［1998］は、わが国の住宅総合保険、店舗総合保険等についても保険プレミアム算定上のデータ、方法論、リスク頻度、ハザード・ゾーニング等で改善の余地があると指摘している。

　結局、保険における公平性とは、個人の危険度に応じて保険料を負担させることである。しかし、水害のようにリスクとの因果性が十分解明されない段階では、保険数理上でもコストに基づく料率設定原則が尊重される。米国のNFIPのように洪水リスクと洪水減災対策に応じた地域別料金制度のよう

に料率分類の導入により保険数理的に公平になるにつれて、特にリスクの高い層の保険の購入余裕性問題を惹起することになり、保険普及率にも影響を与える。一方、保険制度の社会化は、損害コストの社会化として発生し、社会保障制度に酷似することになり、住民に対し社会的連帯性という意識を求め、リスクに不確定な要素が大きいほど、より強い連帯性が求められることになる。

わが国の洪水ハザードマップという形での数多くの「公的情報」の供給は、水害リスクの認知を抜本的に高め未知の危険連帯性を逓減させると期待され、これにより被保険者間で相互扶助が排除されれば、保険制度の効率性は向上する。しかし、本章で述べたように、「公的情報」の単なる一方的供給を行うのではなく、住宅資産への融資者である金融機関とのリンケージあるいは NFIP のコミュニティ料率システムのような水害保険上の料率インセンティブの導入といった水害リスクの認知促進にかかわる経済的インセンティブを加えなければ、これらの「公的情報」の供給はかえって逆選択の可能性が高まると考えられる。

3. 水害発生を未然に防止すべき者と住民間の水害リスクにかかわる不完備契約からのアプローチ

洪水または高潮に際し、水災を警戒し、防御し、及びこれによる被害を軽減し、もつて公共の安全を保持することを目的とするわが国の水防法は 1949 年に制定された法律であり、市町村等がその区域における水防を十分に果たすべき責任を有する立場となっている。2005 年 7 月から施行された水防法等改正法では、国と都道府県が指定した河川について、洪水時の円滑かつ迅速な避難を確保し、水災による被害の軽減を図るための法的整備がなされている。具体的には、当該河川の洪水防御に関する計画の基本となる降雨により当該河川が氾濫した場合に、浸水が想定される区域を浸水想定区域として指定し、当該指定区域及び浸水した場合に想定される水深を公表するとともに、関係市町村の長に通知することになっている。

植木 [1991] によれば、自然現象の発生に対して、通常は、不可抗力論（＝予見可能性の有無）が問題となるとしている。すなわち、社会現象として

の災害の発生では水害発生を未然防止すべき者が損害回避義務を尽くしたか否かが問題となり、自然現象がもたらす災害であっても水害の発生を未然に防止すべき者の立場としては、ある程度の蓋然性があれば、自然現象発生の危険性の実体を防災科学の観点から具体的に調査する必要があるとしている。そして、水害防止にかかわる営造物管理者が採るべき措置として、まずは自然災害を生じさせないような耐久性と強度を持った営造物をつくるための施設対策及び営造物が本来の機能を発揮できるようにするための管理対策で対応することになる。そして、これらでは対応できないと予見できるある程度以上の自然災害に対しては、その予報を確実に行い、現実の科学知識あるいは情報の程度に応じて住民を安全地帯に誘導すべき避難対策が講じられる必要があるとする。このような三つの対策は、相互に補完しあうものであり、状況に応じて、併用されなければならず、また災害常襲地帯に居住を余儀なくされた者としては、水害発生を未然防止すべき者に対し災害防止のための予防措置を求めることができるとしている。

　公害とは異なり、災害においては、損害発生原因が誘因としての自然現象にあるから不確定要素を伴うものの損害の蓋然性を否定できるものではない。水害における安全性判断の一基準として防災アセスメントが必要と言われる。つまり、地域の防災政策問題はアカウンタビリティとリスクコミュニケーションが密接に関連し、リスク情報、認知が不完全でリスク選好が多様なコミュニティである防災政策を採択するためには、被害シナリオに関する住民との一種の合意が必要になる。

　米国の特別洪水危険地域の指定は連邦政府機関であるFEMAが行うが、州政府が治水のための氾濫原管理の主役を担っている。このような洪水危険区域[185]の指定自体はもともとわが国の都市計画法、建築基準法でも該当規定があり、土地利用が規制されるスキームとなっている。しかし、戦後の旺盛な宅地建設活動の中で必ずしも十分に活用されないでいたが、最近になっ

185　三本木［1988］p. 91、98によれば、洪水危険地域は既に1913年の旧プロイセン水法にあり、さらにさかのぼって1898年フランス水法では浸水地域と称されていたが、西洋ではかなり早くから明確にされていたとの記述がある。

て自然災害の多発発生にしたがい、再び有効な規制政策として注目されている。例えば、2000年より施行された土砂災害防止法においても、都道府県が土砂災害の危険性の高い区域を土砂災害ハザードマップとして明示、そこでの開発制限する権限を与えられ、土砂災害の軽減に対しリスク管理者としての都道府県に一定の責任を負わせ、都道府県が住民付託に応える役割を果たしている。2005年7月から施行された水防法等改正法における洪水ハザードマップの作成、公表は、直接的な開発規制手段ではないものの、防災アセスメントの一貫として機能しつつある。

誰の警鐘に耳を傾けるかという問題は、エージェントとしてどのリスク管理者を選択するかということに繋がる。このように考えると、居住者と水害の発生を未然に防止すべき者といった当事者が事前に選択したルール（契約）の実現を保証することこそが望ましいことになる。つまり将来の不確実性が非常に大きいため契約を行うこと自体に大きなコストを要すること等を背景として、完備された契約理論が想定しているような契約関係にない不完備契約の場合には、複雑な契約が締結されていない状況を出発点として制度、法律、組織といったものがどのように契約を補完しているのか、そしてどのように補完すべきかが基本となる。

「公的情報」としての洪水ハザードマップの形で、水害リスク情報が、水害発生を未然に防止すべき者（行政等）から今後も一般に広く供給される。これらの水害リスク情報は、現状では、例え洪水ハザード地域に現に居住している住民にとっても、一方的に市町村から供給されるものという程度の認識が一般的ではないかと思われる。一方、米国における洪水危険地域図の場合にはFEMAから委託を受けた2社で作成され、各州、郡、コミュニティに配布されるが、NFIPで用いられるゾーニングは、住民である契約者が自分に適用されたゾーニングに不満な場合、異議を申し立てることができるシステムとして導入されている。米国における住民からの異議を申し立てシステムは住民にとっての資産価値保持のために洪水リスクの認知について当局との交渉がなされ[186]、資産価値に直接かかわる保険なり債権・債務関係の最適化を住民側として積極的に調整しようとすることを意味する。

プリンシパルとしての住民とエージェントとしてのリスク管理者との間で

契約が締結されないために、努力水準や投資水準が最適なレベルよりも下がってしまう問題は、一般にホールドアップ問題と呼ばれる。したがって、私的には結びにくい契約の代わりを法規定が担うこともありえ、当事者間の契約の自由な選択を妨げるという側面があるものの法規定により契約の基本的フォーマットが与えられ標準化されれば交渉の合意や費用も節約が期待できる。米国のNFIPのもとで洪水危険地域図にかかわる住民からの異議を申し立てシステムはまさにこの例示と言えよう。

　全ての国民が等しく自然災害のリスクに曝されているわけではない。洪水による被災住民は低地に住む人々であり、土砂災害による被災住民は急傾斜地に住む人々だけである。そして、これらの人々の無知、無関心に起因して被害が生ずることも現実的に多いことこそが問題である。水害のように、不作為的侵害者（営造物の設置・管理者）が直接の加害者でない場合、水害における被害評価の判断基準として、被害者が仮に災害常襲地帯に居住していたとしても地域性が判断要素とはならない。しかし、あらかじめ当該地域が水害危険地域として警告・指定され、建築制限を受けているような場所にあっては、被害者の自己責任は追求されるべきで、この場合には、地域性は十分考慮されよう。結局、リスク情報、認知が不完全であることに起因して関係者間では不完備契約とならざるをえず、したがって契約の代わりの何らかの法規定に定めること自体は、法律家にとってそれは公正を維持するために必要なことと考えるだろうし、経済学者にとって、それは当事者のインセンティブを損なわないために必要なこととなるのである。水害防止に関連し、住民、水害発生を未然防止すべき者、損害保険業界、金融機関等関係者間でそもそもルールがわかっていないとすれば、本当の意味で選択の自由はない。

　水害リスクは、自然災害に起因することから、例えば、住宅資産にかかわ

186　ハリケーン「カトリーナ」被災地域のケースでは、FEMAによるゾーニングの変更がなされているが、同じ土地に住宅を再建する住民は例えば浸水を防ぐための高床式の住居を建てない限りNFIPによる洪水保険の活用ができないことになり、住民の再建費用負担増に繋がるのでゾーニングの変更には住民はセンシティブになっているという。

る長期の借地・借家契約が契約期間中に予期せぬ環境変化が生じ、契約内容への疑義が生ずること、あるいは契約遵守が著しく困難になる可能性も十分あり、個人の合理性の限界を考慮し交渉を前提とした法制度を構築して公平性を確保することが重要である。

第4節　結論

わが国においては、治水設備の整備の進展により水害被害額自体は長期的に低下傾向にあるものの、台風等の風水害も相次ぎ発生し大きな被害を出しており、ここ10年間の水害被害額は5.7兆円（1995年価格）にも及んでいる。しかし、2005年4月になってわが国の社会資本整備審議会の中の豪雨災害対策総合政策委員会から「総合的な豪雨災害対策の推進について」という提言が出され、早期に災害安全度を高めるための防災施設等の整備の質的転換として、氾濫域の土地利用状況に応じて治水安全度を設定し、これに合わせ、従来からの連続堤防方式にこだわらず、輪中堤の築造、宅地等のかさ上げ・移転等により宅地等を早期に安全にする方式を治水対策の重要な手法として進めるとした。つまり、今後は水害から守るべきところは守るが、守らないところもあると言及し、立地政策上の転換を図ったのである[187]。こうした治水政策の転換の中で、事業のソフト化がますます進展し、防災アセスメントとして国、地方自治体等による洪水ハザードマップ等のリスク情報供給の意味合いも住民を含めた関係者にとって従来以上に価値を持つことになる。

住民とその資金供給の担い手である金融機関にとって、住宅という実物資産を保持・所持することは、水害のような自然災害という不確実性がある中

187　本提言によれば、「このため、治水安全度とその設定方法等について整理し、地域の土地利用、意向等にも適合した整備手法等の体系的制度を確立する」としている。なお、治水安全度とは洪水を防ぐための計画を作成する時対象となる地域の洪水に対する安全の度合いを言う。例えば、50年に一度の大雨に耐えられる規模の施設の安全度は1/50と表現。また地区（流域）によって降る雨の量が違うため、同じ1時間に50mmの雨に耐える整備を行っても、確率は異なる。

でそれだけ長期のリスクを背負い込むことになる。米国のように住宅ストックの買い替え市場が形成されていれば、水害リスク情報の供給はよりリスクの少ない方に住宅取引を誘導することになるが、わが国のように住宅ストック市場が固定的である場合には水害リスク情報の供給に応じた水害リスク管理の選択肢が限定され、水害保険がリスク回避上取りうる有力な手段となろう。しかし、わが国の場合には固定的な住宅ストック市場であることに加え、金融資産が少ない若年層、高齢層の存在は、洪水ハザードマップ等のリスク情報供給如何にかかわらず、一旦水害という自然災害が発生する場合に露呈する社会的脆弱性に繋がることを意味する。

このような社会的脆弱性を減少させるためにも、民間損害保険会社による水害保険事業と政府による治水設備整備事業、さらには金融機関による融資事業等がうまく嚙み合うことが必要になる。しかし、日米の水害・洪水保険制度比較により浮き彫りにされたわが国の現状では水害リスクの軽減に向け、これらの間が必ずしも整合的なシステムとなっていない。わが国では、国土面積の約10%を占めるにすぎない沖積平野の想定氾濫区域に総人口の約50%が集中している現状の中で、水害保険も担保する住宅総合保険、店舗総合保険等の普及率は想定氾濫区域外も含めて40%程度にすぎず、想定氾濫区域における社会的なリスク分散については未だ十分なレベルには達していない。経済学的には土地、建物及び家財といった財産とそれらの財産価値を維持するための損害保険、金融債権・債務について自由な契約と市場による競争こそが効率的な資源配分をもたらすとする。しかし効率的資源配分が達成されたとしても何ら分配の公平性を意味するものではなく、社会的不平等な資源配分を含んでいることは言うまでもない。むしろ、水害リスク情報が及ぼす保険加入行動の視点からは、防災アセスメントとしての洪水ハザードマップのような「公的情報」も単に一方的にさらには単独で提供を行うのではなく、住宅資産への融資者である金融機関とのリンケージあるいはNFIPのコミュニティ料率システムのような水害保険上の料率インセンティブの導入といった水害リスクの認知促進にかかわる経済的インセンティブを加えないとこれらの「公的情報」の供給はかえって水害保険に対する逆選択の可能性を高めてしまうと考えられる。

一方、リスク情報、認知が不完全であることに起因して、水害発生を未然に防止すべき者と住民間では水害リスクにかかわる不完備契約とならざるをえない。この観点からは、契約の代わりに、自由な取引に対する規制が正当化され、この上で公平さが確保されれば問題ないとの立場となろう。そもそも契約自由原理のもとで効率的な資源配分が実現するには取引費用の不在、人間の合理性という前提が必要であり、水害防止に関連して住民、水害発生を未然防止すべき者、損害保険業界、金融機関等関係者間で、そもそもルールがわかっていないとすれば本当の意味で選択の自由はないのである。また、契約の代わりを法規定が担うことについては、当事者間の契約の自由な選択を妨げるという側面があるものの法規定により契約の基本的フォーマットが与えられ標準化されれば交渉の合意や費用も節約が期待できる。米国のNFIPのもとで洪水危険地域図にかかわる住民からの異議を申し立てシステムはまさにこの例示と言えよう。

本章では、水害リスク回避に向けた効率、公平な対応のため日米間を比較分析したが、わが国における治水政策の転換の中で、例えば、水防法の中で民間損害保険会社、金融機関等を関係機関として関与するシステムを構築し、また洪水ハザードマップにかかわる住民からの異議を申し立てシステムの導入等は検討に値しよう。しかしながら、同時に、住民側において自身の資産管理の視点から安全を脅かす水害リスク情報をこれまで以上に理解することが求められ、エージェントとしての行政等のリスク管理者と交渉することの必要性を認識するとともに、水害保険を初めとした安全管理コストをいかに負担するかという住民自身の決意と努力がますます重要となろう。

結論と今後の研究課題

結　論

　本書は、競争環境下の水道事業について、公営事業改革と消費者選択に焦点を当てて研究したものである。まず、第1部では、公営水道事業体の改革と課題として、水道事業に関するライフステージごとで分析するとともに、水資源の環境対策を取り上げ、次に、民間的経営としての指定管理者制度に焦点を当てた。さらに、昨今の地下水利用専用水道によるわが国水道市場への影響を検討し、その際の重要な対応策の一つである水道料金の需要家自己選択システムについて分析を試みた。次に、第2部では、水道インフラ普及時代の消費者選択として、飲料水市場と非市場評価を検討し、消費者の回避・期待行動にかかわる消費者選好分析に焦点を当てた。そして、表明選好法であるコンジョイント分析を利用して飲料水の消費者選択にかかわる実証分析を試みた。また、国際比較を分析することにより、消費者、住民の視点から見た水道事業の組織形態や水害リスクに対する効率的なマネジメントのあり方について検証したものである。

　第1章では、水道セクターの誕生・成長・転換過程のライフステージごとに、地方財政、都市経営の視点から、水道事業者の位置付けを概括し、この上で、地方公営水道事業体と民間企業との競合、地方公営水道事業体への民間的経営手法の導入、地方公営水道事業体の民営化等について比較しつつ、その動向と論点・課題をまとめた。そして、水資源の保全管理にかかわる事

業を実施する上で必要な資金調達手段として都道府県レベルでの森林環境税や水源環境税等の導入の動向と課題について検討した。

地方公営水道事業体と民間企業との競合、地方公営水道事業体への民間的経営手法の導入、地方公営水道事業体の民営化等の課題については、セクター発展のステージごとで、社会経済的背景も異なることを改めて確認することができた。「公の施設」の管理を自治体以外の者に行わせる指定管理者制度は、民間も代行することができ、単に施設管理委託にとどまらず利用許可や料金設定まで委任ができるものであり、今後の水道事業適用の際に多くの可能性を有することを確認した。また、かつて、森林整備のための国民の参加及び費用負担の方策として、水を課税対象とする水源税の創設運動が日の目を見なかった経緯を明らかにしつつ、神奈川県における導入成功事例である水源環境税と山梨県における導入断念事例であるミネラル・ウォーター税の事例を対比させて分析した。そして、水資源の保全管理という政策上の使途との関係で、新たに導入された税が水源涵養等を通じ、その効果が、税負担者にどのように還元されるのか、さらに「水源環境税」として真に機能すること自体の検討の重要性を明らかにした。

第2章では、水道分野で初めて民間的経営手法の導入の一つとして指定管理者制度が岐阜県高山市で導入されたことを受けて、同市の水道施設管理上の経済性・効率性について考察するとともに、取引コスト理論とプリンシパル・エージェンシー理論により、人的資産、指定管理者へのモニタリング及び契約更新に関する分析を行った。併せて、水道施設という「公の施設」利用による有効性・公共性という評価視点からの課題を検討し、さらに、本制度導入が十分に普及していない現状に鑑み、普及インセンティブを与える制度拡充に向けた設計を考察した。

指定管理者制度は、法規制ではなく協定という当事者間における集団的な私的契約行為により公共性や公益性を担保することで民間企業に業務委託するものである。水道サービスでの先行事例である岐阜県高山市では、経済性・効率性はそれなりの成果を上げていると評価できた。しかし、高山市側の専門人材育成面の努力、指定管理者との契約内容の改善等行うべき点も多いこと、また契約更新時には水道施設増強にかかわる投資活動に関連した業

務まで指定管理者制度の中に含め、より効率的な投資活動と維持管理活動を行う DBO（Design Build Operation）方式の採用等の制度拡張までできればより一層の効果が期待できよう。また、水道サービスに求められる有効性・公共性の視点を踏まえた制度設計により、指定管理者制度を運用することが重要である。特に、企業の経済性の発揮を期待しつつも、危機管理を含めた維持管理体制及び水質検査などチェック体制の強化、地域自治力向上等を目指すという公共福祉の増進に向けた本来的な目的を果たすことの重要性を明らかにした。

第3章では、国内水道マーケットへ広範に参入しつつある地下水利用専用水道を取り上げ、公営水道事業体の料金政策へ与えた影響実態を把握した上で、地下水源の性格、電力セクターとの対比による水源調達上の最適化問題を検討し、専用水道参入規制と今後の望ましい水道料金規制のあり方を検討した。

地下水利用専用水道など競争相手の登場により水道事業体も短期的には価格競争ということを念頭に置かなくてはならない状況になっており、各地の水道事業体は、人員削減やコスト縮減等水道料金の低下に向けこれまで以上の企業努力が求めらる。長期的視点では、例えば、さいたま市水道局のように水道サービス事業者にとってもコスト面で競争力のある地下水水源が利用可能であれば、その活用により水源調達にかかわる限界コストの引き下げ効果を狙うことで経済厚生の改善ができる。同時に、季節、昼夜変動等の水道需要の変動への対応、さらにはダム開発等長期の投資回収期間が必要となる設備投資の選択とともに分散型水道として地下水水源利用も選択するという供給源の多角化、分散化を図ることで改善が期待できることを明らかにした。

第4章では、水道料金の需要家自己選択システムに注目し、わが国として初めて導入した岡山市水道局による個別需給給水契約制度を事例として効果分析を行うとともに、需要家が最適料金メニューを選択するための事業者からの情報伝達機能に注目した分析等を実施した。

公営水道事業体による水道料金体系と水道料金水準は、基本的にその時点での水源と水道というネットワーク構造に基づいて設定される。この際、一

時点で切った構造というより現実にはある幅を持った期間で形成される構造と捉えて設定され、自然独占性が強い公営水道事業体にとって、ネットワーク拡張期では相対的に長い期間を前提とした水道料金体系と水道料金水準が設定された。ここに至って水道ネットワークもほぼ100%普及となり、近時の病院、大規模店舗等の大口水道利用者による水道離れに伴う水道需要の減少等により供給者としての自らの供給計画とも齟齬を来たし、水道財政上も大きな支障を生じつつある。このようなネットワーク構造自体が変化を生じつつある中で、想定すべき期間も短くなりつつある。同時に電力、通信といった他の多くの公益事業において自己選択料金体系が幅広く導入された市場へと変化していることを反映し、需要家側としても公営水道事業体との供給契約自体の選択を求めることになる。

わが国で初めて導入された岡山市の個別需給給水契約制度もある程度普及し、水量、料金収入面でプラス効果があることから、この時点で本制度は一定の成果を挙げていると言える。これを踏まえれば、顧客数が変わらないという前提のもと、水道事業体が料金体系を再構築し、最善の最適性を有する自己選択料金体系を探求する上で、その体系自体は単純でありながら最大の成果が得られる点で有効な料金体系と位置付けられることを明らかにした。

第5章では、水利用について、市場に現れる消費者の対応、飲料水の質変化に対応する消費者行動として消費者側での浄水器の使用、ミネラル・ウォーター消費の拡大動向を把握した。併せて、飲料水に対する消費者選好を把握するため有効な非市場評価手法を検討した。

現在のわが国の水道事業全体の毎年の料金収入は約2.9兆円である。最近のわが国の生活用水使用量レベルは、所得の変化とは関係なく、横ばいから、むしろ減少傾向にある。わが国では水道水の質の維持のため、特に大都市部においては、水道事業体側での対応とともに30～40倍のコストはかかるものの30％以上もの消費者が浄水器を設置したり、ミネラル・ウォーターを購入するという補完システムの時代に既に入っている。2007年の浄水器の市場規模は浄水器、カートリッジで1,600億円程度、機能水生成装置の関連市場で500億円と推定され、合計約2,200億円が全体の市場規模となっている。また、ミネラル・ウォーターの消費量は、最近では特別な年

を除いて常に2桁以上の成長を維持し、2009年のミネラル・ウォーター市場は約2,016億円まで拡大している。恐らくより多くの消費者がこの補完システムを選択する方向に進むと予想されるが、この際、補完システム選択にかかわるコスト負担の程度なり、事業者と消費者との適切なコスト配分そして何よりも地域間格差が社会的・経済的にうまく受け入れられるかということが重要な留意点と考えられる。一方、消費者選好にかかわる非市場評価に関し、近年、金銭単位で評価する試みとして色々な手法の開発がなされている。顕示選好法と表明選好法について具体的手法の特徴と応用範囲、課題等をまとめるとともに、およそそれらの手法の前提となる知識構造と関与水準分析等の意思決定心理学、さらに、基数的効用と序数的効用の捉え方についてもその動向、課題をまとめた。非市場評価手法の傾向として、①関係する個人の選好に依存せずに評価する手法から、個人の選好を基礎にした評価方法へと重点が移行し、②個人の選好を実際に支出されている費用や実際に市場で売買されている財やサービスの価格を用いて間接的に捉える方法から、直接それぞれの個人の選好とそれに基づく価値評価を捉える方法へ重点が移動しているが、今回の研究では、飲料水に応用可能な手法を実証的に利用し比較分析することで、飲料水に対してより的確な消費者選好を把握することとした。

　第6章では、飲料水にかかわる消費者による行動について、水道水の質低下に対する人々の回避行動と水の質向上に向けての人々の期待行動に分けて考察した。水道水の質に関するいくつかの変化に対する人々の自然科学的評価を前提に、回避費用アプローチで説明できる消費者選好と選択モデリング・アプローチで説明できる消費者選好について社会科学的分析を試み、わが国の飲料水市場全般における消費者選択パターンへの影響要因を分析した。

　回避費用アプローチでも、被験者達が飲料水として水道水のみで満足しているケースでは9.82円／月・人のコストしかかからないところ、実際にはその30倍に相当する292.87円／月・人のコストをかけており、差額の287.05円／月・人が消費者である被験者達が私的負担していると算定された。これはマクロ分析結果である14～21倍以上の私的追加負担という分

析ともほぼ平仄が合っている。一方、選択モデリング・モデルでは、ボルダ・ルール分析と多属性効用分析の結果によれば、特に所得20％増加ケースでは、回避行動は期待行動より社会的選好としては大きいものの、期待行動による選好が回避行動以上に飲料水市場に対しより大きな経済的インパクトがありうることを示すことができた。

第7章では、飲料水の消費者選好について、非市場評価手法である表明選好法の中で、近時、種々の新たな手法が開発されつつあるコンジョイント分析、具体的には、完全プロファイル評定型と選択型という二つの異なるコンジョイント分析を利用した。アンケート時の被験者に対する選択プロファイルについて付与のレベルや条件を変えることによる影響と、各々のモデルとしての有効性、さらには限界性を比較実証し、併せて消費者の認知処理能力との関連で情報処理時間との関係を考察した。

完全プロファイル評定型と選択型のコンジョイント分析を比較し、実証分析した結果、次のような三つの結論を得た。第一に、モデルの有効性として、①外生的に所得水準を変化させたが、適切な所得条件下でモデルが適合することを確認でき、②完全プロファイル評定型の方が多くの状況で有効であるという意味で、対象とする範囲が広いことが確認できた。逆に③完全プロファイル評定型でモデル適合性が低い場合には、選択型でも低かったことが挙げられた。また、モデルの限界性としては、①両モデルの期待行動について支払意思額で換算した効用のプラス・マイナスがほとんど不一致であるが、これは選択型モデルにより推定した期待行動の有意確率が9〜10％以上と低い水準であることも一因と考えられ、②選択型ではモデルの厳密性が高いためか本分析では適合度が低く算定される傾向が確認でき、結果的にモデルとして不適用となったケースが多かった。第二に、意思決定にかかわる被験者の情報処理時間からの分析結果では、「消極・否定評価を行うグループ」と「積極・肯定評価を行うグループ」の間で、被験者の情報処理所要時間が異なり、二つのモデルでその乖離幅が異なった。したがって、①選択プロファイルの付与レベル、絶対的や相対的といった評価条件の他に加えるべきファクターが存在し、具体的には、②被験者にとっての関心あるいは重要度のレベルの因子や属性水準としてのアンケート実施者側からの提示価格

の付与水準と被験者側の想定価格水準間のギャップ・レベルの因子等が必要と考えられた。第三に、水道事業体のおいしさ PR 活動のあり方との関係では、モデル適合度として選択型でやや低くなってしまうものの、人数比率的に多い「価格次第で購入するグループ」が、水質面の健康不安を回避する行動が効用に対し相対的に大きな比重をかけており、期待行動より回避行動を重視、すなわち「おいしさ」より「安全・安心」を中心として、水道水需要の増加に向けて、PR の軸足を置くことが必要と考えられた。また、価格面でもこのグループについては、支払意思額が 116.5〜273.6 円／月・人と相対的に低く、ボトル水の価格設定を低くする方向の検討が必要なことを明らかにした。

第 8 章では、わが国と欧州の中では主要国であるフランス、イタリア、英国、ドイツの 4 ヶ国を取り上げ、Van Dijk et al.［2004］の先行研究をもとに最新のデータを活用しつつ、需要側からの視点で横断的な評価を行い、水道事業体としての形態の差異と世論調査評価による地域的な差異との関係を重ね合わせ論考を試みた。

世論調査評価比較では、イタリアは、この 5 ヶ国の中で水道供給サービスについて深刻さのレベルが極めて高く、逆に、英国は、深刻さのレベルは低く、消費者の満足度が高いと特徴付けられた。また、三つの世論調査項目が同じ深刻さのレンジとなっているのは日本（関東圏）とドイツであった。イタリアは、過去の投資不足を行いつつ、併せて水道事業の質的・量的なサービス水準向上のために料金レベルをかなり上昇させるが、消費者にとってはサービスの質的・量的な満足感を得ないまま負担感だけが重く感じている事例であり、英国（イングランド・ウェールズ）では、消費者にとっては将来投資が必要な中で、料金レベルも相対的に上昇させ推移しつつも質的・量的な満足感を得ている事例であろう。また、ドイツや日本の消費者は、それなりの質的・量的な満足感を得、現時点ではむしろ将来投資のための料金の潜在的上昇可能性については消費者側の認識の中では顕在化していない事例と考えられた。EU4 ヶ国との比較から得られる知見として、わが国の上水道分野で個々の事業者が個別に民間的経営形態を目指すことだけを目標とすべきではなく、消費者保護の観点から消費者との情報共有や消費者からのフィー

ドバック・システムを確保する等の政府あるいは地方自治体として慎重に制度設計準備することの重要性を明らかにした。

第9章では、水害リスク回避に向けた効率、公平な対応のあり方を検討するため、守るべき住宅の資産流動性、水害リスク情報が及ぼす保険加入行動、そして水害発生を未然に防止すべき者と住民間の水害リスクにかかわる不完備契約という三つのアプローチで日米比較検討した。

わが国における治水政策の転換の中で、例えば、水防法の中で民間損害保険会社、金融機関等を関係機関として関与するシステムを構築し、また洪水ハザードマップにかかわる住民からの異議を申し立てシステムの導入等は検討に値することを明らかにした。しかしながら、同時に、住民側において自身の資産管理の視点から安全を脅かす水害リスク情報をこれまで以上に理解することが求められ、エージェントとしての行政等のリスク管理者と交渉することの必要性を認識するとともに、水害保険を初めとした安全管理コストをいかに負担するかという住民自身の決意と努力がますます重要となることも指摘した。

今後の研究課題

本研究の課題も挙げることができる。第4章、第6章、第7章に通じることであるが、実証分析のために収集したサンプル数が必ずしも十分でない問題である。すなわち、岡山市の個別需給給水契約制度調査に際しては、岡山市水道局関係者からのヒアリングとともに大口水道需要者に対する面談調査を実施したものの、時間制約のためサンプル数が100社中8社にすぎなかった。第6章、第7章のアンケートでも各々、有効回答数も73名、87名にすぎない。デモグラフィックな観点からの偏りもあり、本分析結果をもっての一般論化は慎重にせざるをえない。

また、「飲料水のおいしさ」については、消費者はあくまでも主観的評価を行っているにすぎないという指摘もあり、同時に「東京の水」のおいしさを首都圏に居住する消費者が仮に低く評価するとしても、例えば「飲めない水道」として課題を抱えている北京に居住する消費者が、物理的には同じ

「東京の水」を高く評価することは十分にありうる。これらのことは表明選好法による消費者の評価は、あくまでも主観的、相対的な位置付けと考えざるをえないかもしれない。

　さらに、岡山市の個別需給給水契約制度では、今後の制度変更に当たっては、例えば小口需要家がサーチするインセンティブを高める工夫等何らかの対策を講ずる等の検討事項が残る。また、自己選択料金体系そのものと水源開発を含む水道事業者としての既存施設能力の再構築という中長期的な関係を明らかにすることも重要なテーマとなろう。

あとがき

　本書を作成するに当たっては、多くの関係者からのインタビュー、アンケートから得られた情報をもとにしている。公益事業学会、国際公共経済学会等の研究大会における発表の際に討論者となっていただいた先生方にも謝意を表したい。特に、関西学院大学経済学部教授の野村宗訓先生には数多くの有益なご助言を賜り、ひとかたならぬご指導をいただいた。さらに、立教大学経済学部の山口義行先生の口添えがあって今回、出版物という形で世の中に出す機会を与えていただいた。また、唯学書房の村田浩司氏には企画段階から有益なご助言を賜り、本書の発刊にご尽力をいただいた。ここに厚く御礼申し上げたい。

2011 年 4 月

楠田 昭二

参考文献

Abdalla, C., B. Roach and D. Epp [1992], "Valuing environmental quality changes using averting expenditures", *Land Economics*, Vol. 68 (2), pp. 163-169.

Abrahams, N. A., B. J. Hubbell and J. L. Jordan [2000], "Joint Production and Averting Expenditure Measures of Willingness to Pay: Do Water Expenditures Really Measure Avoidance Costs?", *American Journal of Agricultural Economics*, Vol. 82 (2), pp. 427-437.

Aghion, P. and J. Tirole [1997], "Formal and Real Authority in Organizations", *Journal of Political Economy*, Vol. 105, pp. 1-29.

Aldridge, R. and G. Stoker [2003], "Advancing a New Public Service Ethos", New Local Government Network.

Arrow, K. J. [1963], "*Social Choice and Individual Values 2nd Edition*", Yale University Press(長名寛明訳［1977］『社会的選択と個人的評価』日本経済新聞社).

Arrow, K. J., A. K. Sen and K. Suzumura [2002], "*Handbook of Social Choice and Welfare*", Vol. 1, Elsevier Science B.V.(鈴村興太郎他監訳［2006］『社会的選択と厚生経済学ハンドブック』丸善).

Ashley, R. and A. Cashman [2006], "The Impacts of Change on the Long-term Future Demand for Water Sector Infrastructure", in OECD [2006] *Infrastructure to 2030: Telecom, Land Transport, Water and Electricity*.

Bardelli, L. and L. Robotti [2009], "The Water Sector in Italy", Working Paper for CIRIEC.

Bartik, T. J. [1987], "Estimating hedonic demand parameters with single market data: The problems caused by unobserved tastes", *The Review of Economics and Statistics*, Vol. 69 (1), pp. 178-180.

Bartik, T. J. [1998], "Evaluating the benefits of non-marginal reductions in pollution using information on defensive expenditure", *Journal of Environmental Economics and Management*, Vol. 15 (1), pp. 111-127.

Bauby, P. [2009], "The French system of water services", Working Paper for CIRIEC.

Berginnis, C. [2005], "The Future of the National Flood Insurance Program", Testimony, Senate Committee on Banking, Housing, and Urban Affairs.

Bernard, J. T. and M. Roland [2000], "Load Management Programs, Cross-subsidies and Transaction Costs: The Case of Self-rationing", *Resources and Energy Economics*, Vol. 22 (2), pp. 161-188.

Besanko, D., D. Dranove and M. Shanley [1998], *Economics of Strategy* 2nd edition, John Wiley and Sons, Inc.(奥村昭博・大林厚臣訳［2002］『戦略の経済学』ダイヤモンド

社).
Bettman, J. R. [1979], *An Information Processing Theory of Consumer Choice*, Addison Wesley, Reading, MA.
Burby, R. J. [2006], "Hurricane Katrina and the Paradoxes of Government Disaster Policy: Bringing About Wise Governmental Decisions for Hazardous Areas", *the American Academy of Political and Social Science*, Vol. 604 (1), pp. 171-192.
Carson, R. T. and R. C. Mitchell [1993], "The Value of Clean Water: The Public's Willingness to Pay for Boatable, Fishable, and Swimmable Quality Water", *Water Resources Research*, Vol. 29 (7), pp. 2445-2454.
Courant, P. N. and R. C. Porter [1981], "Averting expenditure and the cost of pollution", *Journal of Environmental Economics and Management*, Vol. 8 (4), pp. 321-329.
Courville, L. [1974], "Regulation and Efficiency in the Electric Utility", *Bell Journal of Economics and Management Science*, Vol. 5, No. 1, pp. 53-74.
Dasgupta, P [2001], *Human Well-Being and the Natural Environment*, Oxford University Press(植田和弘監訳[2007]『サステイナビリティの経済学』岩波書店).
Dickie, M. [2003], "Defensive behavior and damage cost method" in P. A. Champ, K. J. Boyle and L. Brown (eds.), *A Primer to Nonmarket Valuation*, Kluwer Academic Publishers.
Douma, S. and H. Schreuder [2002], *Economic Approaches to Organizations* 3rd edition, Pearson Education Ltd.(丹沢安治・岡田和秀・渡部直樹・菊澤研宗・久保知一・石川伊吹・北島啓嗣訳[2007]『組織の経済学入門』文眞堂).
Ellison, G. [2005], "A Model of Add-on Pricing", http://econ-www.mit.edu/faculty/download_pdf.php?id=1071.
Elrod, T., J. J. Louviere and K. S. Davey [1992], "An Empirical Comparison of Rating-Based and Choice-Based Conjoint Models", *Journal of Marketing Research*, Vol. 29, pp. 368-377.
Edwards, W. [1971], "Social Utilities", *The Engineering Economist, Summer Symposium Series*, 6, pp. 119-129.
Edwards, W. [1977], "*How to use multiattribute utility measurement for Social Decision Making*", IEEE Transactions on Systems, Man and Cybernetics, SMC-7, pp. 326-340.
Emmons, W. [2000], *The Evolving Bargain-Strategic Implications of Deregulation and Privatization*, Harvard Business School Press(大川修二訳[2001]『規制改革下のチャンスとリスク』ユー・エム・ディー・エス研究所).
EU Commission [2004], "Euromarket: Water Liberalization Scenarios, Final Report of Work Package".
EU Commission [2009], "Flash Eurobarometer 261 (The Flash Eurobarometer on water report)".

EU Commission [2010], "Eurobarometer 347 (The Eurobarometer (Electromagnetic Fields))".
FEMA, Flood Insurance Library, "Answers to Questions about the National Flood Insurance Program", http://www.fema.gov/nfip/library.shtm.
Gabaix, X. and D. Laibson [2003], "Some Industrial Organization with Boundedly Rational Consumers" mimeo, Massachusetts Institute of Technology.
Garcia, S. and A. Reynaud [2004], "Estimating the Benefits of Efficient Water Pricing in France", *Resource and Energy Economics*, Vol. 26, pp. 1-25.
Gilg, A. and S. S. Barr [2006], "Behavioural attitudes towards water saving? Evidence from a study of environmental actions", *Ecological Economics*, Vol. 57 (3), pp. 400-414.
Grossman, S. J. [1981], "The Informational Role of Warranties and Private Disclosure about Product Quality", *Journal of Law and Economics*, 24, pp. 461-483.
Grossman, S. J. and O. Hart [1986], "The Costs and Benefits of Ownership: A Theory of Vertical and Lateral Integration", *Journal of Political Economy*, Vol. 94, pp. 694-719.
Hagihara, K. and Y. Hagihara [1990], "Measuring the benefits of water quality improvement in municipal water use: the case of Lake Biwa", Environmental and Planning C: *Government and Policy*, Vol. 8 (2) pp. 195-201.
Hagihara, K., C. Asahi and Y. Hagihara [2004], "Marginal willingness to pay for public investment under urban environmental risk: the case of municipal water use," *Environmental and Planning C: Government and Policy*, Vol. 22 (3), pp. 349-362.
Hanley, N., J. F. Shogren and B. White [1997], *Environmental Economics in Theory and Practice*, Macmillan Press Ltd. (政策科学研究所・環境経済学学会訳 [2008]『環境経済学——理論と実践』勁草書房).
Hanley, N., S. Mourato and R. E. Wright [2001], "Choice modeling approaches :A superior alternative for environmental valuation?", *Journal of Economic Surveys*, Vol. 15 (3), pp. 435-462.
Harrington, S. E. and G. R. Niehaus [2004], "*Risk Management and Insurance*" the McGraw-Hill Companies Inc. (米山高生・箸方幹逸監訳 [2005]『保険とリスクマネジメント』東洋経済新報社).
Hart, O. [1995], *Firms, Contracts and Financial Structure*, Oxford University Press (鳥居昭夫訳 [2010]『企業　契約　金融構造』慶応義塾大学出版会).
Hart, O. and J. Moore [1990], "Property Rights and the Nature of the Firm", *Journal of Political Economy*, Vol. 98, pp. 1119-1158.
Hausmann, P. [1998], "Floods–an Insurable Risk?" SwissRe.
Hensher, D., N. Shore and K. Train [2004], "Households' Willingness to Pay for Water Service Attributes", *Environmental and Resource Economics*, Vol. 32, No. 4.

Herrington, P. [2005], *Critical Review of Relevant Research Concerning the Effects of Charging and Collection Methods on Water Demand, Different Customer Groups and Debt*, UK WIR London.

Hoehn, J. and A. Randall [1987], "A satisfactory benefit cost indicator from contingent valuation", *Journal of Environmental Economics and Management*, Vol. 14 (3), pp. 226-47.

Istat [2006], Indagine multiscopo sulle famiglie "Aspetti della vita quotidiana" -anno 2005, Roma.

Istat [2007], Indagine multiscopo sulle famiglie "Aspetti della vita quotidiana" -anno 2006, Roma.

Iyenger, S. [2010], *The Art of Choosing*, Twelve (櫻井佑子訳 [2010]『選択の科学』文藝春秋).

Kanninen, B. J. [2007], *Valuing Environmental Amenities Using Stated Choice Studies*, Springer.

Kolstad, C. D. [2000], *Environmental Economics*, Oxford University Press (細江守紀・藤田敏之監訳 [2001]『環境経済学入門』有斐閣).

Laffont, J. J. and J. Tirole [1993], *The Theory of Incentives in Procurement and Regulation*, MIT Press.

Lambrecht, A., K. Seim and B. Skiera [2006], "Does Uncertainty Matter? Consumer Behavior under Three-Part Tariffs", *Marketing Science*, Vol. 26 (5), pp. 698-710.

Lambrecht, A. and B. Skiera [2006], "Paying Too Much and Being Happy About it: Existence, Causes and Consequences of Tariff-Choice Biases", *Journal of Marketing Research*, Vol. 18 (2), pp. 212-223.

Mazzanti, M. and A. Montini [2006], "The Determinants of Residential Water Demand: Empirical Evidence for a Panel of Italian Municipalities", *Applied Economics Letters*, Vol. 13 (2), pp. 107-111.

Meszaros, J. [2004], "Risky Behavior" keynote speech of 2004 National Flood Conference, U.S. Department of Homeland Security.

Michael, H. J., K. J. Boyle and R.Bouchard [2000], "Does the Measurement of Environmental Quality Affect Implicit Price Estimation from Hedonic Models?", *Land Economics*, Vol. 76, No. 2.

Miller, G. A. [1956], "The Magical Number Seven, Plus or Minus Two: Some Limits on Our Capacity for Processing Information" *Psychological Review*, Vol. 63, pp. 81-97.

Nauges, C. and A. Thomas [2000], "Privately Operated Water Utilities, Municipal Price Negotiation, and Estimation of Residential Water Demand: The Case of France", *Land Economics*, Vol. 76 (1), pp. 68-85.

Nauges, C., A. Thomas [2003], "Long-run Study of Residential Water Consumption", *Environmental and Resources Reserch*, Vol. 28 (3), pp. 609-615.

参考文献　255

Oates, W. E. [1972], *Fiscal Federalism*, Harcourt Brace Jovanovich, New York.
OECD [2003], *Improving Water Management/Recent OECD Experience*（及川祐二訳 [2004]『世界の水質管理と環境保全』明石書店）.
OECD [2009], *OECD Factbook 2009: Economic, Environmental and Social Statistics*.
OECD [2009], *Economic Policy Reforms: Going for Growth*.
OECD [2010], *Pricing Water Resources and Water and Sanitation Service*.
Oliphant, K., T. C. Eagle, J. J. Louviere and D. A. Anderson [1992], "Cross-task Comparison of Rating-Based and Choice-Base Conjoint", in 1992 Sawtooth Software Conference Proceedings, Ketchum, ID: Sawtooth Software, Inc., pp. 383-404.
Oster, S. M. and F. M. S. Morton [2005], "Behavioral Biases Meet the Market: the Case of Magazine Subscription Prices", *Economic Analysis & Policy*, Vol. 5 (1), pp. 1323-1323.
Panzer, J. C. and D. S. Sibley [1987], "Public and Utility Pricing under Risk: The Case of Self Rationing", *American Economic Review*, Vol. 68, pp. 885-895.
Perlin, J. [1988], "*A Forest Journey: the Role of Wood in the Development of Civilization*" W. W. Norton & Company（安田善憲・鶴見精二訳 [1994]『森と文明』晶文社）.
Rubinstein, A. [1998], *Modeling Bounded Rationality*, MIT Press（兼田敏之・徳永健一監訳 [2008]『限定合理性のモデリング』共立出版）.
Shiva, V. [2002], *Water Wars: Privatization, Pollution and Profit*, South End Press.
Sibley, D. S. [1989], "Asymmetric Information, Incentives and Price-Cap Regulation", *Rand Journal of Economics*, Vol. 20 No. 3, pp. 392-404.
Stiglitz, J. E. and C. E. Walsh [2002], "*Principles of Microeconomics (Third Edition)*", W. W. Norton Company（藪下史郎監訳 [2006]『スティグリッツ　ミクロ経済学』東洋経済新報社）.
Sturm, B. and J. Weimann [2006], "Experiments in environmental economics and some close relatives", *Journal of Economic Surveys*, Vol. 20, pp. 419-457.
Sukharomana, R. and R. J. Supalla [1998], "*Effect of Risk Perception on Willingness to Pay for Improved Water Quality*", Selected Paper, 1998 Annual Meeting of American Agricultural Economics Association (AAEA).
Szymanski, D. M. and D. H. Henard [2001], "Customer Satisfaction: A Meta-Analysis of the Empirical Evidence", *Journal of the Academy of Marketing Science*, Vol. 29 (1) pp. 16-35.
Tenwalde, T., E. Jones and F. Hitzhusen [2005], "*An Economic Analysis of Consumer Expenditures for Safe Drinking Water: Addressing Nitrogen Risk with an Averting Cost Approach*", Selected Paper prepared for presentation at the American Agricultural Economics Association (AAEA).
Train, K. E. [1994], *Optimal Regulation*, MIT Press（山本哲三・金沢哲男監訳 [1998]

『最適規制 公益料金入門』文眞堂).
Train, K. E and N. Toyama [1989], "Pareto Dominance through Self-Selecting Tariffs: The Case of TOU Electricity Rates for Agricultural Customers", *Energy Journal*, Vol. 10 (1), pp. 91-110.
Yoshida, K. and S. Kanai [2007], "Estimating the Economic Value of Improvements in Drinking Water Quality using Averting Expenditure and Choice Experiments", Multi-level Environmental Governance for Sustainable Development, Discussion Paper No. 07-02.
Van Dijk, M. P. et al. [2004], "Euromarket: Water Liberalization Scenarios", *Final Report for Work Package 2 (Phase 2)*.
Wackerbauer, J. [2009], "The Water Sector in Germany", Working Paper for CIRIEC.
Willner, J. [2003], "Privatization: a Sceptical Analysis" in Parker, D. and D. S. Saal, *International Handbook on Privatization*, Edward Elgar Publishing.

合崎英男 [2007]「MS Excel を利用した選択実験データの統計分析マクロ・プログラムの開発」『農業情報研究』第 16 巻第 3 号、pp. 141-149。
明石達郎・安田八十五 [1994]「リスク－便益分析による環境政策の評価と測定——高度浄水処理の場事例研究」『日本リスク研究学会誌』第 6 巻第 1 号、pp. 96-104。
秋山紀子 [1994]『水をめぐるソフトウェア』同友館。
浅井澄子 [1999]「料金体系の選択問題——効率的料金と内部補助のない料金」『郵政研究所月報』No. 135、pp. 40-65。
穴山悌三 [2005]『電力産業の経済学』NTT 出版。
安倍北夫・三隅二不二・岡部慶三編 [1988]『自然災害の行動科学』福村出版。
天野輝芳 [2008]「都市における上下水道事業の有効性評価——ロンドン市、パリ市、京都市の比較」『計画行政』第 31 巻第 4 号、pp. 37-46。
荒川潔 [2008]「事前情報の質の厚生分析」(三浦功・内藤徹編『応用経済分析 I　産業・都市・公共政策』勁草書房、所収)。
荒川勝 [2002]『水道料金のはなし』水道料金問題研究会。
石井晴夫・金井昭典・石田直美 [2008]『公民連携の経営学』中央経済社。
石井陽一 [2007]『民営化で誰が得をするのか』平凡社新書。
石川達哉 [2005]「変革の時を迎える日本の住宅市場」『ニッセイ基礎研 REPORT』2005 (8)、Report1.
泉桂子 [2004]『近代水源林の誕生とその軌跡』東京大学出版会。
依田高典 [2001]『ネットワーク・エコノミクス』日本評論社。
伊藤秀史 [2003]『契約の経済理論』有斐閣。
伊藤秀史・小佐野広編 [2003]『インセンティブ設計の経済学』勁草書房。
伊藤秀史・菊谷達弥・林田修 [2002]「子会社のガバナンス構造とパフォーマンス」(伊藤秀史編『日本企業 変革期の選択』東洋経済新報社、所収)。

井上正子［2003］『ミネラル・ウォーター BOOK』新星出版社。
井堀利宏［2004］『リスク管理と公共財供給』清文社。
井堀利宏［2007］『「小さな政府」の落とし穴』日本経済新聞出版社。
岩崎博充［2002］「おいしい水を考える」『Agora』第 12 巻 10 号。
植木哲［1991］『災害と法──営造物責任の研究』一粒社。
植草益［2004］『エネルギー産業の変革（日本の産業システム 1）』NTT 出版。
浦上拓也［2001a］『日本の水道事業の需要・供給に関わる計量分析』神戸大学博士論文甲第 2285 号。
浦上拓也［2001b］「経済理論からみた水道料金」『公益事業研究』第 53 巻第 1 号、pp. 69-73。
江副憲昭［2003］『ネットワーク産業の経済分析』勁草書房。
桧森隆一［2007］「指定管理者制度の光と影──『民が担う公共』の可能性」（中川幾郎・松本茂章『指定管理者は今どうなっているのか』水曜社、所収）。
奥田秀宇［2008］『意思決定心理学への招待』サイエンス社。
大阪市水道局「平成 19 年度インターネットアンケート第四回アンケート（おいしい水計画）」http://www.city.osaka.lg.jp/suido/page/0000015724.html
大阪市水道局「平成 20 年度インターネットアンケート第四回アンケート（広報）」http://www.city.osaka.lg.jp/suido/cmsfiles/contents/0000046/46243/h20net_04.pdf。
太田正［2006］「水道事業のパラダイムシフト」（『水資源・環境研究の現在（板橋郁夫先生傘寿記念）』成文堂、所収）。
大沼穣［2007］『EU 水道自由化問題の行方──水道企業の多角化と EU 水道市場』『大手前大学論集』第 8 号、pp. 33-55。
岡田浩一・藤江昌嗣・塚本一郎［2006］『地域再生と戦略的協働』ぎょうせい。
岡山市水道局企画総務課［2004-2007］『平成 15-18 年度水道事業年報』岡山市水道局。
岡山市水道 100 年史編集委員会［2006］『岡山市水道百年史』岡山市水道局。
岡山市水道局企画総務課［2007］『アクアプラン 2007 岡山市水道事業総合基本計画』岡山市水道局。
奥野信宏［2008］『公共経済学（第 3 版）』岩波書店。
小田切宏之［2007］「競争政策の経済学　産業組織論入門 vol. 8」『経済セミナー』632 号。
海賀信好［2002］『世界の水道』技報堂出版。
嘉田由紀子編［2003］『水をめぐる人と自然』有斐閣選書。
加藤隆宏［2005］「水道事業を中心とした欧州の PPP と我が国への応用可能性」『日本政策投資銀行フランクフルト駐在員事務所報告書』F-95。
神奈川県営水道問題協議会［2005］「神奈川県営水道問題協議会報告書」http://www.pref.kanagawa.jp/osirase/kigyosomu/suimonkyo/suimonkyo2.htm。
神奈川新聞社編集局編［2001］『宮ヶ瀬ダム──湖底に沈んだ望郷の記録』神奈川新聞社。
金澤史男［2007］「地方新税の動向と地方環境税の可能性」『地方税』第 58 巻第 4 号、pp. 2-6。

金子優子編［2007］『西の牛肉、東の豚肉——家計簿から見た日本の消費』日本評論社．
金近忠彦［2003］「神奈川県の水源環境税について」横浜市議会水道交通委員議事録（平成15年8月8日）．
榧根勇［1992］『地下水の世界』NHK books．
川島武宜［1986］『川島武宜著作集第九巻　慣習法上の権利2』岩波書店．
瓦田太賀四［2005］『地方公営企業会計論』清文社．
環境経済・政策学会編［2006］『環境経済・政策研究の動向と展望』東洋経済新報社．
菊澤研宗［2006］『組織の経済学入門』有斐閣．
北野尚宏・有賀賢一［2000］「上下水道セクターの民営化動向」『開発金融研究所報』第3号．
久保田昌治［1998］『浄水器・天然水の選び方』KKベストセラーズ．
蔵治光一郎・保屋野初子［2004］『緑のダム』築地書館．
栗山浩一［2003］「EXCELでできるコンジョイント，Version1.1.」『早稲田大学政治経済学部環境経済学ワーキングペーパー』#302．
栗山浩一・石井寛［1999］「リサイクル商品の環境価値と市場競争力——コンジョイント分析による評価」『環境科学会誌』第12巻第1号，pp. 17-26．
栗山浩一・馬奈木俊介［2008］『環境経済学をつかむ』有斐閣．
黒木松男［2003］『地震保険の法理と課題』成文堂．
小井戸真人［2006］「公共サービス改革（5）」『自治労通信』720号．
厚生労働省［2006］「就労条件総合調査」http://www.mhlw.go.jp/toukei/itiran/roudou/jikan/syurou/06/index.html．
厚生労働省健康局水道課［2007a］「水道事業の費用対効果分析マニュアル（改訂）」http:// www-bm.mhlw.go.jp/topics/bukyoku/kenkou/suido/hourei/jimuren/jimuren.html．
厚生労働省健康局水道課［2007b］「水道ビジョンフォローアップ検討会報告　水道を取り巻く状況及び水道の現状と将来の見通し」http:// www.mhlw.go.jp/topics/bukyoku/kenkou/suido/vision2/dl/siryou07_001.pdf．
厚生労働省健康局水道課［2010］「2009年度水道事業の運営状況に関する調査結果」http://www.mhlw.go.jp/topics/bukyoku/kenkou/suido/tantousya/2010/dl/01r.pdf．
高知県［2002］「森林環境保全のための新税制（森林環境税）の考え方」http://www.pref.kochi.lg.jp/uploaded/attachment/31302.pdf．
国土交通省国土技術政策総合研究所［2004］「外部経済評価の解説（案）」http://www.nilim.go.jp/lab/peg/gaibu_kaisetsu.htm．
国土交通省編［2010］「日本の水資源」http://www.mlit.go.jp/tochimizushigen/mizsei/tochimizushigen_mizsei_tk1_000030.html．
小西砂千夫［2007］『地方財政改革の政治経済学』有斐閣．
小林康彦［1994］『水道の水源水質の保全』技報堂出版．
小林真理［2006］『指定管理者制度——文化的公共性を支えるのは誰か』時事通信社．

小松秀雄［1981］『水道財政と料金――理論と実務』日本水道新聞社。
近藤昊・井藤英喜［2001］『老化』山海堂。
翟国方・佐藤照子・福囿輝旗・池田三郎［2003］「水害保険の加入行動及びその規定要因に関する研究-郡山市を事例として」『防災科学技術研究所研究資料』第 243 号、pp. 55–64。
さいたま市水道局給水部施設課［2004］「さいたま市水道事業長期構想」。
さいたま市水道局水道総務課［2005］「平成 16 年度水道事業年報」。
さいたま市水道局［2006］「中期経営計画」。
再保険研究会［2003］『本邦および海外主要国における再保険会社の概況ならびに規制の動向』（財）損害保険事業総合研究所。
坂上雅治［2000］「京都市水道の水質改善に対する価値評価」『水利科学』第 44 巻 3 号、pp. 68–80。
桜井徹・太田正他ネットワーク・ビジネス研究会編［2004］『ネットワーク・ビジネスの新展開』八千代出版。
佐々木弘編［1997］『公営企業のための経営学』地方財務協会。
佐藤加代子［1995］『ミネラル・ウォーター活用ガイド』実業之日本社。
佐藤邦明編著［2005］『地下水環境・資源マネージメント』同時代社。
佐藤照子［2005］「水害リスクの構造とその特徴について――統合的な水害リスクマネジメント手法の構築に向けて」『慶応義塾大学日吉紀要』第 15 号、pp. 25–38。
鯖田豊之［1996］『水道の思想（都市と水の文化誌）』中公新書。
澤田康幸［2010］「自然災害・人的災害と家計行動」『現代経済学の潮流 2010』東洋経済新報社、pp. 153–182。
三本木健治［1988］『論集 水と社会と環境と』山海堂。
三本木健治［1999］『判例水法の形成とその理念』山海堂。
宍戸善一・常木淳［2004］『法と経済学』有斐閣。
清水真明［2004］『持続可能な地下水利用のための最適な料金制度の提案』東京工業大学論文。
社会資本整備審議会［2005］「総合的な豪雨災害対策の推進について（提言）」http://www.mlit.go.jp/river/saigaisokuho_blog/past_saigaisokuho/index/0418gouuteigen.pdf。
浄水器協会［2009］「全国浄水器普及状況調査」http://www.jwpa.or.jp/j/ch.htm。
女子栄養大学栄養科学研究所編［1997］『水と健康・安全とおいしさを考える』女子栄養大学出版部。
白塚重典［1997］「ヘドニック・アプローチによる品質変化の捕捉――理論的枠組みと実証研究への適用」『日本銀行金融研究所 Discussion Series 97-J-6』日本銀行金融研究所。
森林整備推進協議会編［1987］『水源税――河川整備税創設運動の記録』森林整備推進協議会。
水道法制研究会監修［2002］『改正水道法解説 Q&A』東京法令出版。

杉田定大［2005］「日本型 PFI の反省と課題」(八代尚宏編『「官製市場」改革』日本経済新聞社、所収)。
杉山直治郎［2005］『温泉権概論』御茶の水書房。
杉本徹雄編［1997］『消費者理解のための心理学』福村出版。
住友海上火災保険（株）火災新種業務部［1978］「米国における洪水保険プログラム」『損保企画』No. 48. 50。
瀬野守史・保屋野初子［2005］『水道はどうなるのか？』築地書館。
全国簡易水道協議会［2007, 2008］「簡易水道事業年鑑 29-30 集」。
全国清涼飲料工業会［2006］「清涼飲料総合調査」。
全国大学生活協同組合連合会［2007］「CAMPUS LIFE DATA 2007 学生生活実態調査報告書」。
総務省［1999］「全国消費実態調査家計資産編」。
総務省［2008］「家計調査年報（家計収支編）平成 19 年」http://www.stat.go.jp/data/kakei/2007np/index.html。
総務省［2009］「公の施設の指定管理者制度の導入状況に関する調査結果（平成 21 年 10 月）」http://www.soumu.go.jp/main_content/000041705.pdf。
総務省編［2004-2010］「2004-2010 年版地方財政白書」。
総務省編［2009, 2010］「簡易水道事業年鑑 31-32 集」。
其田茂樹・清水雅貴［2008］「地方環境税としての住民税超過課税の活用」『財政研究』第 4 巻、pp. 304-319。
高橋昌一郎［2008］『理性の限界――不可能性・不確定性・不完全性』講談社現代新書。
高橋裕編［1990］『水のはなしⅡ』技報堂。
高山管設備工業協同組合［2004］「提言書：新たなるセフティネットの確立に向けて高山市上水道の将来を考える」。
高山市水道環境部上水道課［2006、2007、2008、2009］「高山市水道事業のあらまし（平成 18、19、20、21 年度版）」。
高山市企画管理部総務課［2007］「高山市行政改革実施計画（平成 18 年度実績報告、平成 19 年度実施目標）」。
高寄昇三［2003］『近代日本公営水道成立史』日本経済評論社。
武井英理子・池内淳子・徳野慎一［2009］「災害時の医療機関の機能維持に関する調査――水の供給途絶を防ぐ」『日本集団災害医学会誌』第 14 巻第 2 号、pp. 174-180。
武田軍治［1942］『地下水利用権論』岩波書店。
竹内佐和子［2003］『日本の産業システム 8（都市デザイン）』NTT 出版。
竹ケ原啓介［2005］「水循環の高度化に関する技術動向と展望――水処理ビジネスの新たな展開」日本政策投資銀行『調査』No. 75。
竹村和久［2009］『行動意思決定論――経済行動の心理学』日本評論社。
竹本恒雄［2005］「自然災害と危機管理」『危険と管理』第 36 号、pp. 21-44。
田島代志宣［2001］『水とエネルギーの循環経済学』海鳥社。

只友景士［1999］「地域水環境保全と地域財政」（日本地方財政学会編『地方分権と財政責任』勁草書房、所収）。

多々納祐一・高木朗義［2005］『防災の経済分析――リスクマネジメントの施策と評価』勁草書房。

多田洋介［2003］『行動経済学入門』日本経済新聞社。

橘木俊詔・安田武彦［2006］『企業の一生の経済学』ナカニシヤ出版。

千葉県水道局［2007］「インターネットモニターアンケート（平成19年度）」http://www.pref.chiba.lg.jp/suidou/oishii/img/h19_cyousa.pdf。

チャールズ・ユウジ・ホリオカ・浜田浩児［1998］『日米家計の貯蓄行動』日本評論社。

中小規模上下水道研究会［2005］『講座　中小規模上下水道経営入門』（財）地方税務協会。

中条潮編著［2000］『公共料金2000――21世紀の公共料金制度のありかた』通商産業調査会。

筒井誠二［2003］「水道水質基準見直しと改正水質基準」『資源環境対策』Vol. 39, No. 11。

出井信夫［2005］『指定管理者制度』学陽書房。

寺尾晃洋［1981］『日本の水道事業』東洋経済新報社。

寺西俊一・石弘光［2002］『岩波講座環境経済・政策学　第4巻　環境と開発』岩波書店。

時政勗・薮田雅弘・今泉博国・有吉範敏編［2007］『環境と資源の経済学』勁草書房。

東京都水道局「平成18年度生活用水実態調査」

東京都水道局［2007］「水道モニターアンケート（平成19年度第一回）」http://www.waterworks.metro.tokyo.jp/jigyo/mntr_e/m_h19_1.html。

内閣府［2001］「水に関する世論調査」http://www8.cao.go.jp/survey/h13/h13-mizu/index.html。

内閣府［2008］「水に関する世論調査」http://www8.cao.go.jp/survey/h20/h20-mizu/index.html。

直江重彦［2004］『改訂版 ネットワーク産業論』（財）放送大学教育振興会。

中川幾郎・松本茂章［2007］『指定管理者は今どうなっているのか』水曜社。

中山徳良［2003］『日本の水道事業の効率性分析』多賀出版。

中本信忠［2002］『生でおいしい水道水』築地書館。

中村太士［1999］『流域一貫』築地書館。

中村靖彦［2004］『ウォーター・ビジネス』岩波新書。

成田頼明監修［2009］『指定管理者制度のすべて』第一法規。

日本エコノミックセンター［2004］『浄水ビジネスの戦略と将来展望』。

日本学生支援機構［2008］「平成20年度学生生活調査」http://www.jasso.go.jp/statistics/gakusei_chosa/data08.html。

日本経済新聞社産業地域研究所［2009］「公営企業決算分析（上）」『日経グローカル』第131号。

日本水道協会［2005］「地下水利用専用水道の拡大に関する報告書」http://www.jwwa.

or.jp/pdf/senyou_suidou.pdf.
日本水道協会［2006］「水道事業における民間的経営手法の導入に関する調査研究報告書」http://www.jwwa.or.jp/houkokusyo/pdf/suidoujigyou/suidoujigyou_repot.pdf.
日本水道協会［2008］「水道料金制度特別調査委員会報告書」『水道協會雜誌』第77巻第5号、pp. 61-117。
日本水道協会［2009a］「地下水利用専用水道等に係わる水道料金の考え方と料金案」http://www.jwwa.or.jp/houkokusyo/houkokusyo_14.html.
日本水道協会［2009b］「水道事業における広報活動に関するアンケート調査結果」http://www.jwwa.or.jp/houkokusyo/houkokusyo_13.html.
日本損害保険協会［2007］「風水害等により保険金の支払い」http://www.sonpo.or.jp/archive/statistics/disaster/typhoon.html
日本貿易機構［2005］「フランスのミネラル・ウォーター」http://www.jetro.go.jp/world/europe/fr/reports/05000952
日本ミネラル・ウォーター協会「ミネラル・ウォーター類各種統計（各年1-12）」http://www.minekyo.jp/sub3.html。
根立昭治［1993］『森林保険制度史論』日本経済評論社。
ネットワーク・ビジネス研究会［2004］『ネットワーク・ビジネスの新展開』八千代出版。
農業・食品産業技術総合研究機構農村工学研究所［2008］「MS Excelを利用した選択実験データの統計分析マクロ・プログラム」。
野田由美子［2004］『民営化の戦略と手法 PFIからPPPへ』日本経済新聞社。
野村宗訓［1998］『イギリス公益事業の構造改革』税務経理協会。
野村宗訓［2007］「民営化後のイギリス水道事業」『都市問題研究』第59巻第7号。
萩原清子編［2004］『環境の評価と意思決定』東京都立大学出版会。
萩原清子編［2008］『生活者からみた環境のマネージメント』昭和堂。
萩原清子・中杉修身［1983］「水質改善による便益――都市用水の場合」『地域学研究』第14巻、pp. 17-30。
萩原清子・中杉修身・北畠能房・内藤正明［1984］「富栄養化が都市用水供給に及ぼす経済的影響の評価」『国立公害研究所研究報告』第55号、pp. 95-113。
萩原清子・萩原良巳［1993］「水質の経済的評価」『環境科学会誌』第6巻第3号、pp. 201-213。
服部聡之［2010］『水ビジネスの現状と展望』丸善。
早川光［1994, 2002］『ミネラル・ウォーター・ガイドブック』新潮社。
林吉恵・西藤真一［2006］「地方公共サービスの経営形態――水道事業民営化について」『国際公共経済研究』第17号。
林俊郎［2002］『飲料水にひそむ危険』健友館。
晴山一穂［2005］『自治体民間化』自治体研究社。
樋口次郎［1998］『祖父パーマー――横浜・近代水道の創設者』有隣新書。
菱田昌孝・沖大幹・一柳錦平・宮岡邦仁・李紀人・張可喜・櫻井秀子・中本信忠・牧秀明

［2002］『日本の水と世界の水』東京教育情報センター。
肥田野登［1997］『環境と社会資本の経済評価――ヘドニック・アプローチの理論と実際』勁草書房。
福井県美し水の会「福井県における水環境・水資源マネージメントのあり方」http://river4.kuciv.kyoto-u.ac.jp/member/hosoda/kuzuryu/umasi_sum.doc。
福澤尚子［2001］「世界的なミネラル・ウォーター市場の拡大とその国際規格化」『立命館大学国際関係学部国際関係資料研究3』http://www.ritsumei.ac.jp/~oshima/kougi/2001/siryokenkyu2001/。
北條浩［2000］『温泉の法社会学』御茶の水書房。
細谷芳郎［2004］『図解 地方公営企業法』第一法規。
保屋野初子［1998］『水道がつぶれかかっている』築地書館。
膜分離技術振興協会監修［2008］『浄水膜（第2版）』技報堂。
松井準・内田善大［2005］『地下水濾過装置の普及が及ぼす水道事業への影響』第56回全国水道研究発表会（2005.5）。
松川勇［1995］『電気料金の経済分析』日本評論社。
松田俊［2007］「水道事業民営化の胎動」『都市問題研究』第59巻第7号。
丸山雅祥・成生達彦［1997］『現代のミクロ経済学（情報とゲームの応用ミクロ）』創文社。
三浦功［2003］『公共契約の経済理論』九州大学出版会。
水環境ウォッチング編集委員会編［2000］『水環境ウォッチング』技報堂。
水谷文俊［2007］「公営企業における民間的経営手法とその課題」『都市問題研究』第59巻第7号。
水ハンドブック編集委員会［2003］『水ハンドブック』丸善。
ミツカン水の文化センター［2010］「水にかかわる生活意識調査」http://www.mizu.gr.jp/kekka/2010/index.html。
三橋良士明・榊原秀訓［2006］『行政民間化の公共性分析』日本評論社。
ミネラル・ウォーター研究会監修［1994］『続おいしい水』マインドカルチャーセンター。
三野靖［2005］『指定管理者制度 自治体施設を条例で変える』公人社。
宮澤清治編［1991］『地域別「気象災害の特徴」』（社）日本損害保険協会。
宮嶋勝・岡本晋［1996］「公共料金の弾性値についての一考察」『公益事業研究』第48巻第1号、pp. 91-98。
宮脇淳・眞柄泰基［2007］『水道サービスが止まらないために』時事通信社。
目黒区ホームページ「目黒の歴史――目黒区誕生」www.city.meguro.tokyo.jp/info/rekishi_chimei/category/rekishi/meguro/01-2.htm。
森澤眞輔編［2003］『地球水資源の管理技術』コロナ社。
諸富徹也［2000］『環境税の理論と実際』有斐閣。
諸富徹也・浅野耕太・森晶寿［2008］『環境経済学講義』有斐閣。
柳川隆・川濱昇［2006］『競争の戦略と政策』有斐閣ブックス。

柳川範之［2000］『契約と組織の経済学』東洋経済新報社。
柳川範之［2006］『法と企業行動の経済分析』日本経済新聞社。
矢野洋［2003］「水道水質基準見直しにおける水質検査のあり方」『資源環境対策』Vol. 39, No. 11。
山岸清隆［2001］『森林資源の経済学』新日本出版社。
湯坐博子［2002］『水道水にまつわる怪しい人々』三五館。
吉崎達二［2006］『民活水道事業の法的研究』筑波大学博士論文甲第3885号。
吉田文和・宮本憲一編［2002］『環境と開発（環境経済・政策学第2巻）』岩波書店。
林野庁［2005］「21世紀の森林整備の推進方策のあり方に関する懇談会（中間取り纏め）」http://www.rinya.maff.go.jp/puresu/h17-10gatu/1027houkokusyo.pdf。
湧川勝己・柳澤修［2003］「今後の治水対策の方向性に関する研究（洪水保険制度を切り口とした今後の動向検討）」『JICE資料』第104001号。
鷲田豊明［1999］『環境評価入門』勁草書房。
鷲津明由［2000］「水道需要の決定要因に関する考察」『早稲田社会科学総合研究』第1巻第1号、pp. 33-56。
和田洋六［2000］『飲料水を考える』地人書館。

初出一覧

第1部　公営水道事業体の改革と課題

第1章 「ライフステージ分析と水資源の環境対策」は、前半のライフステージ分析については 2008 年「我が国における公営水道民営化の可能性」『関西学院大学産研論集』第 35 号を加筆修正、後半の水資源の環境対策については 2005 年「水資源の保全管理にかかわる経済政策」日本財政学会第 62 回大会発表内容及び拙稿［2004］『癒しと安心の考現学』碧天社を加筆修正。

第2章 「民間的経営――指定管理者制度の導入」は、2008 年「水道事業における指定管理者制度の導入の効果と課題」『国際公共経済研究』第 19 号をベースに、その後の 2010 年 10 月に関係者からのフォローアップ・ヒアリングを実施した上で加筆修正。

第3章 「地下水利用専用水道による影響」は、2006 年「地下水利用の専用水道進出による公営水道料金政策への影響分析」『公益事業研究』第 58 巻第 3 号をベースに、その後の 2010 年 12 月に関係者からのフォローアップ・ヒアリングを実施した上で加筆修正。

第4章 「水道料金の需要家自己選択システム」は、2009 年「上水道への自己選択料金体系導入の課題と評価」『公益事業研究』第 60 巻第 4 号をベースに、その後の 2010 年 12 月に関係者からのフォローアップ・ヒアリングを実施した上で加筆修正。

第2部　水道インフラ普及時代の消費者選択

第5章「飲料水市場と非市場評価の検討」は、本書で初めて書き下ろした。

第6章 「飲料水にかかわる消費者選好分析」は、2009 年「飲料水に係る消費者選好分析」『国際公共研究』第 20 号を加筆修正。

第7章『おいしくなった水道水』PR で水道水需要の増加に繋がるか――コンジョイント分析による飲料水の消費者選択課題」は、2010 年「『おいしくなった水道水』PR で水道水需要の増加に繋がるか――コンジョイント分析による飲料水の消費者選択」『公益事業研究』第 62 巻第 2 号を加筆修正。

第8章 「水道事業の経営組織比較」は、2010 年 10 月に EUIJ 関西アカデミック・ワークショップ「社会インフラ整備のための官民連携手法―― EU と日本の比較に基づく政策提言」で発表した「世論調査国際比較から得られる日欧水道事業形態への示唆」の内容を加筆修正。

第9章「住民による水害対応」は、2006 年「日米比較を通じたわが国の水害リスクに対する住民側の効率的対応のあり方」『国際公共経済研究』第 17 号を加筆修正。

索　引

〈ア行〉

アウトソーシング　　10, 11, 14, 41
アフェルマージュ　　16, 200
異常危険準備金　　217
ウェルシィ　　67, 72, 78, 79
応益負担関係　　32
O&M 契約　　16
公の施設　　14, 15, 19, 41, 42, 43, 54, 56, 57, 58, 60, 240
温泉物権　　74

〈カ行〉

回避行動　　132, 145, 146, 147, 148, 149, 151, 154, 155, 156, 157, 158, 159, 161, 162, 163, 164, 166, 171, 172, 173, 178, 179, 181, 184, 185, 243, 244, 245
回避支出法　　165
回避費用アプローチ　　132, 145, 146, 147, 154, 165, 243
価格弾力性　　115, 123, 142
家計資産　　224
家計生産関数　　132, 146
家計調査　　116, 128, 154
課税自主権　　20, 21
仮説バイアス　　138, 171
仮想市場法　　135, 138, 146
家庭用 RO（逆浸透膜）浄水器　　126
家庭用管理医療機器　　125
家庭用水　　118
かながわ水源の森林づくり事業　　23, 25, 26, 27, 28, 31
簡易水道　　15, 18, 44, 48, 49, 54, 202
環境リスク　　115, 116, 166
関係特殊資産　　49, 51, 52
感情的関与　　140

完全プロファイル評定型コンジョイント分析　　135, 136, 170, 171, 172, 173, 174, 177, 178, 179, 180, 181, 182, 183, 184, 244
ガンベル分布　　137
関与水準　　138, 141, 143
技術非効率性　　12
基数的効用　　141, 142, 143, 146, 149, 161, 164, 243
期待行動　　145, 148, 149, 151, 154, 155, 156, 157, 158, 159, 161, 162, 163, 164, 166, 171, 172, 173, 178, 179, 181, 182, 184, 185, 243, 244, 245
逆選択　　55, 221, 228, 230, 236
キャピタリゼーション仮説　　133
供給規定　　16, 68
業績連動委託契約　　200
下水道料金　　28, 101, 102, 103, 109, 116
限界支払意思額　　137, 138
限界代替率　　140
原価主義　　12
顕示選好法　　131, 138, 143, 146, 165, 171, 243
県民税均等割超過税　　20, 32
口径別二部料金制　　69
洪水ハザードマップ　　214, 227, 228, 231, 233, 235, 236, 237, 246
洪水保険制度　　216, 218, 221, 222, 229, 230, 236
効用の独立性　　142, 164
顧客満足度　　188
国際食品規格委員会（CODEX）　　128
国際森林年　　22
国有林野事業改革特別措置法　　22
国有林野事業特別会計　　22
誤差（バイアス）　　135
個別需給給水契約　　71, 85, 89, 90, 91, 92, 93, 94, 95, 96, 97, 98, 100, 101, 102, 103, 106, 107,

108, 109, 110, 241, 242, 246, 247
コンジョイント分析　135, 138, 140, 146, 169, 170, 171, 172, 174, 175, 177, 178, 179, 184, 239, 244
コンセッション契約　200
コンテスタビリティ理論　79
コンテスタブルな市場　76

〈サ行〉

災害拠点病院　82
財政健全化団体　18
財政再生団体　18
最尤法　137
残余コントロール権　50, 51
時価主義　12
自己選択料金体系　85, 86, 87, 89, 90, 91, 92, 110, 111, 242
資産流動性　223, 246
市場化テスト　10
自然科学的評価　145
事前情報　97
市町村合併　8, 18, 19, 63
実験経済学　135
指定管理者制度　10, 15, 16, 41, 42, 43, 44, 46, 47, 49, 52, 54, 56, 58, 59, 60, 62, 63, 64, 239, 240
支払意思額　134, 135, 151, 163, 172, 178, 179, 182, 183, 185, 244, 245
資本の収入支出　49
社会科学的評価　145
弱補完性　132
収益的収入支出　49
重回帰分析、重回帰モデル　133, 174
修正 McFadden 決定係数　177, 178, 179
住宅総合保険　217, 221, 230, 236
住民評価の比較分析　192
重要度、重要度分析　136
従来型業務委託　13, 14
従量料金　70
主効果モデル　137
取水制限　9

受水費　32
需要家のサーチ費用　106
準公共財　57
純粋公共財　61, 118
条件付ロジット・モデル　136, 148, 174
浄水器　115, 124, 125, 145, 148, 149, 151, 152, 153, 154, 155, 156, 159, 165, 166, 172
消費者選好　116, 138, 143, 145, 148, 165, 170, 239, 242, 243
消費者物価指数　115, 116
情報伝達機能　90, 91, 96, 241
情報の非対称性　53, 134
序数的効用　141, 143, 146, 149, 161, 164, 243
所得再配分効果　12
所得弾力性　123
住宅の資産流動性　222, 223
深層地下水　67, 104
人的資本　42, 49, 50, 51, 52
森林環境税　4, 20, 21, 38, 39, 240
森林組合合併助成法　22
森林整備法人問題　22
森林の公益的機能　22, 38
水害リスク　213, 214, 216, 217, 222, 224, 234, 236, 237, 239, 246
水源環境税　4, 20, 21, 23, 24, 30, 32, 38, 39, 240
水源涵養機能　35, 36
水源税創設運動　21
水源調達最適化　72, 76
水源林管理　5, 7
垂直的租税外部性　20, 32
スイッチング・コスト　65
水道税　32
水道普及率　10, 89, 123
水道法　8, 60, 66, 68, 79, 84, 122, 202, 210
水道用水供給事業　10, 14
スピアマンの順位相関係数　141, 161, 164
スピルオーバー効果　199
生活用水　117, 118, 119, 120, 121
制度派経済学　42
世論調査　150, 153, 187, 188, 192, 193, 195,

197, 204, 209, 210, 212, 245
選択型コンジョイント分析　136, 171
選択モデリング・アプローチ　138, 145, 146,
　　147, 165
総括原価　69, 107
損益勘定留保資金　49

〈タ行〉

第三者委託制度　14, 15, 20, 44, 59, 203
対数尤度関数　137
代替法　131, 146
第二種価格差別化　108
高山管設備グループ　44, 45, 51
多基準分析　146, 162
多重共線性　134
多属性効用　142, 149, 162, 164, 166
多変量分析　166
地下水膜ろ過システム　67
地下水利用専用水道　65, 66, 67, 70, 71, 72, 73,
　　75, 77, 78, 79, 80, 81, 82, 83, 84, 85, 86, 87, 101,
　　102, 106, 107, 108, 239, 241
治山治水緊急措置法　215
知識構造　138, 143, 243
地方公営企業法　8, 9, 61, 84, 202, 203
地方財政健全化法　18, 63
地方財政法　8
地方自治法　8, 14, 41, 60
地方独立行政法人　10, 15
地方分権論　198
直交計画法　173, 175
定額料金制　70
逓増型料金制度　68, 69, 70, 71, 89, 94
逓増逓減併用型料金　106
デモグラフィック特性　172, 186, 246
道志水源涵養林　29
独立型水道　72, 82
都市活動用水　118
特化係数　149, 154, 159, 160
トラベルコスト法　131, 132, 133
取引コスト　42, 49, 50, 62

〈ナ行〉

内部補助　12, 91
ナショナル・ミニマム　121
認知処理能力　138, 171, 172, 244
認知的関与　140
ネスト型多項ロジット・モデル　82

〈ハ行〉

パーソナリティ特性　172
排除不可能性　57
配分非効率性　12
バウチャー制度　220
ハザード・コントロール　214, 216
ハザードマップ　233
非市場評価　115, 116, 131, 143, 146, 170, 171,
　　239, 242, 243, 244
非集計ロジット・モデル　136
非復元抽出　173, 175, 177
非補償型（意思決定）　140
ヒューリスティックス　139, 171
表明選好法　131, 134, 143, 146, 165, 170, 171,
　　239, 243, 244
非利用価値　134, 171
比例効果の法則　8
負荷遮断料金　82
不完備契約　50, 51, 222, 231, 233, 234, 237
福祉減免制度　94
部分効用値　136
プリンシパル・エージェンシー理論　42, 53,
　　240
分散型水道　72, 80, 81, 82, 241
分散型電源　80
ペアワイズ評定型　135
ヘドニック法　131, 133, 134, 171
ベンチマーク・システム　202
法定外目的税　20, 35
ホールドアップ　59, 234
保険加入行動　222, 226, 227, 246
保険プレミアム　230
補償型（意思決定）　140

ボルダ・ルール分析　141, 146, 149, 161, 164, 166

〈マ行〉

水屋　6, 7
ミネラル・ウォーター税　4, 20, 33, 35, 36, 37, 240
ミネラル・ウォーター類の品質表示ガイドライン　127
民間的経営手法　4, 12, 13, 15, 16, 19, 42, 203, 239, 240
モーゲージ担保証券　219, 220
モデル適合度　175, 180, 184, 185, 244, 245

〈ヤ行〉

有意水準　178
用途別料金　68

〈ラ・ワ行〉

ライフステージ分析　3
ラチェット効果　55
ランキング型質問法　136
ランダム効用モデル（理論）　136, 174
リスク・コントロール　214
流水占用料　22
利用価値　131, 134, 171
林政審議会　22

〈アルファベット〉

ATO（Optimal Territorial Areas）　200
Averting Expenditure Approach　132, 146
BOO（Build Operate Own）　13
Borda Rule Analysis　141
BTO（Build Transfer Operate）　13
BWR（Basic Requirement of Water）　117, 120
Choice-based Conjoint　136
Choice Modeling Approach　146
Conditional Logit Model　136
Consumer Council for Water　208
CRS（Community Rating System）　229
CVM（Contingent Valuation Method）　135
DBO（Design Build Operation）　13, 64, 241
Defra　209
DWI（Drinking Water Inspectorate）　209
Eurobarometer　188, 189, 192, 193, 194, 195
FAO　22, 128
FEMA（Federal Emargency Management Agency）　219, 221, 232, 233
FIRM（Flood Insurance Rate Map）　221
Flood Disaster Protection Act　219
Galli Law　208
Hedonic Method　133
ISO/TC224　19
Joint Production　147
Loi Barnier　207
MCA（Multi-Criteria Analysis）　146
Multi-attribute Utility　142
National Flood Insurance Act　218
National Flood Insurance Fund　219
National Flood Mitigation Fund　219
NFIP（National Flood Insurance Program）　218, 219, 220, 221, 229, 230, 231, 233, 234, 236, 237
Ofwat（Office of Water Service）　201, 208
PFI（Private Finance Initiative）　11, 13, 44, 56, 62, 203
PPP（Public Private Partnership）　13, 16
Rachet Effect　55
Rating-based Conjoint　136
Replacement Cost Method　131, 146
SFHA（Special Flood Hazard Area）　218
TCM（Travel Cost Method）　132
UPS　82
Verbraucherzentrade　209
Water Industry Act　201
Weak Complementarity　132
WHO　117, 120, 128

【著者】
楠田 昭二（くすだ・しょうじ）
立教大学経済学部兼任講師、早稲田大学創造理工学部非常勤講師
博士（経済学）

1956 年 兵庫県生まれ
1979 年 東京大学工学部卒業
2011 年 関西学院大学経済学部より博士（経済学）受領
通商産業省（現、経済産業省）入省後、環境協力室長、地球環境技術企画官、鉱山保安課長、関東経済産業局地域経済部長等を歴任し、現在、日本地下石油備蓄株式会社代表取締役専務

【主要な業績】
『癒しと安心の考現学』碧天舎、2004 年
『日本の国際開発援助事業』日本評論社、2014 年（共著）
国際公共経済学会 学会賞（2011 年度）受賞
公益事業学会 学会賞（2012 年度）受賞

競争環境下の水道事業──公営事業改革と消費者選択

2011 年 4 月 28 日　第 1 版第 1 刷発行　　※定価はカバーに
2015 年 4 月 28 日　第 1 版第 2 刷発行　　　表示してあります。

著　者──楠田 昭二

発　行──有限会社 唯学書房
　　　　　〒101-0061　東京都千代田区三崎町2-6-9　三栄ビル302
　　　　　TEL　03-3237-7073　　FAX　03-5215-1953
　　　　　E-mail　yuigaku@atlas.plala.or.jp
　　　　　URL　http://www.yuigaku.com

発　売──有限会社 アジール・プロダクション
装　幀──米谷 豪
印刷・製本──中央精版印刷株式会社

©Shoji KUSUDA 2011 Printed in Japan
乱丁・落丁はお取り替えいたします。
ISBN978-4-902225-64-8 C3033